Springer-Lehrbuch

Dirk Krüger (Hrsg.)
Helmut Vogt (Hrsg.)

Theorien in der biologiedidaktischen Forschung

Ein Handbuch
für Lehramtsstudenten und Doktoranden

Mit 26 Abbildungen und 12 Tabellen

 Springer

Prof. Dr. Dirk Krüger
Freie Universität Berlin
Fachbereich Biologie, Chemie und Pharmazie
Institut für Biologie
Abteilung Didaktik der Biologie
Schwendenerstraße 1
14195 Berlin
dkrueger@zedat.fu-berlin.de

Prof. Dr. Helmut Vogt
Universität Kassel
Abteilung Didaktik der Biologie
im Fachbereich 18 Naturwissenschaften
Heinrich Plett Straße 40
34109 Kassel
helmut.vogt@uni-kassel.de

ISBN 978-3-540-68165-6 Springer Berlin Heidelberg New York

Bibliografische Information der Deutschen Nationalbibliothek
Die Deutsche Nationalbibliothek verzeichnet diese Publikation in der Deutschen Nationalbibliografie;
detaillierte bibliografische Daten sind im Internet über http://dnb.d-nb.de abrufbar.

Springer ist ein Unternehmen von Springer Science+Business Media
springer.de

Planung: Dr. Dieter Czeschlik, Heidelberg
Redaktion: Stefanie Wolf, Heidelberg
Herstellung: LE-TeX Jelonek, Schmidt & Vöckler GbR, Leipzig
Umschlaggestaltung: WMXDesign, Heidelberg
Umschlagabbildung:
    links: „Der Denker" von Auguste Rodin, Kunsthalle Bielefeld, Foto: Annette Upmeier zu Belzen,
    rechts: Verschlungener Baum, Golden Gate Parc, San Francisco, Foto: Helmut Vogt
Satz: Druckfertige Vorlage von Sarah Huch, Berlin

SPIN 11856139   29/3180/YL – 5 4 3 2 1 0   Gedruckt auf säurefreiem Papier

Vorwort

Im **Handbuch der Theorien in der biologiedidaktischen Forschung** stellen 21 Biologiedidaktiker[1] ihre Theorien vor, die in der eigenen biologiedidaktischen Forschung das Fundament ihrer Untersuchungen bilden. Die unmittelbare Bereitschaft aller Autoren, sich mit Beiträgen zu beteiligen und damit die Bedeutung des **Handbuchs** zu unterstreichen, hat unseren persönlichen Eindruck aus mittlerweile neun Frühjahrsschulen bestätigt, dass in der biologiedidaktischen Forschungslandschaft ein breiter Konsens über die Bedeutung des Einsatzes von Theorien in der Forschung besteht. Seit neun Jahren stellen wir auf der jährlich stattfindenden Tagung „Frühjahrsschule" fest, dass das Niveau der Beiträge von Jahr zu Jahr an Qualität gewinnt. Wie aus den Beiträgen auf den Tagungen deutlich wird, sind sich die meisten biologiedidaktischen Arbeitsgruppen einig, dass empirische Forschung einer theoretischen Grundlage bedarf. Es kommen heute nur noch vereinzelt Nachwuchswissenschaftler zur Frühjahrsschule, die erst dort erfahren, dass empirische biologiedidaktische Forschung ohne Theorie erhebliche Probleme aufwirft.

Mit den **Theorien in der biologiedidaktischen Forschung** dokumentieren wir diesen Konsens unter den biologiedidaktischen Forschungsgruppen und versuchen diese Entwicklung zu unterstützen. Es ist uns mühelos gelungen, 21 empirisch und theoretisch fundiert forschende Biologiedidaktiker Deutschlands und Österreichs für das **Handbuch** zu gewinnen. Sie präsentieren jeweils in ihren Theorien ein Beziehungsnetz verschiedener Faktoren, das durch Ergebnisse der Grundlagenforschung wiederholt bestätigt wurde und damit als vertrauensvoll gelten kann. Die vorgestellten Theorien liefern ein Hypothesensystem, das bei der Planung einer empirischen Forschungsarbeit die relevanten Faktoren benennt. Es hilft damit, diese in die Untersuchung einzubeziehen und erlaubt schließlich eine hypothesengeleitete Interpretation der Daten.

---

[1] Aus Gründen der leichteren Lesbarkeit wird auf die geschlechtsspezifische Unterscheidung verzichtet. Die grammatisch männliche Form wird geschlechtsneutral verwendet und meint das weibliche und männliche Geschlecht gleichermaßen.

Das **Handbuch** wendet sich an diejenigen, die für ihr biologiedidaktisches Forschungsprojekt eine theoretische Grundlage suchen, um hypothesengeleitet forschen zu können. Dies sind Studierende im Staatsexamen, die ihre erste oder zweite Examensarbeit planen, solche im Bachelor- und Masterstudiengang in der Vorbereitung ihrer Abschlussarbeiten sowie Promovierende. Selbstverständlich haben die beschriebenen Theorien auch für den wissenschaftlichen Nachwuchs in den anderen fachdidaktischen Disziplinen ihre Gültigkeit, so dass auch sie eine geeignete Starthilfe für ihr Forschungsvorhaben erhalten.

Das **Handbuch** soll auch ein Anstoß für Arbeitsgruppen sein, die bisher noch weitgehend theoriefrei Daten in der Praxis sammeln. Wir möchten diesen Gruppen eine Basis für die Planung der Untersuchungen geben, und damit helfen, die Erhebungen solide interpretieren zu können. Empirische Untersuchungen, bei denen die Ergebnisse ohne vorher aufgestellte theoriebasierte Hypothesen gedeutet werden, führen häufig dazu, dass die Daten nur mit schon vorher bekannten Sachverhalten gedeutet sowie in einen ohnehin plausiblen Zusammenhang gestellt werden und damit die Spekulationen lediglich erweitern.

Das **Handbuch** erlaubt jedem, sich in kurzer Zeit einen Einblick auch in weniger bekannte Forschungsgebiete zu verschaffen. Vorgestellt werden Theorien zu emotionalen Aspekten des Lernens und Handelns, zum Lernen, zur Erkenntnisgewinnung, zum Bewerten und zum Lehren. In den Artikeln zeigen die Autoren, welche Fragen auf Grundlage der Theorie beantwortet werden können. Bei der Beschreibung der Theorie wird deutlich gemacht, welche Faktoren in Beziehung stehen bzw. wie das Aussagengebilde aufgebaut ist und welche Hypothesen folglich aus ihr abgeleitet werden können. Besondere Begriffe, die die Theorie nutzt, werden definiert oder finden sich im Glossar. In jedem Beitrag veranschaulicht eine Abbildung die Beziehungen der in der Theorie wirkenden Faktoren. Um den Nutzen für die Biologiedidaktik deutlich zu machen, werden Konsequenzen für ein Forschungsdesign gezogen und das nahe liegende methodische Vorgehen vorgestellt. Abschließend liefert das Literaturverzeichnis weiterführende, vertiefende Quellen zur Theorie sowie Beispiele der Anwendung der Theorie in der fachdidaktischen Forschung. So hoffen wir, dass dieses **Handbuch** orientiert und ermutigt, sich in den Forschungsprozess zu begeben.

Wir bedanken uns bei allen Autoren für ihre Kooperationsbereitschaft bei der Erstellung dieses **Handbuchs**. Sie hat dazu beigetragen, dass wir es von der Idee bis zur Fertigstellung binnen Jahresfrist geschafft haben. Für das verantwortungsbewusste und gründliche Redigieren der Texte sowie dem mühseligen Formatieren und Setzen der Manuskripte gilt unser Dank Sarah Huch. Schließlich gilt unser Dank dem Springer Verlag, der sich

entschlossen hat, mit den **Theorien in der biologiedidaktischen Forschung** dem wissenschaftlichen Nachwuchs eine Orientierungshilfe für die
Forschungsarbeit an die Hand zu geben.

Berlin und Kassel,   Dirk Krüger
im Sommer 2007   Helmut Vogt

Inhaltsverzeichnis

Theorien zu Motivation, Interesse und Einstellung

Theorien zum Lernen

Theorien zur Erkenntnisgewinnung

Theorien zum Bewerten

Theorien zum Lehren

Es gibt nichts Praktischeres als eine gute Theorie[1]

Dirk Krüger & Helmut Vogt

Im Handbuch der **Theorien in der biologiedidaktischen Forschung** werden Theorien aus verschiedenen Forschungsgebieten vorgestellt. Bevor wir die Autoren der Artikel zu Wort kommen lassen, möchten wir mit ein paar grundlegenden Anmerkungen auf Begriffe eingehen, die im Titel des Handbuchs stehen. Dies sind die Begriffe „Theorie", „Biologiedidaktik" und „Forschung".

Theorie

In der Umgangssprache bedeutet theoretisch, dass etwas mit einer gewissen Unsicherheit behauptet wird. Man sagt, man hat nur eine Theorie, und meint, dass die eigene Argumentation ziemlich fragwürdig erscheint. In der Wissenschaft dagegen bildet die Theorie das Fundament einer Forschungsarbeit: Hat ein Forscher Untersuchungsfaktoren identifiziert, so muss er ihre Beziehungen beschreiben, ihre Abhängigkeiten oder gegenseitigen Beeinflussungen kennen und gegebenenfalls weitere relevante Faktoren in die Untersuchung mit einbeziehen. Aussagen über ein solches Beziehungsnetz verschiedener Faktoren liefert die Theorie. Eine Theorie stellt also ein Hypothesensystem dar, das durch wiederholte und aus diversen Richtungen abgesicherte Ergebnisse der Grundlagenforschung bestätigt und damit als vertrauensvoll gelten kann.

Eine Theorie ist ein abstraktes Gedankenkonstrukt. Eine Theorie entsteht durch reines Denken und bedarf keiner Realisierung. Sie stellt ein System wissenschaftlich begründeter Aussagen zur Erklärung bestimmter Erscheinungen dar, ein schlüssiges Annahmengefüge über Ursachen und Wirkungen eines Sachverhaltes oder Phänomens. Nach dem griechischen Substantiv bedeutet *theorós* „Zuschauer" oder „jemand, der ein Schauspiel

---

[1] Immanuel Kant (1724–1804)

sieht". Das Antonym zu Theorie ist Praxis, was direkt vom griechischen *praxis* abgeleitet unter anderem Anwendung von Gedanken, Ausübung, Tätigsein und Erfahrung bedeutet (Duden – Fremdwörterbuch 2007).

Theorien können aus Hypothesen entstehen. Hypothesen sind vorläufige, durch Beobachtungen oder Überlegungen begründete Vermutungen, die zur Erklärung bestimmter Phänomene dienen. Hypothesen erreichen den Status einer Theorie, wenn sie in Experimenten eingehend überprüft werden konnten und sich dort bewährt haben oder, wie in der Mathematik, durch logische Folgerungen auf gültigen Prämissen basierend bewiesen werden konnten. Eine widerlegte Hypothese dagegen muss verworfen, modifiziert oder ersetzt werden.

Theorien müssen in sich und gegenüber anderen Theorien widerspruchsfrei sein, d. h. aus dem System von Aussagen darf sich kein Widerspruch durch logische Schlussfolgerungen ableiten lassen. Sie müssen nachprüfbar sein, Probleme lösen, Beobachtungen erklären und eine gewisse Voraussagekraft besitzen. Aus mehreren Theorien zum gleichen Sachverhalt ist diejenige, die den Aufbau der inneren Zusammenhänge möglichst einfach und plausibel darstellt, auszuwählen.

Eine Theorie hat Modellcharakter. Dies bedeutet, dass Theorien nie endgültig wahr oder gar unumstößlich sind und eben durchaus verbessert werden können. Eine Theorie versucht einen Teil der Realität zu beschreiben und erlaubt damit Voraussagen, die experimentell überprüft, verifiziert oder falsifiziert werden können. Nicht falsifizierbare Aussagen bezeichnet Popper (1984) nicht als Theorie, sondern als Definition. Vereinfacht zusammengefasst müssen nach Popper (1984) grundsätzlich zwei Arten von Sätzen unterschieden werden: „Allsätze" beziehen sich grundsätzlich auf unendlich viele Vertreter („Alle Biologiedidaktiker forschen mit Theorien."). Daneben stehen die „Es-gibt-Sätze", die die Existenz eines Vorganges behaupten. Die Negation eines „Allsatzes" hat die Form eines „Es-gibt-Satzes" („Es gibt einen ohne Theorien forschenden Biologiedidaktiker.") und wenn man diesen „Es-gibt-Satz" wiederum negiert („Es gibt keinen ohne Theorien forschenden Biologiedidaktiker.") wird er äquivalent zum „Allsatz".

In der Definition der Falsifizierbarkeit einer Theorie stellt Popper (1984) zu einem „Allsatz" („Alle Biologiedidaktiker forschen mit Theorien."), der die Theorie bezeichnet, einen „Es-gibt-Satz", den er „Basissatz" nennt („Es gibt einen ohne Theorien forschenden Biologiedidaktiker."). Da der „Allsatz" äquivalent ist zum negierten „Es-gibt-Satz" („Es gibt keinen ohne Theorien forschenden Biologiedidaktiker.") ist die Theorie mit dem „Basissatz" widerlegt. Umgekehrt kann aus einem „Es-gibt-Satz" („Es gibt einen mit Theorien forschenden Biologiedidaktiker.") niemals eine Theorie als „Allsatz" abgeleitet werden, weshalb Theorien niemals durch Beobachtungen verifizierbar sind.

Falsifizierbare Theorien charakterisiert Popper (1984) nun durch die Eigenschaft, einen logisch möglichen „Basissatz" anzugeben, der der Theorie widerspricht. In dieser Bedeutung meint Falsifizierbarkeit zunächst nur die logische Möglichkeit, die Theorie zu widerlegen. Dies bezieht noch nicht die zweite Bedeutung von falsifizierbar mit ein, dass nämlich konkret ein widerlegendes Experiment praktisch durchgeführt wurde.

Biologiedidaktik – eine empirisch forschende Wissenschaft

Die Biologiedidaktik ist die zentrale Berufswissenschaft für Lehrende im Fach Biologie. Biologiedidaktik braucht als die mit dem Lehren und Lernen der Biologie befasste Vermittlungswissenschaft Theorien für ihren Untersuchungsgegenstand, nämlich das Lehren und Lernen von biologischem Wissen (Eschenhagen et al. 2006). Biologiedidaktische Forschung legitimiert sich als Wissenschaft dadurch, dass sie als empirisch arbeitende Disziplin auf Theorien basiert und methodisch kontrolliert durchgeführt wird. Ihre Ergebnisse und Erklärungen beruhen nicht auf persönlicher Erfahrung und Intuition, sondern beanspruchen durch systematische, d. h. nachvollziehbare, überprüfbare und wiederholbare Untersuchungsdesigns bis zu ihrer Widerlegung allgemeine Gültigkeit.

Bezüglich der Intention kann man biologiedidaktische Grundlagenforschung von Interventions- und Evaluationsforschung unterscheiden. Grundlagenforschung versucht, Wissen über lernrelevante Faktoren zu generieren und Erklärungsmuster zu konstruieren, in denen Ursachen und Wirkungen der im Beziehungsnetz stehenden Faktoren beschrieben werden. Dabei werden wissenschaftliche Theorien entwickelt, überprüft oder erweitert. Die Forschungsergebnisse stellen generell weniger einen direkten Nutzen oder funktionalen Wert für die Praxis dar. Vielmehr geht es um das Generieren von Hintergrundwissen, auf dessen Basis dann im Rahmen von Interventionsforschung Handlungsanweisungen für die praktische Umsetzung entwickelt werden (Bortz u. Döring 2002). Bei der Evaluationsforschung kommt es zur systematischen Anwendung empirischer Forschungsmethoden zur Bewertung eines Konzeptes, eines Untersuchungsplans, einer Implementierung und der Wirksamkeit des Lernangebotes (Rossi et al. 1988). Fasst man die Ziele der Interventions- und Evaluationsforschung zusammen, dann wird daraus entwicklungsorientierte Evaluationsforschung, bei der es dann um die theoretisch fundierte Entwicklung eines Lernangebotes, seine Optimierung und die empirisch abgesicherte Überprüfung der Wirkung geht (Krüger 2003).

Die vier Bedeutungen für die Anwendung von Theorien

In diesem **Handbuch** geht es darum, verschiedene Theorien vorzustellen, die in der biologiedidaktischen Forschung eingesetzt werden. Insbesondere soll ihr Nutzen im Erkenntnisprozess dargelegt werden. Die folgenden Aspekte der Theorie stellen verschiedene Typen von Problemen im wissenschaftlichen Forschungsprozess dar, die mit Hilfe einer Theorie genauer untersucht werden können. Dazu gehört, aufzuzeigen, was getan werden muss, um ein bestimmtes Ziel zu erreichen (technologische Bedeutung), vorausschauend die Folgen einer bestimmten Handlung abzuschätzen (prognostische Bedeutung), rückschauend zu ermöglichen, Ergebnisse zu erklären (erklärende Bedeutung) und nahe zu legen, welche Faktoren kontrolliert werden müssen, wenn man eine Untersuchung plant (beschreibende Bedeutung) (vgl. Beck u. Krapp 2006).

Technologische Bedeutung

Die Theorie soll aufzeigen, was getan werden muss, um ein bestimmtes Ziel zu erreichen. Man kann diesen Aspekt einer Theorie als Ziel erreichendes Handeln umschreiben. In der Kurzformel beschreibt eine Theorie folgende Beziehung: „Wenn A, dann B."

Die didaktischen Fragen bezüglich dieser Perspektive besitzen eine „Um-zu"-Struktur: „Was muss ich tun, um B zu erreichen?" Die Theorie hilft weiter, da sie im „Dann"-Teil („…, dann B") eine Aussage darüber trifft, dass ein Erreichen von B wahrscheinlich wird. Im „Wenn"-Teil liefert die Theorie einen Anhaltspunkt („Wenn A, …"), was berücksichtigt werden sollte, um B wahrscheinlich zu erreichen.

Das Technologische an dieser Komponente leitet sich aus dem griechischen *téchne* ab, was eine Kunstfertigkeit (Handwerk, Wissenschaft) beschreibt. Dies äußert sich in einem bestimmten Wissen (A), das zu praktischem oder theoretischem Können (B) führt (vgl. Beck u. Krapp 2006).

Prognostische Bedeutung

Unter diesem Aspekt sollen mit einer Theorie vorausschauend die Folgen einer bestimmten Handlung abgeschätzt werden. Es soll eine Hypothese formuliert werden, die etwas darüber aussagt, was als Folge von einer Handlung unter Berücksichtigung bestimmter Prädiktoren geschehen wird. Kurzformel: „Wenn A, dann ist mit B als Ergebnis zu rechnen."

Eine didaktische Frage, bei der die Theorie helfen soll, nimmt die möglichen Konsequenzen einer Handlung ins Visier: „Welche Konsequenzen hat A?" Die angestrebte Prognose (griech. *prógnosis*: das Vorher-Wissen, das im Voraus erkennen) stellt eine Vorhersage einer zukünftigen Entwicklung aufgrund kritischer Beurteilung des Gegenwärtigen dar. Mithilfe der Theorie soll zuverlässig prognostiziert werden, was unter Anwendung von A folgen wird. Im Unterschied zur Verwendung einer Theorie im technologischen Sinne, bei der der „Wenn"-Teil der Theorie zur Erreichung von B gesucht wurde, soll bei der prognostischen Verwendung die Theorie eine Zielbeschreibung liefern und damit, was wahrscheinlich folgen wird. Dem Untersucher fehlt also der „Dann"-Teil (vgl. Beck u. Krapp 2006).

Erklärende Bedeutung

In diesem Fall soll die Theorie rückschauend ermöglichen, Ergebnisse zu erklären. Sie soll beantworten, warum ein bestimmtes Ergebnis eingetreten ist. Kurzformel: „Ich habe B erhalten, weil A vorhanden war."

Die Verwendung einer Theorie in diesem Zusammenhang macht die folgende didaktische Fragehaltung deutlich: „Wie konnte B geschehen?" Im Tempus der Frage lässt sich erkennen, dass mit dem Einsatz einer Theorie Zurückliegendes nachträglich erklärt werden soll. Außerdem drückt sich in der Frage auch Unsicherheit aus, vielleicht wegen unerwarteter Ergebnisse. Es soll für eine bestimmte beobachtete Wirkung (B) eine Ursache (A) gefunden werden. Im Unterschied zur technologischen Nutzung einer Theorie, in der der Wissenschaftler eine Wirkung (B) in Zukunft erzielen möchte und nach Bedingungen (A) sucht, die zu diesen Wirkungen führen sollen, liegt die erklärende Bedeutung der Theorie darin, für eine bereits geschehene und vorliegende Wirkung (B) nachträglich Ursachen (A) zu postulieren. Lassen sich mögliche Kausalbeziehungen herstellen, kann versucht werden nachzuprüfen, ob die Ursachen auch tatsächlich vorlagen. Andererseits lässt sich dann selbstverständlich auch die Theorie nutzen, um im technologischen Sinne zu prüfen, ob aus A tatsächlich B folgt (vgl. Beck u. Krapp 2006).

Beschreibende Bedeutung

Bei dieser vierten Facette einer Theorie geht es darum, dass sie beim differenzierten Wahrnehmen helfen soll. Sie legt nahe, welche Faktoren beobachtet und analysiert werden müssen, wenn man eine Untersuchung plant. Kurzformel: „Beachte A, wenn du B erreichen möchtest."

Didaktische Expertise äußert sich in der Nutzung einer Theorie in diesem Sinne. Sie hilft auf bestimmte Aspekte („Wenn"-Teil) zu achten, sich auf diese systematisch zu konzentrieren und aus den Beobachtungen (A) Schlüsse (B) zu ziehen. Eine didaktische Frage lautet kurz: „Worauf muss ich achten?" (vgl. Beck u. Krapp 2006).

Theorien in der biologiedidaktischen Praxis

Die vier Bedeutungen einer Theorie verdeutlichen, dass eine Theorie hilft, neben Beobachtungen (A) auch Folgerungen (B) zu beschreiben. Sie hilft damit, die zu untersuchenden Konstrukte im „Wenn"- und „Dann"-Teil zu operationalisieren, also in eine messbare Form zu bringen. Diese messbaren Untersuchungen sind es schließlich, die es ermöglichen, den Status einer Theorie und die daraus abgeleiteten Hypothesen empirisch zu überprüfen. Abschließend sei hierzu noch angemerkt, dass bei allen Anwendungen von Theorien im erziehungswissenschaftlichen Kontext zu bedenken ist, ob die streng deterministischen Zusammenhänge, die mit einer „Wenn-dann"-Beziehung als „Immer wenn A, dann immer auch B" beschrieben werden, nicht grundsätzlich in einem probabilistischen Sinne zu verstehen sind. Das bedeutet in diesem Falle, dass der „Dann"-Teil mit einer hohen Wahrscheinlichkeit eintreten wird und durchaus, wenngleich selten, auch andere alternative Ergebnisse eintreten können (vgl. Beck u. Krapp 2006).

Das **Handbuch der Theorien in der biologiedidaktischen Forschung** soll nicht dazu beitragen, vor lauter Theoretisieren die Wirklichkeit aus dem Blick zu verlieren. Vielmehr soll es der Praxis dienen, indem es hilft, die Annahmen und Hypothesen zu entflechten, die über guten Biologieunterricht in der Schulverwaltung, aber auch unter Lehrern, Schülern und Eltern kursieren. Das **Handbuch** soll dazu beitragen, eine kritische, theoretisch fundierte biologiedidaktische Forschung zu fördern, indem es dem wissenschaftlichen Nachwuchs Orientierung in der biologiedidaktischen

Forschungslandschaft gibt, das Verständnis für biologiedidaktische Forschung vermittelt und durch die Nutzung von Theorien fundierte Ergebnisse liefert, mit denen die Qualität von Biologieunterricht gesteigert werden kann.

Literatur

Beck K, Krapp A (2006) Wissenschaftstheoretische Grundfragen der Pädagogischen Psychologie. In: Krapp A, Weidenmann B (Hrsg) Pädagogische Psychologie, 4. Aufl. BeltzPVU, Weinheim, S 33–73

Bortz J, Döring N (2002) Forschungsmethoden und Evaluation für Human- und Sozialwissenschaftler, 3. Aufl. Springer, Berlin Heidelberg New York Tokyo

Duden (2007) Das große Fremdwörterbuch. Herkunft und Bedeutung der Fremdwörter, 4. Aufl. Dudenverlag, Mannheim

Eschenhagen D, Kattmann U, Rodi D (2006) Fachdidaktik Biologie, 7. Aufl. Aulis Deubner, Köln

Krüger D (2003) Entwicklungsorientierte Evaluationsforschung – ein Forschungsrahmen für die Biologiedidaktik. In: Vogt H, Krüger D, Unterbruner U (Hrsg) Erkenntnisweg Biologiedidaktik. 5. Frühjahrsschule in Salzburg. Universitätsdruckerei Kassel, S 11–27

Popper KR (1984) Objektive Erkenntnis. Ein evolutionärer Entwurf, 4. Aufl. Hoffmann & Campe, Hamburg

Rossi PH, Freeman HE, Hofmann G (1988) Programm-Evaluation – Einführung in die Methoden angewandter Sozialforschung. Ferdinand Enke, Stuttgart

1 Theorie des Interesses und des Nicht-Interesses

Helmut Vogt

Was ist der Grund dafür, dass sich jemand über Jahre mit einem Thema, wie z. B. mit Pilzen, beschäftigt und sich trotz schwieriger Materie dennoch auf aufwendige, manchmal langwierige Artbestimmungen einlässt? Dewey (1913) vertrat die Meinung, dass Interesse das Lernen erleichtert, das Verstehen verbessert und die persönliche Auseinandersetzung mit dem Lerngegenstand anregt.

Mit dem Publizieren von Überlegungen zur Entwicklung einer Theorie der Lernmotivation legte Hans Schiefele (1974) den Ausgangspunkt für die „Münchner Interessentheorie", die Rahmenkonzeption einer Pädagogischen Theorie des Interesses (Schiefele et al. 1983). Später wurde die ursprüngliche Konzeption weiter entwickelt und empirisch belegt (z. B. Prenzel et al. 1986; Prenzel 1988; Krapp 1992, 2002; Lewalter et al. 1998; Renninger 1998).

Ausgehend von der Theorie des Interesses (z. B. Krapp 1992; Lewalter u. Schreyer 2000) entwickelten Upmeier zu Belzen u. Vogt (2001) eine Rahmenkonzeption, die neben Interesse auch Indifferenz und Nicht-Interesse definiert. Damit lässt sich für nachfolgende Forschungen nicht nur Interesse, sondern auch gerade das für den schulischen Bereich relevante Nicht-Interesse operationalisieren und die Erkenntnisse über mögliche Entwicklungsverläufe für zukünftige didaktisch-methodische Ausgestaltung von Unterricht nutzen.

Aus neurophysiologischer Sicht kann positive emotionale Erregung dazu führen, dass bestimmte Dinge besser erinnert werden (Hidi 2006; Spitzer 2007). Dies bedeutet für die Schule, dass Lernen mit Interesse nachhaltiger ist als Lernen ohne Interesse. So wundert es nicht, dass in mehreren Studien eine positive Korrelation zwischen dem Ausprägungsgrad des fachspezifischen Interesses und der Lernwirksamkeit in der entsprechenden Domäne ausgemacht werden konnte (z. B. Schiefele et al. 1993; Schiefele u. Krapp 1996; Maier 2002; Laukenmann et al. 2000). Auch konnte Schiefele (1996) aufzeigen, dass mit Interesse Gelerntes eine relativ hohe Beständigkeit hat: es wird intrinsisch motiviert und mit eventuell bereits bestehenden Wissensstrukturen kumuliert. Dagegen stellt Nicht-Interesse eine für das Lernen ungünstige Disposition dar (vgl. Upmeier zu Belzen u. Vogt 2001).

Für die Fachdidaktiken besteht eine wichtige Aufgabe darin, domänen-spezifisch zu untersuchen, wie sich Unterricht auf die fachspezifischen Interessen und Nicht-Interessen auswirkt. Dabei geht es um das Aufklären der Bedingungen von Lernerfolg und Leistung in unterschiedlichen didaktisch-methodischen *Settings* im Unterricht, wobei Interesse und Nicht-Interesse abhängige und auch unabhängige Variablen darstellen können. Hierfür muss Interesse wie auch Nicht-Interesse sorgfältig operationalisiert werden. Zudem ist zu bedenken, dass in unterrichtlichen Situationen ein Schüler einem neuen Unterrichtsgegenstand indifferent gegenüber steht. Es gilt also nicht nur bei den Schülern Interessen zu fördern, sondern besonders auch die Entwicklung von Nicht-Interessen zu vermeiden.

1.1 Indifferenz

Indifferenz wird von Upmeier zu Belzen u. Vogt (2001) als neutrale Ausgangshaltung gegenüber einem Gegenstand beschrieben (Abb. 1). Es hat zuvor weder ein positiv noch negativ erlebter Kontakt zu dem Gegenstand bestanden. Eine Person-Gegenstands-Relation ist also zunächst nicht vorhanden. Im schulischen Bereich ist die Indifferenz somit ein wichtiger Ausgangspunkt bei der Entwicklung von Interessen bzw. Nicht-Interessen im Zusammenhang mit der Vermittlung von neuen Inhalten (Upmeier zu Belzen u. Vogt 2001). Die Entscheidung eines Individuums zu einer ersten Auseinandersetzung mit dem (Unterrichts-)Gegenstand ist meist fremdintentional bzw. extrinsisch motiviert – dieses altersabhängig häufig durch Eltern, Peers, Lehrer etc. (soziale Komponente). Das Ergebnis dieser Person-Gegenstands-Auseinandersetzung ist entscheidend dafür, ob nachfolgend eine Bereitschaft zu einer weiteren Auseinandersetzung mit dem (Unterrichts-)Gegenstand besteht oder nicht.

1.2 Das mehrdimensionale Konstrukt des Interesses

Menschliche Aktivität und Entwicklung sind nur analysierbar, indem entsprechend der Konzeption von Schiefele et al. (1983) die Person mit einem (Lern-)Gegenstand in einem wechselseitigen Verhältnis zueinander gesehen wird. Der Gegenstand stellt einen ökologisch-gegenständlichen oder

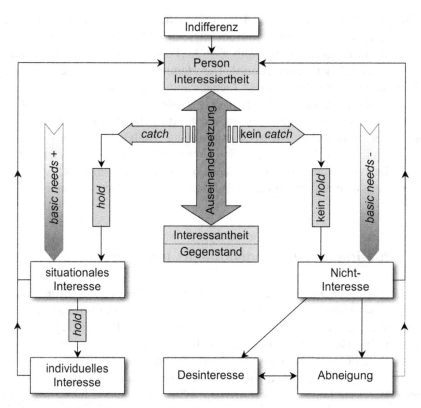

Abb. 1. Relationales Zusammenhangsmodell des Interessen- und Nicht-Interessenkonstruktes

einen ökologisch-sozial strukturierten Umweltausschnitt dar. Er umfasst drei Facetten, und zwar Inhalt, Tätigkeit und Kontext. Solch eine Unterscheidung ist für das methodische Vorgehen bei der Untersuchung von Interessen für die Erfassung der Gegenstände relevant, da sie Sinn- und Bedeutungseinheiten darstellen, die von der Person eindeutig registriert, benannt und beschrieben werden können (Krapp 1992; Prenzel et al. 2000).

Die Person-Gegenstands-Auseinandersetzung beim Interesse ist mit positiven Gefühlen und Erlebnisqualitäten assoziiert (gefühlsbezogene Komponente – **Affektion**) (Schiefele 1996). Die **wertbezogene** Merkmalskomponente bedeutet, dass dem Interessegegenstand eine herausgehobene subjektive Bedeutung zukommt (wertbezogene Komponente). Ein weiteres Merkmal von Interesse ist die epistemische Tendenz: Die an dem Gegenstand interessierte Person möchte ihr Wissen und die Fähigkeiten bezüglich des Gegenstandes erweitern (**kognitive** Komponente) (vgl. Prenzel et al. 2000). In der Folge können sich Interessen entwickeln bzw. strukturell verändern. Dazu muss die Person letztlich metakognitives Wissen (→ 11 Harms) über die eigenen Kenntnisse und Fähigkeiten entwickeln.

Bei der Interessehandlung fühlt sich die Person frei von äußeren Zwängen, sie handelt **selbstintentional**. Die Handlungsziele beziehen sich unmittelbar auf einen bestimmten Gegenstandsbereich des Interessegegenstandes (Schiefele et al. 1983). Durch wiederholte Person-Gegenstands-Auseinandersetzungen kann es zu einer Aufrechterhaltung (**Persistenz**) und einer inhaltlichen Schwerpunktbildung (**Selektivität**) des Gegenstandsbereiches (Interessegegenstand) kommen (Upmeier zu Belzen et al. 2002). Im Alltag sind mit einer einzelnen Handlung zumeist mehrere Ziele – zum Teil auch außerhalb des Gegenstandsbereiches des Interesses – verbunden.

1.3 Situationales und individuelles Interesse

Entsprechend unterschiedlicher Analyseebenen des Interessekonstruktes wird das situationale und das individuelle Interesse unterschieden (Krapp u. Ryan 2002; Abb. 1). Dies stellt eine spezifische Person-Gegenstands-Relation dar. Das situationale Interesse beschreibt einen einmaligen, situationsspezifischen, motivationalen Zustand (Interessiertheit), der aus den besonderen Anreizbedingungen eines Gegenstandes bzw. einer Lernsituation (Interessantheit) resultiert (Krapp 1992). Das individuelle Interesse gilt als persönlichkeitsspezifisches Merkmal der Person mit einer relativ stabilen motivationalen Disposition für einen bestimmten Gegenstand (Interessegegenstand). Da nicht unentwegt Person-Gegenstands-Auseinandersetzungen stattfinden, wird individuelles Interesse auch in dispositionales (innere Bereitschaft sich mit einem Interessegegenstand auseinanderzusetzen) und aktualisiertes Interesse unterschieden. Unter aktualisiertem Interesse versteht Krapp (1992) eine intrinsisch veranlasste Interessehandlung basierend auf einem bereits vorhandenem individuellen Interesse.

Die Einordnung von Person-Gegenstands-Relationen hängt davon ab, ob und wie sich aus Person-Gegenstands-Auseinandersetzungen Person-Gegenstands-Beziehungen (situationsspezifisch – **situationales Interesse**) oder Person-Gegenstands-Bezüge (zeit- und situationsübergreifend – **individuelles Interesse**) entwickeln: Positive Erfahrungen bei vorausgegangenen Person-Gegenstands-Auseinandersetzungen können die Merkmalsausprägungen (**Kognition**, **Emotion**, **Wertbezug** und **Selbstintentionalität**) verstärken. Das daraus resultierende vermehrte Wissen und die veränderte Einstellung (vgl. Petty u. Cacciopo 1986; Vogt 1998; → 2 Upmeier zu Belzen) erhöhen die Bereitschaft zu erneuten Person-Gegenstands-Auseinandersetzungen, was gerade für den schulischen Bereich von hohem Belang ist. Auf diese Weise kann sich entsprechend Krapp (1998) nach wiederholtem situationalen Interesse ein individuelles Interesse entwickeln.

1.4 Nicht-Interesse

Wenn bei Person-Gegenstands-Auseinandersetzungen (wie z. B. Lernsituationen) die Qualität des intrinsischen Erlebens niedrig ist, können sich Nicht-Interessen entwickeln (Upmeier zu Belzen u. Vogt 2001). Dabei ist Nicht-Interesse von Angst und Ekel abzugrenzen, was besonders bei biologischen Inhalten Relevanz hat. Entsprechend Hannover (1998) ist Nicht-Interesse – wie auch das Interesse – identitätsrelevant und damit situationsübergreifend. Gemäß dem Grad der Ausprägung einzelner Merkmale wird Nicht-Interesse in Desinteresse und Abneigung unterschieden (vgl. Lewalter u. Schreyer 2000; Upmeier zu Belzen u. Vogt 2001) (Tabelle 1, Abb. 1). Desinteresse lässt sich mit Interesselosigkeit bzw. Gleichgültigkeit umschreiben. Abneigung ist die stärkere Form des Nicht-Interesses und kann mit Antipathie bzw. Widerwille erklärt werden. Zur Beschreibung werden die Merkmalskategorien von Interesse herangezogen (Upmeier zu Belzen u. Vogt 2001). Die Unterscheidung zwischen Desinteresse und Abneigung liegt in der Stärke der Ablehnung bzw. in dem Grad der Bewusstheit im Umgang mit dem Gegenstand des Nicht-Interesses.

Tabelle 1. Unterscheidung von Desinteresse und Abneigung in Bezug auf die Merkmalskategorien der Interessentheorie (Upmeier zu Belzen u. Vogt 2001)

Nicht-Interesse	
Desinteresse	**Abneigung**
weitgehend keine Person-Gegenstands-Relation	negative Person-Gegenstands-Relation
punktuelle Erfassung des Gegenstandes	selektive Erfassung des Gegenstandes
leicht negative Gefühle	ausgeprägt negative Gefühle
keine besondere Wertschätzung	negative Wertschätzung
keine oder fremd bestimmte Handlungen	aktive Vermeidung von Auseinandersetzungen mit dem Gegenstand ist selbstintentional

Desinteresse beschreibt einen Zustand der Interesselosigkeit bzw. Gleichgültigkeit gegenüber einem Gegenstand, bei welchen eine Person-Gegenstands-Relation nicht zustande kommt. Die Person steht dem Gegenstand passiv gegenüber und setzt sich aus eigenem Antrieb nicht mit diesem auseinander. Es sei denn es kommt zu fremdbestimmten, temporären Person-Gegenstands-Auseinandersetzungen (z. B. im Unterricht). Die Person verfügt lediglich über ein punktuelles Wissen bei fremdbestimmter Handlung gegenüber einem von außen vorgegebenen (Unterrichts-)Gegenstand (Upmeier zu Belzen u. Vogt 2001). Sie empfindet tendenziell leicht negative Gefühle gegenüber dem Gegenstand, weshalb dieser keine besondere Wertschätzung erfährt. Demnach kann Desinteresse auch als passive Ablehnung beschrieben werden (Upmeier zu Belzen u. Vogt 2001).

Abneigung basiert auf einer negativen Person-Gegenstands-Relation, die sich aufgrund der Verarbeitung von vorausgegangenen negativ bewerteten Person-Gegenstands-Auseinandersetzungen entwickelt hat. Die Person verfügt bezüglich des Nicht-Interesse-Gegenstandes über selektiv erworbenes Wissen. Bereits erlangte Handlungsfähigkeiten im Umgang mit dem Gegenstand werden bewusst ausgeblendet. Es haben sich negative Gefühle ausgebildet (Upmeier zu Belzen u. Vogt 2001), und der Gegenstand nimmt einen unteren Platz in der individuellen Wertehierarchie ein. Die Aufnahme von weiteren Informationen wird selektiert bzw. aktiv gemieden. Einer handelnden Auseinandersetzung mit dem Gegenstand wird nach Möglichkeit ausgewichen. Dies stellt eine bewusste, begründete und aktive Ablehnung des Individuums gegenüber dem Nicht-Interesse-Gegenstand dar (Upmeier zu Belzen u. Vogt 2001). Abneigung kann man (im Unterricht) entsprechend der Theorie durch neue, für die Person schlüssige Argumente begegnen und sie gegebenenfalls so zu einer erneuten Auseinandersetzung bewegen (Upmeier zu Belzen u. Vogt 2001).

Das Spektrum von Interesse bis zu Nicht-Interesse stellt mit dem situationalen und dem individuellen Interesse einerseits (Krapp 1998; Prenzel et al. 2000) sowie dem Desinteresse und der Abneigung andererseits (Upmeier zu Belzen u. Vogt 2001) also kein Kontinuum dar. Ob und wie sich gegebenenfalls aufgrund von Person-Gegenstands-Auseinandersetzungen situationsspezifisch Person-Gegenstands-Beziehungen oder zeit- und situationsübergreifende Person-Gegenstands-Bezüge entwickeln, hängt von entwicklungsbegleitenden Faktoren ab. So sind theoretisch mehr oder weniger alle Stärken und Richtungen von Entwicklungen möglich.

1.5 Entwicklung von Interesse

Die Entwicklung von Interesse lässt sich in drei Stufen der Internalisierung nachvollziehen. Die erste Auseinandersetzung wird als Introjektion bezeichnet, die fortgeschrittene Ebene bei wiederholter Beschäftigung entspricht der Identifikation, und schließlich wird die Integrationsebene erreicht, wenn sich ein individuelles Interesse ausgebildet hat (Deci u. Ryan 1991).

Neugier-weckende situationsspezifische Aktivierung einer Auseinandersetzung mit einem neuen (Unterrichts-)Gegenstand allein reicht entsprechend Krapp (1998) nicht aus, um lernwirksames situationales Interesse auszulösen und damit den Internalisierungsprozess in Gang zu setzen (s. Abb. 1). Mitchell (1993) unterscheidet dabei zwei fundamentale Aspekte der Interessengenese: Das Erzielen eines ersten situationalen Interessezustandes bezeichnet er als *catch*-Komponente. Wenn es zusätzlich gelingt, das situationale Interesse aufrechtzuerhalten, spricht Mitchell von der *hold*-Komponente.

Durch didaktisch initiierte Aufmerksamkeit kann anfängliches situationales Interesse (*catch*) erzeugt werden. Zusätzlich müssen motivationale Anreizbedingungen bei der didaktisch-methodischen Ausgestaltung des Unterrichtes berücksichtig werden, die die intrinsische Qualität des situationalen Interesses unterstützen und sich damit positiv auf die *hold*-Komponente auswirken (vgl. Kleine u. Vogt 2003). Es muss zu einer positiven Bilanz der Erlebensqualitäten kommen (Krapp 1998). Erst dadurch lässt sich lernwirksam eine längerfristige positive Bereitschaft zu weiteren Auseinandersetzungen mit dem (Unterrichts-)Gegenstand – also situationales Interesse – aufbauen, was sich unter günstigen Bedingungen zu einem individuellen Interesse (positive Disposition) hinsichtlich des (Unterrichts-)Gegenstandes entwickeln kann. Die Interesseentwicklung erreicht dann die Integrationsebene, und es liegt ein individuelles Interesse vor. Dieses repräsentiert persönlichkeitsspezifische Wertvorstellungen und Handlungsbereitschaften, welche meist langfristig in der Persönlichkeitsstruktur verankert sind (Schiefele et al. 1983; Krapp 1992).

1.6 Aspekte der Selbstbestimmungstheorie

Entsprechend den obigen Ausführungen sind intrinsische und extrinsische Motivation bei der Interessengenese gleichermaßen relevant und lassen sich deshalb nicht klar trennen (vgl. Deci u. Ryan 1993). Damit sich letztlich wirkungsvoll Interesse (im Unterricht) entwickeln kann, müssen nach der Selbstbestimmungstheorie der Motivation drei grundlegende angeborene psychologische Grundbedürfnisse (*basic needs*) erfüllt sein, die für beide Motivationsformen gleichermaßen relevant sind (Deci u. Ryan 1993; 2000; Krapp 2002, 2005). Die Theorie stützt sich auf das Konzept des intentionalen Handelns und zielt auf eine unmittelbare befriedigende Erfahrung oder ein längerfristiges positives Handlungsergebnis ab (Deci u. Ryan 1993). Eine minimale Erfüllung der *basic needs* – **soziale Eingebundenheit**, **Autonomie** und **Kompetenzerleben** – sind eine notwendige Voraussetzung für Wohlbefinden und positive Identitätsentwicklung (Krapp 2002). Dabei sind intrinsisch motivierte Verhaltensweisen vornehmlich mit den Bedürfnissen nach Kompetenz- und Autonomieerleben verbunden. Extrinsisch motivierte sind mit allen drei Bedürfnissen verbunden. Allerdings differiert das Bedürfnis der unterschiedlichen typologischen Einstellungsausprägungen (Janowski u. Vogt 2006; → 2 Upmeier zu Belzen).

Soziale Eingebundenheit (*relatedness*) bezieht sich auf das Bedürfnis, sich einer Gruppe zugehörig zu fühlen oder von Personen, die einem sympathisch sind, akzeptiert zu werden. Es besteht das Bestreben mit anderen Personen in einem sozialen Milieu befriedigende Sozialkontakte zu haben (Krapp 2005). Das Bedürfnis nach Autonomie bezieht sich auf den Wunsch, ohne Kontrolle durch andere, eigenes Handeln selbst bestimmen zu dürfen. Der Lerner möchte über Verfahren und Methoden mitbestimmen bzw. selbst Entscheidungen treffen dürfen, was zu tun ist (Krapp 2002). Es bedeutet jedoch nicht ein Streben nach vollständiger Freiheit oder Unabhängigkeit, sondern die Person möchte nur dann Unabhängigkeit, wenn sie glaubt, anstehende Aufgaben voraussichtlich selbst bewältigen zu können (Krapp 2005). Das Kompetenzerleben schließlich spiegelt die Erfahrung wider, dass man mit eigener Handlungsfähigkeit gestellten oder selbst gewählten Anforderungen gerecht werden kann. Hierfür muss im unterrichtlichen Kontext ein optimales individuelles Anforderungsniveau gewährleistet sein. Unter- bzw. Überforderung würden sich nachteilig auswirken.

1.7 Selbstwirksamkeitserwartung

Eng mit dem Kompetenzerleben ist das Gefühl der Selbstwirksamkeitserwartung (*self-efficacy*) verbunden und stellt eine wichtige Komponente bei Interessehandlungen dar (Krapp u. Ryan 2002). Bandura (1977) differenziert zwischen Wirksamkeitsüberzeugungen (*efficacy expectations*) und Ergebniserwartungen (*outcome expectations*), die beide als Determinanten für intrinsische Motivation angesehen werden. Demzufolge schätzt eine

Person vor einer Handlung zunächst ihre eigenen Fähigkeiten ein und wägt dieses mit Ergebniserwartungen ab, die mit einem Verhalten einhergehen könnten (Bandura 1997). Günstige Selbstwirksamkeits- und Ergebniserwartungen, wie dies meist bei Auseinandersetzung mit Themen des bestehenden eigenen Interessegebietes der Fall ist, beeinflussen die Handlung im positiven Sinne. Eine Person, die nicht daran glaubt, mit ihrem Verhalten ein gewünschtes Ergebnis zu erzielen, verfügt über keinen oder nur wenig Antrieb zum Handeln. Im Umkehrschluss bedeutet dies aber nicht, dass eine hohe Selbstwirksamkeitserwartung in einem speziellen Aufgabenfeld zu individuellem Interesse führen muss (Krapp u. Ryan 2002).

1.8 *Flow*-Erleben

Bei Befriedigung der *basic needs* kann es dazu kommen, dass sich der Lerner völlig aufmerksam, ohne Ablenkung und störende Einflüsse mit Freude dem (Unterrichts-)Gegenstand auch über eine längere Zeit widmet. Dies wird von Csikszentmihalyi et al. (2005) als „*Flow*-Erleben" bezeichnet, welches ein Zustand ist, bei dem Lernen begünstigt und die Entwicklung von Interesse positiv beeinflusst wird (vgl. Csikszentmihalyi u. Schiefele 1993). Das Nicht-Zustande-Kommen von *Flow*-Erleben muss jedoch nicht zwangsläufig zur Entwicklung von Nicht-Interessen führen, kann es aber begünstigen.

1.9 Beispiel für den Einsatz der Theorie in der empirischen Forschung

Für die Entwicklung positiv wirkender fachbezogener Unterrichtskonzepte ist gerade in der fachdidaktischen Forschung die Berücksichtigung der Theorie des Interesses und des Nicht-Interesses mit den beschriebenen integrierten Theorien (Abb. 1) von fundamentaler Wichtigkeit. Dabei können die einzelnen Variablen abhängige oder auch unabhängige sein. Als ein Beispiel seien hier die Ergebnisse der Untersuchung von Janowski u. Vogt (2006) kurz angeführt: In der Untersuchung wurde auf Grundlage bisheriger Erkenntnisse Unterricht konzipiert, um bei Schülern der Sekundarstufe I gezielt eine positive Veränderung von Einstellungsausprägung zu Schule und Biologieunterricht zu initiieren (→ 2 Upmeier zu Belzen). Dabei wurde bei der Unterrichtskonzeption unter anderem auf eine klare Strukturierung des Unterrichtes geachtet und ein deutlicher Kontextbezug herstellt (Förderung des Kompetenzerlebens). Ferner wurde den Schülern

Wahlmöglichkeit bzgl. der Bearbeitungsmethoden der Themen geboten (Förderung des Autonomieerlebens). Freie Gruppenwahl (Personen und der Gruppenstärke) sollte das Gefühl der sozialen Eingebundenheit begünstigen.

Mittels eines Fragebogens zum Erleben von Unterricht, der auf Basis der einzelnen Parameter der Interesse- und Nicht-Interessetheorie konzipiert wurde, wurde bei den Schülern nach jeder einzelnen Unterrichtssequenz hinsichtlich des individuellen Erlebens evaluiert. Diese und auch Ergebnisse anderer Studien geben Hinweise, wie Unterrichtsmodelle aussehen können, die das positive Erleben der *basic needs* befriedigen und somit die Genese von Interessen und positiver Einstellungsausprägungen zu Schule und Biologieunterricht fördern.

Literatur

Bandura A (1977) Self-efficacy: Toward a unifying theory of behavioral change. Psychological Review 84:191–215

Bandura A (1997) Self-efficacy: The exercise of control. Freeman, New York

Csikszentmihalyi M, Abuhamdeh S, Nakamura J (2005) Flow. In: Elliot AJ, Dweck CS (eds) Handbook of competence and motivation. Guilford, New York, pp 598–608

Csikszentmihalyi M, Schiefele H (1993) Die Qualität des Erlebens und der Prozess des Lernens. Zeitschrift für Pädagogik 9(2):207–221

Deci EL, Ryan RM (1991) A Motivational Approach to Self: Integration in Personality. In: Dienstbier R (ed) Nebraska symposium on motivation. Nebraska Univ Press, Lincoln, NE, pp 237–288

Deci EL, Ryan RM (1993) Die Selbstbestimmungstheorie der Motivation und ihre Bedeutung für die Pädagogik. Zeitschrift für Pädagogik 39(2):223–238

Deci EL, Ryan RM (2000) The "what" and "why" of goal pursuits: Human needs and the self-determination of behavior. Psychology Inquiry 11(1):227–268

Dewey J (1913/1976) Interest and effort in education. Riverside, Bosten

Hannover B (1998) The Development of Self-Concept and Interests. In: Hoffmann L, Krapp A, Renninger A, Baumert J (eds) Interests and Learning. IPN, Kiel

Hidi S (2006) Interest: A unique motivational variable. Educational Research Review 1:69–82

Janowski J, Vogt H (2006) Biologie lernen ohne Frustration – Schaffung von Lernarrangements zur Förderung positiv ausgerichteter Einstellungsänderungen zu Schule und Biologieunterricht. In: Vogt H, Krüger D, Marsch S (Hrsg) Erkenntnisweg Biologiedidaktik. 8. Frühjahrsschule in Berlin. Universitätsdruckerei Kassel, S 69–85

Kleine A, Vogt H (2003) Einfluss der didaktisch-methodischen Ausgestaltung des Unterrichts auf die Interessiertheit der Kinder bezüglich eines unbeliebten Unterrichtsgegenstandes des Sachunterrichtes. In: Klee R, Bayrhuber H, Sandmann A (Hrsg) Lehr- und Lernforschung in der Biologiedidaktik. Studienverlag, Salzburg, S 9–18

Krapp A (1992) Das Interessenkonstrukt. Bestimmungsmerkmale der Interessenhandlung und des individuellen Interesses aus der Sicht einer Person-Gegenstands-Konzeption. In: Krapp A, Prenzel M (Hrsg) Interesse, Lernen, Leistung. Aschendorff, Münster, S 297–329

Krapp A (1998) Entwicklung und Förderung von Interesse im Unterricht. Psychologie, Erziehung, Unterricht 44:185–201

Krapp A (2002) An Educational-Psychological Theory of Interest and Its Relation to Self-Determination Theory. In: Deci E, Ryan R (eds) The handbook of self-determination research. Rochester Univ Press, Rochester, pp 405–426

Krapp A (2003) Die Bedeutung der Lernmotivation für die Optimierung des schulischen Bildungssystems. Politische Studien 54(3):91–105

Krapp A (2005) Das Konzept der grundlegenden psychologischen Bedürfnisse. Ein Erklärungsansatz für die positiven Effekte von Wohlbefinden und intrinsischer Motivation im Lehr-Lerngeschehen. Zeitschrift für Pädagogik 51(5):626–641

Krapp A, Ryan RM (2002) Selbstwirksamkeit und Lernmotivation. In: Jerusalem M, Hopf D (Hrsg) Zeitschrift für Pädagogik. Selbstwirksamkeit und Motivationsprozesse in Bildungsinstitutionen, Beiheft 44:54–82

Laukenmann M, Bleicher M, Fuß S, Gläser-Zikuda M, Mayring P, von Rhöneck Ch (2000) Eine Untersuchung zum Einfluss emotionaler Faktoren auf das Lernen im Physikunterricht. ZfDN 6:139–155

Lewalter D, Schreyer I (2000) Entwicklung von Interessen und Abneigungen – zwei Seiten einer Medaille? Studie zur Entwicklung berufsbezogener Abneigungen in der Erstausbildung. In: Schiefele U, Wild KP (Hrsg) Interesse und Lernmotivation, Untersuchungen zu Entwicklung, Förderung und Wirkung. Waxmann, Münster, S 53–72

Lewalter D, Krapp A, Schreyer I, Wild KP (1998) Die Bedeutsamkeit des Erlebens von Kompetenz, Autonomie und sozialer Eingebundenheit für die Entwicklung berufsspezifischer Interessen. Zeitschrift für Berufs- und Wirtschaftspädagogik, Beiheft 14:143–168

Maier U (2002) Eine qualitative Interviewstudie zum Einfluss des Lehrerverhaltens auf Lernmotivationen von Schülern im naturwissenschaftlichen Unterricht. ZfDN 8:85–102

Mitchell M (1993) Situational Interest. It's Multifaceted Structure in the Secondary School Mathematics Classroom. Journal of Educational Psychology 85(3):424–436

Petty RE, Cacioppo JT (1986) Communication and persuasiasion. Central and peripheral routes to attitude change. Springer, Berlin Heidelberg New York Tokyo

Prenzel M (1988) Die Wirkungsweise von Interesse. Ein pädagogisch-psychologisches Erklärungsmodell. Westdeutscher Verlag, Opladen

Prenzel M, Krapp A, Schiefele H (1986) Grundzüge einer pädagogischen Interessentheorie. Zeitschrift für Pädagogik 32(2):163–173

Prenzel M, Lankes EM, Minsel B (2000): Interessenentwicklung in Kindergarten und Grundschule: Die ersten Jahre. In: Schiefele U, Wild KP (Hrsg) Interesse und Lernmotivation; Untersuchungen zu Entwicklung, Förderung und Wirkung. Waxmann, Münster, S 11–30

Renninger KA (1998) The roles of individual interest(s) and gender in Learning: An overview of research on preschool and elemantary school-aged children/students. In: Hoffmann L, Krapp A, Renninger KA, Baumert J (eds) Interest and Learning. IPN 164, Kiel, pp 165–174

Schiefele H (1974) Zum Zusammenhang von Emotion und Lernmotivation. In: Ipfling HJ (Hrsg) Die emotionale Dimension in Unterricht und Erziehung. Ehrenwirth, München

Schiefele U (1996) Motivation und Lernen mit Texten. Hogrefe, Göttingen

Schiefele U, Krapp A (1996) Topic Interest and Free Recall of Expository Text. Learning and individual differences 8(2):141–160

Schiefele U, Krapp A, Schreyer I (1993) Metaanalyse des Zusammenhangs von Interesse und schulischer Leistung. Zeitschrift für Entwicklungspsychologie und Pädagogische Psychologie 25:120–148

Schiefele H, Prenzel M, Krapp A, Heiland A, Kasten H (1983) Zur Konzeption einer pädagogischen Theorie des Interesses. Gelbe Reihe Nr. 6: Arbeiten zur Empirischen Pädagogik und Pädagogischen Psychologie. Selbstverlag, Universität München

Spitzer M (2007) Lernen – Gehirnforschung und die Schule des Lebens. Elsevier, München

Upmeier zu Belzen A, Vogt H (2001) Interessen und Nicht-Interessen bei Grundschulkindern – Theoretische Basis der Längsschnittstudie PEIG. I D B 10:17–31

Upmeier zu Belzen A, Vogt H, Wieder B, Christen C (2002) Schulische und außerschulische Einflüsse auf die Interessenentwicklung von Grundschülern. Zeitschrift für Pädagogik, Beiheft 45:291–307

Vogt H (1998) Zusammenhang zwischen Biologieunterricht und Genese von biologieorientiertem Interesse. ZfDN 4(1):13–27

2 Einstellungen im Kontext Biologieunterricht

Annette Upmeier zu Belzen

In empirischen Untersuchungen konnte gezeigt werden, dass sich Erfahrungen von Schülern mit der Institution Schule nachhaltig auf die Einstellung zu Schule und Lernen auswirken (Weinert u. Helmke 1997). Die allgemeine Lernfreude zeigt bereits während der Grundschulzeit einen Abwärtstrend (Helmke 1993, Rosenfeld u. Valtin 1997). Dieser Trend setzt sich bezogen auf die allgemeinen Einstellungen zu Schule und Unterricht in den Jahrgangsstufen 5 bis 10 fort (Haecker u. Werres 1983, Nölle 1993, Hascher u. Baillod 2000). Damit werden im Verlauf der Schulzeit für die Berufs- bzw. Studienfachwahl der abgehenden Schüler wirksame psychologische Grundlagen gelegt.

Einstellungen mit ihren kognitiven, affektiven und auf das Verhalten bezogenen Komponenten sind Bestandteil einer umfassenden Kompetenzstruktur von Schülern und somit von Lehrpersonen im Rahmen der Vermittlung von Kenntnissen, Fähigkeiten und Fertigkeiten zu berücksichtigen und gezielt zu fördern. Dieser Vermittlungsprozess wird wiederum beeinflusst durch die persönlichen Einstellungen der Lehrperson gegenüber der Schule, den Schülern, dem Fach und dem Unterricht.

Im Rahmen von Lehr- und Lernforschung geht es darum, Aussagen über den Einfluss der Lehrereinstellungen auf die Unterrichtsgestaltung sowie Aussagen über die Wirkung von Unterricht auf die Schülereinstellungen zum Lernen im naturwissenschaftlichen Unterricht und über deren Auswirkungen auf die Kompetenzentwicklung in der Zukunft treffen zu können (vgl. Upmeier zu Belzen u. Christen 2004; Neuhaus u. Vogt 2007).

2.1 Beschreibung der Theorie

Einstellungen (*attitudes*) gehören laut Olson u. Zanna (1993) zu den bestuntersuchten Konstrukten der Sozialpsychologie des 20. Jahrhunderts.

Einen Überblick über die Geschichte der Einstellungsforschung liefert McGuire (1985). In einer ersten Forschungsphase in den 1920er Jahren

ging es zentral um die Erarbeitung von Möglichkeiten der Einstellungs-
messung, in einer zweiten Phase in den 1950er bis 1970er Jahren stand der
Aspekt der gezielten Einstellungsänderung im Fokus der Untersuchungen
bis hin zur dritten Phase in den 1980er und 1990er Jahren mit Untersuchungen zu Einstellungsstrukturen.

2.1.1 Das Einstellungskonstrukt

Die beiden Hauptbestandteile der Einstellungsdefinition von Eagly u.
Chaiken (1993) sind der geistige Vorgang der Bewertung und das Vorhandensein eines Einstellungsgegenstandes. Die Bewertungstendenz ist nicht
direkt beobachtbar, sie stellt ein Bindeglied zwischen bestimmten Reizen
und bestimmten Reaktionen dar (Abb. 2).

Die Ausdrucksformen einer Einstellung werden in drei Komponenten
unterteilt: Kognition, Affekt und Verhalten (Eagly u. Chaiken 1993).

Ausgehend von diesen drei Komponenten wurden neben dem Dreikomponentenmodell auch ein Zweikomponentenmodell bestehend aus kognitiver und affektiver Komponente sowie auch Einkomponentenmodelle (affektiv oder kognitiv bzw. affektiv-kognitiv determiniert) mit uneinheitlich-
en Ergebnissen diskutiert (vgl. Chaiken u. Stangor 1987).

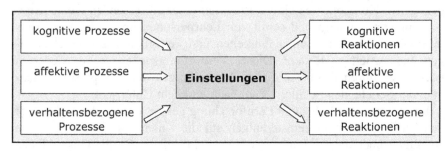

Abb. 2. Dreikomponentenmodell der Einstellung (nach Stroebe et al. 2002). Einstellung ist ein Produkt aus kognitiven, affektiven und verhaltensbezogenen Prozessen und manifestiert sich kognitiv, affektiv und im Verhalten

Chaiken u. Stangor (1987) beziehen die Zeit in ihre Definition ein, in
dem sie eine Einstellung als eine psychische Tendenz bezeichnen, die
durch eine überdauernde positive oder negative Bewertung eines Einstellungsobjektes zum Ausdruck kommt. Je weniger Erfahrung eine Person
mit einem Einstellungsgegenstand hat, in desto stärkerem Maße wird die
kognitive Struktur der Einstellung von der affektiven Komponente abhängig sein (Seel 2003).

2.1.2 Die Einstellungs-Verhaltens-Relation

Die Bedeutung des Einstellungskonstruktes als Mediator zwischen beobachtbaren vorangehenden Reizen und nachfolgendem Verhalten wird durch die üblicherweise in empirischen Studien schwach ausgeprägte Einstellungs-Verhaltens-Korrelation in Frage gestellt. Ein einschlägiges Sammelreferat zu empirischen Befunden publizierte Wicker (1969). Der bedeutendste Theorieansatz zur Einstellungs-Verhaltens-Relation, der auch am meisten in der Praxis zur Anwendung gelangt, ist die Theorie des überlegten Handelns nach Ajzen u. Fishbein (1980) sowie deren Erweiterung von Ajzen (1985, 1987), die Theorie des geplanten Verhaltens (→ 3 Graf). In diesen Ansätzen wird zunächst davon Abstand genommen, das Verhalten direkt aus der Einstellung vorherzusagen. Man schiebt als weiteres vermittelndes Konstrukt die Verhaltensintention ein; sie hängt ihrerseits von den Einstellungen zum Verhalten und von den sozialen Normen, dem wahrgenommenen sozialen Druck ab. In der Theorie des geplanten Verhaltens kommt noch die wahrgenommene Kontrollierbarkeit des Verhaltens hinzu (Ajzen u. Madden 1986; Madden et al. 1992). Doch obwohl Verhaltensintentionen die besten Verhaltensprädiktoren sind, sind die Korrelationen zwischen den Verhaltensintentionen und dem Verhalten selbst wiederum sehr unterschiedlich.

Die zunächst undifferenzierte Frage nach dem Bestehen eines Zusammenhangs zwischen Einstellung und Verhalten wurde weiter entwickelt zu der Frage nach Bedingungen, unter denen die Einstellung und das Verhalten korrespondieren.

Ein enger Zusammenhang zwischen Einstellung und Verhalten kann sich nur dann zeigen, wenn beide Maße im Grad der Spezifikation möglichst nah beieinander liegen. Außerdem hat die Relation in spezifischen Kontexten eine stärkere Vorhersagekraft als bei kontextunabhängigen Untersuchungen (Fishbein u. Ajzen 1975). Die Einstellungs-Verhaltens-Relation wird enger, je wichtiger die Einstellung für die Personen ist (Perry 1976). Regan u. Fazio (1977) konnten zeigen, dass die Relation bei Personen, die ihre Einstellungen auf der Basis direkter Vorerfahrungen entwickelten, höher war als bei Personen, deren Einstellungen eine andere Grundlage hatten. Positiv auf die Relation wirkt sich die Möglichkeit aus, das Verhalten selbst steuern zu können (Ajzen 1991). Damit sind nicht nur Einstellungen integraler Bestandteil von Verhalten, sondern auch Handlungen ein Bestandteil bei der Entstehung und Entwicklung von Einstellungen.

2.2 Schulbezogene Einstellungen

Schulbezogene Schülereinstellungen lassen sich aus beobachtbaren Handlungen der Schüler und deren verbalen Äußerungen, die sowohl affektive als auch kognitive Reaktionen bezüglich eines Einstellungsobjektes sein können, abschätzen (Bachmair 1969). Bestimmten Verhaltensweisen der Schüler liegen spezifische Einstellungen zu Grunde. Somit sind Handlungsweisen der Schüler Indizes der Einstellungen und damit Reaktionsdispositionen auf schulische Objekte.

Das Einstellungsobjekt „Schule und Unterricht" wird in verschiedene schulische Aspekte, in Teilobjekte, untergliedert. Nicht nur die Lehrperson ist Objekt der Schülereinstellungen, auch besondere Unterrichtsangebote und didaktisch-methodische Entscheidungen der Lehrperson wie auch Aspekte des Klassenklimas sind Einflussfaktoren (Bachmair 1969; Czerwenka et al. 1990).

Schule und naturwissenschaftliches Lernen sind ein alltäglicher Erfahrungsraum, in dem sich die kognitive und affektive Komponente der Schülereinstellung entwickeln. Das fachbezogene Einstellungsobjekt „Schule und Sachunterricht" hat Christen (2004) in die Teilobjekte Schule und Lernen, Bedeutung von Lernen im Sachunterricht, Verhalten zu Mitschülern und Beurteilung der didaktisch-methodischen Ausgestaltung des Sachunterrichts gegliedert.

Das Objekt „Schule und Biologieunterricht" für den Bereich der Sekundarstufe I haben Upmeier zu Belzen u. Christen (2004) in fünf Teilobjekte untergliedert: Schule im Allgemeinen, Beurteilung der didaktisch-methodischen Ausgestaltung des Biologieunterrichts, Lehrerverhalten im Biologieunterricht, empfundener Leistungsdruck, Verhalten zu Mitschülern.

Bei den Forschungsbemühungen geht es um qualitativ unterscheidbare Einstellungsausprägungen bzw. beschreibbare Einstellungstypen. Personen, die gemeinsam einer Gruppe angehören, weisen demnach zu bestimmten Teilobjekten der Einstellung ähnliche Bewertungsprofile auf und können Ausgangspunkte für differenzierende Unterrichtsmaßnahmen sein.

2.2.1 Schülereinstellungen zu Schule und Sachunterricht in der Grundschule (Jahrgangsstufen 1 bis 4)

Christen (2004) hat für die Grundschule mit Likert skalierten Items und dem *Mixed-Rash*-Verfahren drei Einstellungsausprägungen identifiziert: Der (1) „Lernfreude-Typ" zeichnet sich durch eine grundlegend positive Einstellung zu Schule und Sachunterricht aus. Der (2) „Zielorientierte Leistungs-Typ" zeigt eine etwas negativere Einstellung zu Schule und

Sachunterricht als der Lernfreude-Typ. Diese Schüler sind allerdings sehr leistungsorientiert und wissen, was sie in der Schule lernen wollen und was nicht. Der (3) „Gelangweilt-Frustrierte-Typ" hat demgegenüber eine negativere Einstellung zu Schule und Sachunterricht. Es gibt dabei zwei wesentliche unterrichtsbezogene Ursachen: Langeweile durch Unterforderung und eine uninteressante Aufbereitung der Inhalte sowie Frustration durch Misserfolg bzw. Überforderung im Unterricht.

2.2.2 Schülereinstellungen zu Schule und Biologieunterricht in der Sekundarstufe I (Jahrgangsstufen 5 bis 10)

Upmeier zu Belzen u. Christen (2004) konnten in der Sekundarstufe I vier Einstellungsausprägungen identifizieren.

Bei Schülern, die dem (1) „Lernfreude-Typ" zuzuordnen sind, stehen alle schulischen Aspekte in einem positiven Kontext. Somit haben sie viel Freude am Lernen und am Biologieunterricht. Dieser Einstellungsausprägung gehören mehr Mädchen als Jungen an. Die Schüler des (2) „Zielorientierten Leistungs-Typs" gehen gerne zur Schule. Sie zeigen eine grundsätzlich positive Lernbereitschaft und eine Bejahung von Lerninhalten. Sie erwarten von der Lehrperson einen gut strukturierten Biologieunterricht, in dem sie viel lernen können. In dieser Gruppe sind doppelt so viele Jungen wie Mädchen zu finden.

Schülern des (3) „Gelangweilten-Typs" machen Schule und Lernen nicht besonders viel Freude. Der Biologieunterricht macht ihnen weniger Spaß als den Schülern des Lernfreude-Typs. Durch Unterforderung im Unterricht oder eine für die Schüler uninteressante Aufbereitung der Lern- und Unterrichtsgegenstände entsteht Langeweile. Schüler des (4) „Frustrierten-Typs" unterscheiden sich in fast allen Dimensionen stark von den übrigen drei Typen. Sie bekunden eine negative Einstellung zu Schule allgemein und haben keinen Spaß am Biologieunterricht. Diese Schülergruppe beurteilt die didaktisch-methodische Ausgestaltung des Biologieunterrichtes negativer als die Schüler der anderen Einstellungsausprägungen.

2.2.3 Lehrereinstellungen

Auf der Basis von sechs unabhängigen Einstellungsdimensionen konnten Neuhaus u. Vogt (2005) Biologielehrer drei Gruppen zuordnen. Der (1) „Pädagogisch-Innovative-Typ" fällt durch seine starke Betonung der sozialen Funktion des Unterrichts auf, während er sich weniger stark als die beiden anderen Typen als fachlicher Ansprechpartner betrachtet. Bewährte Unterrichtsmethoden lehnt er stärker ab als seine Kollegen der anderen

Einstellungstypen. Er hält einen Alltagsbezug im Unterricht für notwendig und hat Freude daran, neue Dinge im Unterricht auszuprobieren. Der (2) „Fachlich-Innovative-Typ" fordert experimentellen Biologieunterricht und betrachtet sich besonders stark als fachlicher Ansprechpartner, während ihm die soziale Funktion des Unterrichts weniger wichtig ist. Er befürwortet den Alltagsbezug im Unterricht und hat Freude daran, neue Dinge im Unterricht auszuprobieren. Der (3) „Fachlich-Konventionelle-Typ" setzt sich am wenigsten für einen experimentellen, an Alltagsphänomenen orientierten Unterricht ein und hat gegenüber den beiden anderen Typen weniger Freude daran, neue Dinge im Unterricht auszuprobieren. Lehrpersonen, die diesem Typ zugeordnet werden, betrachten sich als fachlichen Ansprechpartner und lehnen konventionelle, bewährte Unterrichtsmethoden am wenigsten ab.

Es gibt bereits erste Hinweise aus der Analyse von Unterrichtsvideos, dass sich die drei identifizierten Lehrertypen auch in ihrem Unterrichtsverhalten unterscheiden (Neuhaus u. Vogt 2007). Im Unterricht des Pädagogisch-Innovativen Typs waren mehr Phasenwechsel als bei den anderen Typen zu beobachten, es gab mindestens eine Phase, in der Schüler eigenständig aktiv waren und mindestens eine Phase mit Gruppen- oder Stillarbeit. Diese Merkmale waren bei den anderen Typen kaum bzw. überhaupt nicht beobachtbar.

2.2.4 Entwicklungen von Einstellungen im Biologieunterricht

Im Allgemeinen wird die Entwicklung von Einstellungen bei Schülern nicht nur als natürliche Folge der Sozialisation betrachtet, sondern auch als Erziehungsauftrag der Schule, was deren Beeinflussbarkeit induziert (Seel 2003). Damit ist ein weiteres wichtiges Merkmal von Einstellungen, ihre Veränderbarkeit, angesprochen. Obwohl Einstellungen als relativ stabil gelten, bestand ein Hauptinteresse der Forschung stets darin, Prozesse der Einstellungsänderung zu beschreiben, zu erklären und vorherzusagen (Petty u. Cacioppo 1981; Oskamp u. Schultz 2005).

Veränderungen von Einstellungen treten ein, wenn die Konsonanz von Einstellungselementen nicht gewahrt werden kann, eine Person affektive oder kognitive Dissonanzen zwischen ihren Einstellungen und neuer Information erlebt und sie dadurch motiviert wird, wieder Konsonanz herzustellen (vgl. Janowski u. Vogt 2006). Einstellungsänderungen kommen aber auch aufgrund persuasiver Einflussnahme zustande (Petty u. Cacioppo 1981). Eine Einstellungsänderung ist dann die Folge von Informationsverarbeitung, oft in Reaktion auf Botschaften über den Einstellungsgegenstand. Bei diesen Prozessen beeinflusst das verfügbare Vorwissen über ein

Einstellungsobjekt das Ausmaß der Beeinflussbarkeit des kognitiven Urteils.

Im Sach- bzw. Biologieunterricht werden permanent Botschaften über die Teilobjekte der Einstellung „gesendet" und wahrgenommen. Die Reaktionen darauf, die Frage nach aufkommender Dissonanz, hängt mit der Einstellungsausprägung zusammen. Schüler mit der Einstellungsausprägung Lernfreude-Typ legten in einer Pilot-Intervention beispielsweise Wert auf Stabilität und waren Veränderungen im Unterricht gegenüber weniger aufgeschlossen als die Schüler der anderen Ausprägungen (Upmeier zu Belzen et al. 2007). Einstellungen von Schülern können durch Interventionen gezielt geändert werden, wenn die didaktisch-methodische Unterrichtsgestaltung in Abhängigkeit von der Einstellungsausprägung variiert wird (Janowski u. Vogt 2006).

2.3 Stand der Forschung/Hypothesen

Auf der Basis bisheriger Forschung wurden einige der Hypothesen in jeweils spezifischen Kontexten bzw. Teilaspekten verifiziert. Die Verifikation für andere Kontexte bzw. Teilaspekte ist jedoch weiterhin offen.

- Einstellungen von Personen gegenüber Objekten lassen sich in bestimmten Kontexten gruppieren und durch unterscheidbare Profile beschreiben.
- Schülereinstellungen haben einen Einfluss auf schulisches Lernen.
- Schülereinstellungen beeinflussen die Entwicklung von Interessen. Interessen bzw. Desinteressen und Abneigungen wirken wiederum auf die Einstellungen.
- Schülereinstellungen im Kontext Schule sind weniger stabil als bei Erwachsenen und sind gezielt beeinflussbar.
- Einem Einstellungsverfall bei Schülern (analog zum Interessenverfall) kann in der Schule durch spezifische Unterrichtsangebote (Differenzierung und Förderung) begegnet werden.
- Schülereinstellungen haben beim Übergang in die weiterführende Schule (bzw. Studium und Beruf) eine Brückenfunktion.
- Lehrereinstellungen bedingen die didaktisch-methodische Gestaltung ihres Unterrichts.

Es gibt erste Ansätze, in denen die Einstellungsausprägung von Schülern sowie die Einstellungstypen von Lehrpersonen als unabhängige Variabeln in den Forschungsprozess einbezogen werden (z. B. Upmeier zu Belzen et al. 2007; Mogge u. Vogt 2006; Mogge et al. 2007; Neuhaus u. Vogt 2007).

2.4 Rahmenkonzeption

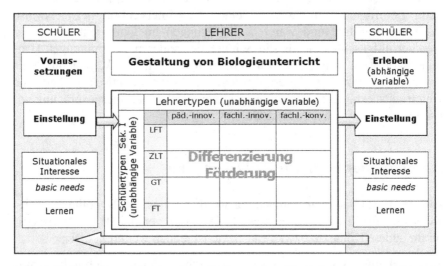

Abb. 3. Rahmenkonzeption zu den schulbezogenen Einstellungen (Sekundarstufe I) mit den zentralen Möglichkeiten der Differenzierung und Förderung im Unterricht in Form einer Kreuztabelle. Lernvoraussetzungen der Schüler und Unterrichtsgestaltung durch die Lehrperson wirken auf das Erleben von Unterricht. Das Erleben wirkt wiederum auf die Einstellung als Lernvoraussetzung für weitere Unterrichtseinheiten. *LFT* = Lernfreude-Typ, *ZLT* = Zielorientierter Leistungs-Typ, *GT* = Gelangweilter Typ, *FT* = Frustrierter-Typ, *päd.-innov.* = Pädagogisch-Innovativer-Typ, *fachl.-innov.* = Fachlich-Innovativer-Typ, *fachl.-konv.* = Fachlich-Konventioneller-Typ, *Sek. I* = Sekundarstufe I

　　Die vorgestellte Theorie umfasst die Schülerseite mit den Einstellungsausprägungen als Bestandteil der Lernvoraussetzungen, die Lehrerseite mit den Lehrertypen als Bedingung für die Unterrichtsgestaltung und den Unterricht als solchen. Aus den Ausprägungen und Typen ergibt sich eine Kreuztabelle für Differenzierungs- und Fördermöglichkeiten im Unterricht. Abhängig davon sind das Erleben des Unterrichts durch die Schüler sowie potenzielle Entwicklungen der Einstellungen (Abb. 3).

　　In bisherigen Untersuchungen waren neben den Einstellungen die situationalen Interessen (→ 1 Vogt), die *basic needs* Autonomie, Kompetenz und soziale Eingebundenheit (Deci u. Ryan 1993) sowie der Lernfortschritt abhängige Variablen, mit denen die Schüler den Unterricht für sich persönlich evaluierten. Wird die Theorie in anderen schulischen Teilbereichen eingesetzt, können andere Aspekte als abhängige Variablen von Bedeutung sein.

2.5 Anwendung der Theorie

Im Rahmen einer Interviewstudie von Mogge u. Vogt (2006) wurden die Schülereinstellungen als unabhängige Variable in eine Untersuchung zur Evaluation eines Arbeitsformates mit Modellbildung einbezogen. 24 Grundschüler, die zunächst allein, dann in Kooperation mit einem Partner gleicher typologischen Einstellungsausprägung ein biologisches und ein mathematisches Problem bearbeitet hatten, wurden interviewt. Die Auswertung der Daten erfolgte in Abhängigkeit der drei individuellen Einstellungstypen. Die Aussagen der Probanden wurden kategorisiert und ergaben, dass der zielorientierte Leistungs-Typ offenbar derjenige der drei Einstellungstypen ist, der das größte Entwicklungspotential hinsichtlich der Förderung fachlicher und methodischer Kompetenzen durch innovative Arbeitsformate aufweist. Schüler, die dem Gelangweilt-Frustrierten-Typ angehören, lehnten das Format weitgehend ab. Schüler, die dem Lernfreude-Typ angehören, zeigten zwar eine durchaus positive Haltung gegenüber dem Aufgabenformat, erfassten dessen Potenzial aber nicht so tief greifend wie Vertreter des zielorientierten Leistungs-Typs.

Dieses Beispiel zeigt erste Ansatzpunkte für theoriegeleitete differenzierte Angebote im Biologieunterricht.

Literatur

Ajzen I (1985) From Intentions to Actions: A Theory of Planned Behavior. In: Kuhl J, Beckmann J (eds) Action Control. From Cognition to Behavior. Springer, Berlin Heidelberg New York Tokyo, pp 11–39

Ajzen I (1987) Attitudes, traits and actions: Dispositional prediction of behavior in personality and social psychology. In: Berkowitz L (ed) Advances in experimental social psychology. Academic Press, San Diego, pp 1–63

Ajzen I (1991) The Theory of planned Behaviour. Organizational Behaviour and Human Decision Processes 50(2):179–211

Ajzen I, Fishbein M (1980) Understanding attitudes and predicting social behaviour. Prentice-Hall, Engelwood-Cliffs

Ajzen I, Madden TJ (1986) Prediction of Goal-Directed Behavior. Attitudes, Intentions and Perceived Behavioral Control. Journal of Experimental Social Psychology 22(4):453–474

Bachmair G (1969) Einstellungen von Schülern zum Lehrer und zum Unterrichtsfach. Inaugural- Dissertation, Friedrich-Alexander-Universität Erlangen Nürnberg

Christen F (2004) Einstellungsausprägungen bei Grundschülern zu Schule und Sachunterricht und der Zusammenhang mit ihrer Interessiertheit. University Press, Kassel

Chaiken S, Stangor C (1987) Attitudes and Attitude Change. Annual Review of Psychology 38:575–630

Czerwenka K, Nölle K, Pause G, Schlotthaus W, Schmidt HJ, Tessloff J (1990) Schülerurteile über die Schule. Bericht einer internationalen Untersuchung. Peter Lange, Frankfurt am Main

Deci EL, Ryan RM (1993) Die Selbstbestimmungstheorie der Motivation und ihre Bedeutung für die Pädagogik. Zeitschrift für Pädagogik 39(2):223–238

Eagly AH, Chaiken S (1993) The Psychology of Attitudes. Harcourt Brace Jovanovich, San Diego

Fishbein M, Ajzen I (1975) Belief, Attitude, Intention and Behaviour: An Introduction to Theory and Research. Addison-Wesley, Reading

Haecker H, Werres W (1983) Schule und Unterricht im Urteil der Schüler. Bericht einer Schülerbefragung in der Sekundarstufe I. Studien zur Pädagogik der Schule 10. Peter Lang, Frankfurt am Main

Hascher T, Baillod J (2000) Auf der Suche nach dem Wohlbefinden in der Schule. Schweizer Schule 3:3–12

Helmke A (1993) Die Entwicklung der Lernfreude vom Kindergarten bis zur 5. Klassenstufe. Zeitschrift für Pädagogische Psychologie 7:77–86

Janowski J, Vogt H (2006) Schaffung spezieller Lernarrangements zur Förderung positiv ausgerichteter Einstellungsänderungen zu Schule und Biologieunterricht. In: Vogt H, Krüger D, Marsch S (Hrsg) Erkenntnisweg Biologiedidaktik. 8. Frühjahrsschule in Berlin. Universitätsdruckerei Kassel, S 69–86

Madden TJ, Ellen PS, Ajzen I (1992) A comparison of the theory of planned behavior and the theory of reasoned action. Personality & Social Psychology 18(1):3–9

McGuire WJ (1985) Attitudes and attitude change. In: Lindzey G, Aronson E (eds) Handbook of Social Psychology, vol 2. Special Fields and Applications. 3th edn. Random House, New York

Mogge S, Vogt H (2006) Qualitative Analysis of Modeling Processes of Primary Level Students Regarding M-Open Biological and Mathematical Problems. Proceedings of the NARST 2006 Annual Meeting, San Francisco

Mogge S, Vogt H, Wollring B (2007, in Druck) Selbstgesteuerte kooperative Arbeitsumgebungen zu beziehungsreichen und lebensweltlichen Problemkreisen in Biologie und Mathematik. In: Vogt H, Upmeier zu Belzen A (Hrsg) Bildungsstandards – Kompetenzerwerb, Forschungsbeiträge der biologiedidaktischen Lehr- und Lernforschung. Shaker, Aachen, S 103–119

Neuhaus B, Vogt H (2005) Dimensionen zur Beschreibung verschiedener Biologielehrertypen auf Grundlage ihrer Einstellung zum Biologieunterricht. ZfDN 11:67–78

Neuhaus B, Vogt H (2007, in Druck) Klassifizierung von Biologielehrern – Chancen für die didaktische Forschung und Lehrerausbildung? In: Vogt H, Upmeier zu Belzen A (Hrsg) Bildungsstandards – Kompetenzerwerb, Forschungsbeiträge der biologiedidaktischen Lehr- und Lernforschung. Shaker, Aachen, S 167–179

Noelle K (1993) Schülerinnen und Schüler über Schule – subjektive Sichtweisen und ihre Relevanz für pädagogisches Handeln. Haag & Herchen, Frankfurt am Main

Olson JM, Zanna MP (1993) Attitudes and attitude change. Annual Review of Psychology 44:17–154

Oskamp S, Schultz PW (2005) Attidudes and Opinions, 3th edn. Erlbaum, Mahawa

Perry RW (1976) Attitudinal Variables as Estimates of Behavior. A theoretical Examination of the Attidude-Action Controversy. European Journal of Social Psychology 8:74–90

Petty RE, Cacioppo JT (1981) Attitudes and Persuasion: Classic and Contemporary Approaches. WmC Brown Publishers, Dubuque

Regan DT, Fazio R (1977) On the Consistency Between Attitudes and Behavior: Look to the Method of Attitude Formation. Journal of Experimental Social Psychology 12:28–45

Rosenfeld H, Valtin R (1997) Zur Entwicklung schulbezogener Persönlichkeitsmerkmale bei Kindern im Grundschulalter. Erste Ergebnisse aus dem Projekt NOVARA. Unterrichtswissenschaft 25:316–330

Seel NM (2003) Psychologie des Lernens, 2. Aufl. UTB, München Basel

Stroebe W, Jonas K, Hewstone M (2002) Sozialpsychologie. Eine Einführung, 2. Aufl. Springer, Berlin Heidelberg New York Tokyo

Upmeier zu Belzen A, Christen F (2004) Einstellungsausprägungen von Schülern der Sekundarstufe I zu Schule und Biologieunterricht. ZfDN 10:221–232

Upmeier zu Belzen A, Wieder B, Christen F (2007, in Druck) Pilotuntersuchung im Sachunterricht – Intervention auf der Basis von Einstellungsausprägungen von Schülerinnen und Schülern. In: Vogt H, Upmeier zu Belzen A (Hrsg) Bildungsstandards – Kompetenzerwerb, Forschungsbeiträge der biologiedidaktischen Lehr- und Lernforschung. Shaker, Aachen, S 137–152

Weinert FE, Helmke A (1997) Entwicklung im Grundschulalter. BeltzPVU, Weinheim

Wicker AW (1969) Attitudes versus Actions: The Relationship of verbal and overt behavioural responses to attitudes objects. Journal of Social Issues 21(4):41

3 Die Theorie des geplanten Verhaltens

Dittmar Graf

Eines der wichtigsten Ziele biologiedidaktischer Forschung ist die Erklärung bzw. Vorhersage von Verhalten. Üblicherweise steht im Biologieunterricht insbesondere in drei Bereichen die Erziehung zu verantwortungsvollem Verhalten im Vordergrund: Gesundheits- (→ 4 Weiglhofer), Sexual- und Umwelterziehung (→ 5 Schlüter) bzw. Erziehung für eine nachhaltige Entwicklung (→ 18 Bögeholz). Hinzu kommt in jüngerer Zeit auch der Bereich der Bioethik. Entsprechend wird z. B. auch in den aktuellen Bildungsstandards im Fach Biologie für den Mittleren Schulabschluss ausdrücklich angestrebt, Grundlagen für gesundheitsbewusstes und umweltverträgliches Handeln zu legen (KMK 2005).

Die weit verbreitete Annahme, eine positive Einstellung zu einem Gegenstand A führe zu positivem Verhalten gegenüber A und entsprechend führe eine negative Einstellung zu einem Gegenstand B zu negativem Verhalten gegenüber B bzw. zu einer Verhaltensvermeidung gegenüber B, erweist sich immer wieder als zweifelhaft. Trotzdem liegt diese einfache Hypothese zumindest implizit einem Großteil der Aktivitäten von Werbung, Propaganda, Pädagogik sowie Psychotherapie zugrunde (Herkner 2001).

Zahlreiche Studien haben gezeigt, dass der Zusammenhang zwischen Einstellung zu einem Verhalten und dem Verhalten vielfach eher gering ist. Je nach Fragestellung findet man Korrelationen zwischen 0,00 und 0,70 (Herkner 2001). Offensichtlich spielen Einstellungen bei der Ausprägung von Verhalten eine Rolle, die aber vielfach durch andere Faktoren zu ergänzen sind.

Außerdem muss bedacht werden, dass ein geringer gemessener Zusammenhang zwischen Einstellung und Verhalten auch durch messtheoretische Probleme verursacht werden kann. Wenn man z. B. allgemeine Einstellungen zum Umweltschutz erhebt und deren Einfluss auf die Verkehrsmittelwahl bestimmt, wird man nur geringe Zusammenhänge finden (Lehmann 1999). Wenn man die Einstellung zur Wahl eines bestimmten Verkehrsmittels mit der tatsächlichen Wahl dieses Verkehrsmittels miteinander in Beziehung setzt, wird die Korrelation höher sein.

Sowohl Einstellung (→ 2 Upmeier zu Belzen) als auch Verhalten können nach Ajzen u. Fishbein (1977) aus unterschiedlichen Perspektiven betrachtet und beschrieben werden:

- Handlungsaspekt
  Welches Verhalten soll ausgeführt oder unterlassen werden?
  (z. B morgen keine Zigaretten kaufen)
- Zielaspekt
  Welches Ziel hat das Verhalten? (z. B. morgen nicht zu rauchen)
- Kontextaspekt
  In welchem Kontext steht das Verhalten? (z. B. bin ich morgen auf einer Party oder mache ich eine Bergwanderung)
- Zeitaspekt
  Zu welchem Zeitpunkt und in welchem Zeitrahmen soll das Verhalten ausgeführt werden? (z. B. einen Tag lang nicht rauchen oder gänzlich mit dem Rauchen aufhören)

Nach der so genannten Korrespondenzhypothese sollte man Einstellungs- und Verhaltenskomponenten bei der Versuchsplanung operational so festlegen, dass sie im Hinblick auf alle vier Aspekte einen vergleichbaren Spezifizierungsgrad aufweisen, damit vorhandene Zusammenhänge zwischen Einstellungen und Verhalten bestmöglich aufgedeckt werden können (Frey et al. 1993).

3.1 Theorie des geplanten Verhaltens

Um neben der Einstellung auch andere Parameter zur Vorhersage von Verhalten operationalisieren zu können, wurde vom israelisch-amerikanischen Sozialpsychologen Icek Ajzen (manchmal Aizen) zusammen mit dem amerikanischen Psychologen Martin Fishbein (1980) zunächst die Theorie der überlegten Handlung (im Original: *Theory of Reasoned Action* oder kurz *TRA*) entwickelt. Dieser Ansatz wurde von Ajzen in den 80er Jahren des 20. Jahrhunderts zur Theorie des geplanten Verhaltens (im Original: *Theory of Planned Behavior* oder kurz *TPB*) modifiziert bzw. erweitert (Ajzen 1985, 2005, 2006a; Ajzen u. Madden 1986). Diese beiden Theorien gehören seit langem zu den populärsten Modellen über den Zusammenhang zwischen Einstellungen und Verhalten (Frey et al. 1993; Bamberg u. Schmidt 1999; Knoll et al. 2005).

Nach der Theorie der überlegten Handlung wird ein Verhalten vollständig durch eine Verhaltensabsicht bestimmt. Diese soll durch Erfassung von zwei Komponenten vorhersagbar sein:

- Die Einstellung zu diesem Verhalten.
- Die vermuteten Erwartungen, die für die handelnde Person wichtige Bezugspersonen bezüglich des Verhaltens haben.

Das Modell erlaubt nur dann treffende Vorhersagen, wenn das Verhalten vollständig der willentlichen Kontrolle unterliegt.

Die Theorie des geplanten Verhaltens wurde entwickelt, um dieser Einschränkung im Gültigkeitsbereich zu begegnen. Wie der Name andeutet, soll diese Theorie Handlungen erklären und vorhersagen, denen Planungsüberlegungen und bewertendes Nachdenken über die Konsequenzen des Verhaltens vorausgehen.

Die Theorie erhebt nicht den Anspruch, unüberlegtes Verhalten aus dem Affekt heraus deuten zu können. Auch Ziele, die man zwar verfolgt, aber die man nicht bewusst angeht oder über die nicht reflektiert wird, werden von der Theorie nicht erfasst. Geplantes Verhalten wird als Konsequenz einer systematischen Analyse aller zur Verfügung stehenden relevanten Informationen angesehen.

Tatsächlich zeigt sich, dass die Theorie des geplanten Verhaltens Intentionen und Verhalten deutlich besser vorhersagen kann als die Theorie der überlegten Handlung (Ajzen 1991; Godin u. Kok 1996: Verbesserung in der Varianzaufklärung der Intention um durchschnittlich 13 % und des Verhaltens um 11 %). Beide Theorien widersprechen sich allerdings nicht. Die Theorie der überlegten Handlung stellt formal einen Spezialfall der Theorie des geplanten Verhaltens dar. Letztere geht in erstere über, wenn die Kontrolle über das Verhalten maximal ist.

Die Theorie des geplanten Verhaltens ist in Abbildung 4 schematisch dargestellt. Gegenüber der Theorie der überlegten Handlung ist sie um das Konstrukt „Wahrgenommene Verhaltenskontrolle" (C) erweitert, die neben der Intention auch direkt auf das Verhalten wirken kann.

Ajzen hat das Modell im Lauf der Jahre immer wieder leicht modifiziert. Hier verwendet wird die Version aus dem Jahr 2006 (Ajzen 2006a).

Nach Ajzens Modell wirkt die Einstellung zu einem Verhalten (A) nicht direkt auf dieses Verhalten (E), sondern auf die Verhaltensabsicht oder Intention (D). Diese wird verstanden als eine bewusste Entscheidung einer Person, ein bestimmtes Verhalten ausführen zu wollen. Sie kann als Maß dafür aufgefasst werden, wie viele Anstrengungen eine Person unternehmen möchte, um eine Handlung auszuführen (Erten 2000). Die Verhaltensabsicht gilt als wichtigster Prädiktor (Vorhersageparameter) für die Ausführung einer Handlung. Die Intention hängt neben der Einstellung auch von der wahrgenommenen sozialen Norm (B) und der wahrgenommen Verhaltenskontrolle (C) ab.

Das Konstrukt „Einstellung zum Verhalten" (A) wurde als allgemeine affektive Bewertung des Verhaltens konzipiert und klammert kognitive und konative Aspekte aus.

Die wahrgenommene soziale bzw. subjektive Norm (B) wird verstanden als die Interpretation einer Person desjenigen Verhaltens, das für die Person wichtige Bezugspersonen von ihr erwarten. Ajzen geht also davon aus, dass soziale Einflüsse, genauer die wahrgenommenen Erwartungen von anderen, einen Einfluss auf die Intentionsbildung einer Person besitzen.

Die wahrgenommene Verhaltenskontrolle (C) wird definiert als die subjektiv wahrgenommene Schwierigkeit oder Einfachheit, ein Verhalten auszuführen. Wenn es z. B. eine Schülerin schwierig findet, ihren Müll zu trennen, solange keine Tonnen für die verschiedenen Müllsorten aufgestellt sind, wird die wahrgenommene Verhaltenskontrolle niedrig sein und sowohl die Verhaltensabsicht, den Müll zu trennen als auch das Verhalten selbst beeinflussen.

Die Komponenten A–C sind nicht völlig unabhängig voneinander, sondern beeinflussen sich auch gegenseitig (Abb. 4).

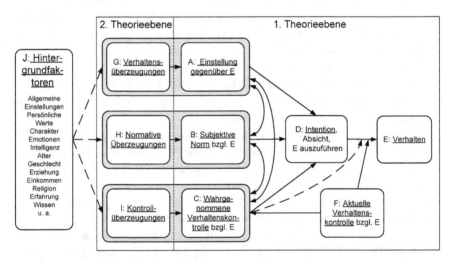

Abb. 4. Die Theorie des geplanten Verhaltens nach Ajzen (2006a) ergänzt um die Hintergrundfaktoren (Ajzen 2005). Unterstrichen sind jeweils die übersetzten Originalformulierungen von Ajzen

Neben der Verhaltensabsicht (D) spielt auch die tatsächliche, aktuelle Verhaltenskontrolle (F) als Prädiktor für ein Verhalten eine Rolle. Diese bezieht sich auf die Kontrolle, die eine Person de facto darüber hat, ein bestimmtes Verhalten ausführen zu können. Die tatsächliche Verhaltenskontrolle beeinflusst außerdem die wahrgenommene Verhaltenskontrolle. Das

Modell kann auch solche Fälle erklären, bei denen trotz hoher Intention ein Verhalten nicht gezeigt wird (Abb. 4, direkte Verbindung zwischen F und E). Ein solcher Fall kann auftreten, wenn die Verhaltenskontrolle der befragten Person vollständig entzogen ist. Die tatsächliche Verhaltenskontrolle ist allerdings oft schwer zu ermitteln und wird in Untersuchungen in der Regel nicht erfasst (vgl. Frey et al. 1993).

Bis jetzt vorgestellt wurde das so genannte Kernmodell (Abb. 4, 1. Theorieebene). Das gesamte Modell umfasst noch weitere Konstrukte (2. Theorieebene, Ebene der Überzeugungen). Hierbei werden drei Determinanten spezifiziert, die Einstellung, subjektiver Norm und wahrgenommener Verhaltenskontrolle zugrunde liegen und deren Ausprägung erklären.

Verhaltensüberzeugungen (G) verknüpfen das betrachtete Verhalten (E) mit den erwarteten Folgen des Verhaltens. Obwohl eine Person zahlreiche auf ein Verhalten bezogene Überzeugungen besitzen kann, sind in einem bestimmten Zeitpunkt nur etwa 5–9 Überzeugungen pro Verhaltensentscheidung tatsächlich abrufbar und somit relevant (Bamberg u. Schmidt 1999). Es wird angenommen, dass diese zugänglichen Überzeugungen (Tabelle 2, G1) in Verrechnung mit der subjektiven Bewertung der Verhaltensfolgen (Tabelle 2, G2) die Einstellung zum Verhalten determinieren (Ajzen 2005). Die Theorie des geplanten Verhaltens kann als Erwartungsmal-Wert-Theorie verstanden werden. Die Zusammenhänge lassen sich wie folgt mathematisch ausdrücken.

$$(1) \qquad A_E \propto \sum_{X=1}^{n} G1_X * G2_X$$

Variable A_E in Formel (1) stellt die Einstellung A zum Verhalten E dar. G1 steht für die subjektive Wahrscheinlichkeit, mit der E eine bestimmte Wirkung X hat. G2 steht für die Bewertung dieser Wirkung X. Das Summenzeichen bezieht sich auf die Gesamtzahl (n) der Wirkungen X in Bezug auf das Verhalten E. Die Einstellung zum Verhalten ist zur Gesamtheit der Verhaltensüberzeugungen proportional.

B_E in Formel (2) stellt die subjektive Norm bzgl. E dar. Normative Überzeugungen (H) beziehen sich auf die wahrgenommenen Verhaltenserwartungen jeder einzelnen der wichtigsten Bezugspersonen oder -gruppen (z. B. Ehepartner, Familie, Freunde, Mitschüler, Lehrer, Ärzte, Vorgesetzte, Mitarbeiter, Pfarrer usw.; Tabelle 2, 3). Es wird angenommen, dass die Zutreffenswahrscheinlichkeit der normativen Überzeugungen (H1) zusammen mit der Motivation, sich nach den Bezugspersonen zu richten (H2), vorwiegend die subjektive Norm bestimmt (Formel (2), Ajzen 2005).

$$(2) \qquad B_E \propto \sum_{Y=1}^{n} H1_Y * H2_Y$$

C_E in Formel (3) steht für die wahrgenommene Verhaltenskontrolle bzgl. E. Kontrollüberzeugungen (I) werden bestimmt durch das wahrgenommene Vorhandensein von Faktoren, die die Durchführung einer Handlung befördern oder behindern. Es wird angenommen, dass die Zutreffenswahrscheinlichkeit jedes Kontrollfaktors (I1) in Verrechnung mit der wahrgenommenen Verhaltenserleichterung/-erschwerung (I2) die wahrgenommene Verhaltenskontrolle bestimmt (Formel (3), Ajzen 2005).

$$(3) \qquad C_E \propto \sum_{Z=1}^{n} I1_Z * I2_Z$$

Das Modell wird komplettiert durch eine weitere Ebene, die aus den so genannten Hintergrundfaktoren besteht, deren Elemente die verschiedenen Überzeugungen bestimmen sollen (Abb. 4).

3.2 Nutzen der Theorie des geplanten Verhaltens für die Biologiedidaktik

Die Theorie des geplanten Verhaltens kann im Bereich der Biologiedidaktik überall dort sinnvoll eingesetzt werden, wo das Erfassen von Verhaltensursachen und die Veränderung von Verhalten z. B. bei Schülern ein Ziel ist. Dies dürfte – wie bereits in der Einleitung erwähnt – insbesondere in den fachübergreifenden Bereichen Gesundheitserziehung bzw. -förderung (z. B. Alkoholkonsum, Rauchverhalten, Drogenkonsum, Ernährungsverhalten, sportliche Betätigung, Besuch beim Zahnarzt, Impfungen, Sonnenschutzverhalten) (→ 4 Weiglhofer), Sexualerziehung (z. B. Verhütung, risikoreiche Sexualpraktiken, Abtreibungen, künstliche Befruchtung) und Erziehung für eine nachhaltige Entwicklung (z. B. Naturschutzengagement, Mülltrennung, Verkehrsmittelwahl, Energieverbrauch, Ressourcenschonung, Konsumverhalten, Recycling, Wiederverwendung von Produkten) (→ 18 Bögeholz) der Fall sein. Darüber hinaus können neben vielen anderen auch Fragestellungen wie „Leistungskurs Biologie – Wahlverhalten" oder „Studienwahl Biologie" sinnvoll angegangen werden. Auch Untersuchungen des Lehrerverhaltens z. B. im Zusammenhang mit dem „Experimentieren im Biologieunterricht" sind sinnvoll und wurden bereits durchgeführt.

Da geplantes Verhalten letztlich auf Überzeugungen beruht, können Verhaltensänderungen durch Modifikation von Verhaltens-, Norm- und Kontrollüberzeugungen initiiert werden. Auslöser für solche Modifikationen können neben eigenen direkten Erfahrungen, die die vorhandenen Überzeugungen in Frage stellen, auch indirekte Erfahrungen in Unterrichtsprozessen sein. Schulische Interventionsmaßnahmen können dann verhaltenswirksam werden, wenn es gelingt, die mit einem Verhalten verbundenen Überzeugungen in eine neue Richtung zu lenken.

Tabelle 2. Planungshilfe bei der Konstruktion eines Fragebogens im Rahmen der Theorie des geplanten Verhaltens. Die Kennungen stimmen mit Abbildung 4 überein. *X*: Vermutete Konsequenzen aus *E*. *Y*: Personen, die der befragten Person wichtig sind; z. B.: Familie, Freunde, Mitarbeiter, Lehrer, Mitschüler, Umweltschützer, Experten, Pfarrer. *Z*: Bedingungen, die die Ausführung von *E* erleichtern oder erschweren würden

Kennung	Komponente	Items	Skala (7-stufig)
A	Einstellungen gegenüber dem zu untersuchenden Verhalten E	E ist für mich	sehr gut – sehr schlecht
			sehr klug – sehr dumm
			sehr spannend – sehr langweilig
			sehr wünschenswert – sehr unwünschenswert
			sehr befriedigend – sehr unbefriedigend
			sehr schädlich – sehr vorteilhaft
			sehr erfreulich – sehr unerfreulich
			sehr wertlos – sehr wertvoll
			sehr angenehm – sehr unangenehm
			sehr schrecklich – sehr nett
B	Subjektive Norm gegenüber E	Die Personen, die mir wichtig sind, finden, ich sollte E tun	sehr wahrscheinlich – sehr unwahrscheinlich
C	Wahrgenommene Verhaltenskontrolle gegenüber E	Wenn ich wollte, wäre es einfach für mich, E zu erreichen	sehr wahrscheinlich – sehr unwahrscheinlich
		Wie viel Kontrolle hast Du über E	völlig – gar nicht
		E zu tun, ist für mich	sehr gut möglich – völlig unmöglich
		Für mich ist E zu erreichen:	sehr einfach – sehr schwierig
D	Intention; Absicht, E auszuführen	Ich beabsichtige, E zu tun	stimmt genau – stimmt gar nicht
G1	Zutreffenswahrscheinlichkeit einer Verhaltensüberzeugung	Mein Verhalten E führt zu X	sehr wahrscheinlich – sehr unwahrscheinlich
G2	Bewertung einer Verhaltensüberzeugung	X ist	sehr gut – sehr schlecht
H1	Zutreffenswahrscheinlichkeit einer Normativen Überzeugung	Y findet (finden), ich sollte E tun	sehr wahrscheinlich – sehr unwahrscheinlich
H2	Motivation, sich nach Bezugspersonen zu richten	Im Allgemeinen möchte ich das tun, von dem Y denkt (denken), das ich tun sollte	sehr wahrscheinlich – sehr unwahrscheinlich
			ganz extrem – gar nicht
			stimmt genau – stimmt gar nicht
		Ich bin bereit, das zu tun, was Y von mir erwartet (erwarten)	überhaupt nicht – sehr stark
I1	Zutreffenswahrscheinlichkeit einer Kontrollüberzeugung	Die Wahrscheinlichkeit, dass Z eintritt, ist	sehr groß – sehr klein
I2	Wahrgenommene Verhaltenserleichterung/-erschwerung	Meine Absicht, E zu tun, würde erleichtert (erschwert) durch Z	sehr wahrscheinlich – sehr unwahrscheinlich

Tabelle 3. Itembeispiele zur Operationalisierung der Theorie des geplanten Verhaltens am Beispiel des Verhaltens E = „täglich joggen"

A	Jeden Tag zu joggen ist für mich							
	sehr gut	□	□	□	□	□	□	□ sehr schlecht
	sehr schädlich	□	□	□	□	□	□	□ sehr vorteilhaft
	sehr erfreulich	□	□	□	□	□	□	□ sehr unerfreulich
	sehr angenehm	□	□	□	□	□	□	□ sehr unangenehm
G1	Wenn ich jeden Tag jogge, werde ich schlank							
	sehr wahrscheinlich	□	□	□	□	□	□	□ sehr unwahrscheinlich
G2	Schlank zu sein, ist für mich							
	sehr schlecht	□	□	□	□	□	□	□ sehr gut
B	Die Personen, die mir wichtig sind, finden, dass ich jeden Tag joggen sollte							
	sehr wahrscheinlich	□	□	□	□	□	□	□ sehr unwahrscheinlich
H1	Meine Eltern finden, dass ich jeden Tag joggen sollte							
	sehr wahrscheinlich	□	□	□	□	□	□	□ sehr unwahrscheinlich
H2	Im Allgemeinen möchte ich das tun, von dem meine Eltern denken, das ich tun sollte							
	stimmt genau	□	□	□	□	□	□	□ stimmt gar nicht
C	Jeden Tag zu joggen ist für mich							
	sehr gut möglich	□	□	□	□	□	□	□ völlig unmöglich
I1	Die Wahrscheinlichkeit, dass ich täglich rechtzeitig mit den Hausaufgaben fertig werde, ist							
	sehr groß	□	□	□	□	□	□	□ sehr klein
I2	Wenn ich mit den Hausaufgaben rechtzeitig fertig werde, erleichtert dies meine Absicht, täglich zu joggen							
	sehr wahrscheinlich	□	□	□	□	□	□	□ sehr unwahrscheinlich
D	Ich nehme mit vor, täglich zu joggen							
	stimmt genau	□	□	□	□	□	□	□ stimmt gar nicht

Die empirische Anwendung der Theorie des geplanten Verhaltens auf interessierendes Verhalten liefert direkt relevante Informationen für eine derartige Konzeption von Unterricht, indem aufgezeigt wird, auf welchen Überzeugungen die Ausprägungen von Einstellung, Norm und Verhaltenskontrolle fußen und damit die Intention beruht. In den Fokus genommen werden sollten bei der Unterrichtskonzeption diejenigen Überzeugungen, die sich am meisten bei denjenigen, die das Verhalten ausführen wollen, von denjenigen unterscheiden, die dies nicht beabsichtigen.

Bis heute sind im deutschsprachigen Raum zwei größere biologiedidaktische Forschungsarbeiten durchgeführt worden, denen die Theorie des geplanten Verhaltens zugrunde lag.

Erten (2000) hat eine Studie mit türkischen Schülern und deutschen und türkischen Lehrern bzgl. der Bedingungen von Umwelterziehung durchgeführt. In der Arbeit sind die ausführlichen Fragebögen vollständig aufgeführt. Sie decken das Kernmodell und die 2. Theorieebene ab.

Yaman (2003) untersuchte in einer Vergleichsstudie Deutschland/Türkei, welche Bedingungen am besten geeignet erscheinen, das Ernährungsverhalten durch entsprechend gestalteten Biologieunterricht zu verbessern. Befragt wurden Biologielehrer und Lehramtsstudierende. Auch in dieser Untersuchung wurden die Items zu beiden Theorieebenen erhoben. Alle verwendeten Fragebögen sind dokumentiert.

3.3 Forschungsdesign

Die komplette Theorie einschließlich der Hintergrundfaktoren wird eher selten operationalisiert, da Fragebögen, die das gesamte Modell abdecken, ziemlich umfangreich werden. Die meisten Untersuchungen umfassen beide Theorieebenen (Abb. 4). In manchen Fällen wird nur das Kernmodell (A–D) umgesetzt.

Hilfe bei der Erstellung eines Fragebogens zur Anwendung der Theorie des geplanten Verhaltens soll Tabelle 2 bieten. Tabelle 3 zeigt beispielhaft eine Umsetzung. Dieses Beispiel stellt allerdings keinen kompletten Fragebogen dar, da es nicht sinnvoll ist, die verschiedenen Konstrukte (A–I) jeweils nur mit einem einzigen Item zu operationalisieren. Wie ein Vergleich der beiden Tabellen deutlich macht, geht es bei der Konzipierung der Items nicht um eine wortgetreue Wiedergabe der Formulierungen aus der Spalte *Items* in Tabelle 2. Man sollte vielmehr darauf achten, dass die Aussagen gut verständlich sind und die gewünschte Information sinnvoll transportieren.

Die Ausprägungen (X, Y, Z) der verschiedenen Überzeugungen (G, H, I) werden durch eine offene Befragung im Vorfeld generiert. Befragt werden sollten Probanden, die zur gleichen Gruppe gehören wie die Zielpopulation des Fragebogens. Es hat sich bewährt, nur solche *statements* als Items im Fragebogen zu verwenden, die von mind. 25 % der Befragten angegeben werden. Auf der Basis der ermittelten Überzeugungen wird anschließend ein standardisierter Fragebogen konzipiert. Ausführliche Hinweise zur Konzipierung der Fragebögen bietet ein entsprechendes Papier von Ajzen (2006b).

Die durch die Befragung gewonnenen Daten können dazu genutzt werden, den Einfluss von Einstellung, Norm und Verhaltenskontrolle auf die untersuchte Verhaltensintention zu ermitteln. Darüber hinaus geht es um die Bestimmung derjenigen Überzeugungen, die sich bei denen, die das Verhalten zeigen wollen, maximal von denen unterscheiden, die das Verhalten nicht zeigen wollen. Auf der Grundlage dieser Ergebnisse können dann Interventionsmaßnahmen geplant werden (vgl. 3.2 Nutzen der Theorie).

3.4 Schlussbetrachtung

Mit der Theorie des geplanten Verhaltens steht der empirischen biologie-didaktischen Forschung ein bewährtes Instrument zur Verfügung, um geplantes Verhalten zu bestimmen, vorherzusagen und letztlich auch um Grundlagen zur gezielten Verhaltensänderung zu legen. Es erfordert ein wenig Zeit, die Theorie gedanklich zu durchdringen und ihre Konstrukte zu verstehen. Diese Zeitinvestition lohnt sich aber, da detaillierte Konstruktionsanweisungen vorliegen, die einem dabei helfen können, Fragebögen auch bei der ersten Konfrontation mit der Theorie bereits so zu konzipieren, dass sich ein stimmiges Design ergibt.

Literatur

Ajzen I (1985) From intentions to actions: A theory of planned behavior. In: Kuhl J, Beckman J (eds) Action-control: From cognition to behaviour. Springer, Berlin Heidelberg New York Tokyo

Ajzen I (1991) The Theory of Planned Behavior. Organizational Behavior and Human Decision Processes 50:179–211

Ajzen I (2005) Attitudes, Personality and Behavior. Open Press, Maidenhead UK

Ajzen I (2006a) Behavioral Interventions Based on the Theory of Planned Behavior. http://www.people.umass.edu/aizen/pdf/tpb.intervention.pdf (30.11.06)

Ajzen I (2006b) Constructing a TpB Questionnaire: Conceptual and Methodological Considerations. http://www.people.umass.edu/aizen/pdf/tpb.measurement. pdf (30.11.06)

Ajzen I, Fishbein M (1977) Attitude-behavior relations: A theoretical analysis and review of empirical research. Psychological Bulletin 84:888–918

Ajzen I, Fishbein M (1980) Understanding attitudes and predicting social behavior. Prentice Hall, Englewood Cliffs NJ

Ajzen I, Madden TJ (1986) Prediction of goal-directed behavior: attitudes, intentions and perceived behavior control. Journal of Experimental Social Psychology 22:453–474

Bamberg S, Schmidt P (1999) Die Theorie des geplanten Verhaltens von Ajzen – Ansätze zur Reduktion des motorisierten Individualverkehrs in einer Kleinstadt. Umweltpsychologie 3(2):24–31

Erten S (2000) Empirische Untersuchungen zu Bedingungen der Umwelterziehung – ein interkultureller Vergleich auf der Grundlage der Theorie des geplanten Verhaltens. Tectum, Marburg

Frey D, Stahlberg D, Gollwitzer PM (1993) Einstellung und Verhalten: Die Theorie des überlegten Handelns und die Theorie des geplanten Verhaltens. In: Frey D, Irle M (Hrsg) Theorien der Sozialpsychologie, Kognitive Theorien, Bd 1. Huber, Bern, S 361–384

Godin G, Kok G (1996) The theory of planned behavior: A review of its applications to health-related behaviors. American Journal of Health Promotion 11:87–98

Herkner W (2001) Lehrbuch Sozialpsychologie. Huber, Bern

Kaiser FG, Hübner G, Bogner FX (2005) Contrasting the theory of planned behavior with the value-belief-norm model in explaining conservation behavior. Journal of Applied Social Psychology 35:2150–2170

KMK – Kultusministerkonferenz (2005) Bildungsstandards im Fach Biologie für den Mittleren Schulabschluss – Beschluss vom 16.12.2004. Luchterhand, Neuwied

Knoll N, Scholz U, Rieckmann N (2005) Einführung in die Gesundheitspsychologie. Reinhard, München

Lehmann J (1999) Befunde empirischer Forschung zu Umweltbildung und Umweltbewusstsein. Leske & Budrich, Opladen

Yaman M (2003) Die Berücksichtigung der Robinsohnschen Curriculumdeterminanten bei der Behandlung des Themas Ernährung: eine empirische Untersuchung bei Lehrern und Studierenden in Deutschland und in der Türkei auf der Grundlage der Theory of Planned Behavior. Universität Gießen http://geb.uni-giessen.de/geb/volltexte/2003/1064/pdf/YamanMelek-2003-02-10.pdf (30.11.06)

Eine von Ajzen zusammengestellte Liste mit Quellenangaben zu Forschungsarbeiten, die die Theorie des geplanten Verhaltens verwenden, findet sich unter: http://www.people.umass.edu/aizen/tpbrefs.html (30.11.06)

4 Das sozial-kognitive Prozessmodell gesundheitlichen Handelns

Hubert Weiglhofer

Schulische Gesundheitserziehung zielt darauf ab, gesundheitsrelevantes Wissen weiterzugeben und darüber hinaus bei den Schülern deren Verhalten zu beeinflussen. Dabei wird von der Annahme ausgegangen, dass die auf kognitiver, affektiver und motivationaler Ebene übermittelten Lernangebote bei den Heranwachsenden auch eine Verhaltenswirksamkeit entwickeln. Genau hier tritt aber ein schwerwiegendes Problem auf. Gesundheitsförderliches Verhalten wird durch viele Faktoren beeinflusst, und Verhaltensänderungen können nicht allein durch Vermittlung von Gesundheitsinformationen erzielt werden, d. h. es klafft häufig eine erhebliche Kluft zwischen Wissen und Handeln (vgl. Strittmatter 1995; Mandl u. Gerstenmaier 2000; Schwarzer 2004). Auch die Erzeugung von Angst und Schuldgefühlen ist nicht geeignet, längerfristige Veränderungen zu erzielen (Barth u. Bengel 1998; Renner u. Schwarzer 2000). Zunehmend wird erkannt, dass Aufklärung nur eine unterstützende Funktion in umfassenderen Erklärungsmodellen des Gesundheitsverhaltens haben kann (Renner u. Schwarzer 2000). Die Einzelperson ist immer in einem sozialen Zusammenhang zu sehen, und so wird vielfach der Untersuchungsfokus neben dem Verhalten auch auf die Verhältnisse, das *setting*, in denen eine Person lebt und agiert, gelegt.

Entsprechend den unterschiedlichen Einflussebenen lassen sich Theorien und Modelle zur Erklärung des Gesundheitsverhaltens somit unterschiedlich verorten. Ausgehend von Konzepten einer ganzheitlichen Gesundheitsförderungspolitik (4.1), die Indikatoren und Bestimmungsgrößen auf der gesamtgesellschaftlichen Ebene und in Beziehung von Ländern untereinander aufzeigen, über Modellvorstellungen zur Beeinflussung von begrenzten Gemeinschaften (Schulen, Städte, Krankenhäuser etc.) und deren strukturellen Gegebenheiten (4.2) bis hinunter auf die individuelle Ebene (4.3) kommen Erklärungsmodelle zur Anwendung (vgl. Nutbeam u. Harris 2001). Über den gesundheitspolitischen (4.1) und den *setting*-Ansatz (4.2) wird in der Folge lediglich ein knapper Überblick gegeben. In den Mittelpunkt dieses Beitrages wird aus Modellansätzen im individuellen Bereich (4.3) das sozial-kognitive Prozessmodell des Gesundheitsverhaltens gestellt.

4.1 Modelle zum Verständnis einer gesundheitsförderlichen Gesamtpolitik

Der Weltgesundheitsorganisation (*WHO*) gelang im Jahr 1986 anlässlich einer internationalen Fachtagung mit der so genannten „Ottawa-Charta zur Gesundheitsförderung" ein Meilenstein in einer positiven begrifflichen Erfassung, wie Gesundheit in einem umfassenden Sinn zu fördern sei. Ausgehend von einer Unterstützung zur Selbstbestimmung aller Menschen über ihre Gesundheit wird die Bedeutung über die Verantwortlichkeit des Einzelnen hinaus auf den gesamten Gesundheitssektor bzw. auf alle Politikbereiche ausgedehnt. Politische Entscheidungen müssen immer auch in Hinblick auf mögliche gesundheitliche Auswirkungen bedacht werden. Dies betrifft sowohl die Gesundheits-, Einkommens- als auch die Sozialpolitik. Eine Verpflichtung zur gesundheitsförderlichen Gesamtpolitik bedeutet, dass Regierungen ihre Investitionen für die Gesundheit und die daraus resultierenden Ergebnisse messen und darüber berichten müssen. Aus systematischen Beobachtungen und Analysen lassen sich Konzepte zur Veränderung von Organisationen ableiten. Die Entwicklung und der Einsatz von Indikatoren für eine Gesundheitsförderungspolitik, beispielsweise die Erforschung von Prozessen und Wegen der Entscheidungsfindung, ermöglichen in weiterer Folge den Aufbau von Modellannahmen, denen wiederum entscheidungsorientierte, betriebswirtschaftliche oder systemorientierte Ansätze zu Grunde liegen (vgl. Kieser 2002).

4.2 Beeinflussung von begrenzten Gemeinschaften und deren strukturellen Gegebenheiten

Ein weiteres von der *WHO* definiertes Handlungsfeld betrifft die Schaffung gesundheitsförderlicher Lebenswelten. Die Lebens-, Arbeits- und Freizeitbedingungen sind auf ihre gesundheitsfördernden/-hemmenden Auswirkungen hin zu untersuchen und aktiv weiterzuentwickeln. Dem so genannten *setting*-Ansatz entsprechen Aktivitäten im Bereich gesundheitsfördernder Schulen, Krankenhäuser oder Städte (vgl. Lobnig u. Pelikan 1996). Handlungsstrategien erstrecken sich von der Problemdefinition, über die gemeinschaftliche Planung und Handlung bei der Lösung von

Problemen bis zur Etablierung von Organisationsstrukturen zur Sicherung der Beständigkeit von Lösungen. Ausgehend von einem psychosozialen Gesundheitsbegriff ist das Ziel die Aktivierung von Gemeinschaften, das Befähigen zu selbst bestimmtem Handeln (*Empowerment*) und die Beeinflussung von sozialen Normen und Strukturen, um die gesundheitliche Lage zu verbessern. So wird im Rahmen von Schulentwicklungsansätzen versucht, das Schul- und Unterrichtsklima zu verbessern, Interaktions- und Kommunikationsprozesse zu fördern und durch Netzwerkbildungen zwischen Schulen und anderen öffentlichen Einrichtungen eine Bündelung von Ressourcen zu erreichen (Barkholz u. Paulus 1998).

4.3 Individuelles Verhalten – Gesundheitsverhaltenstheorien

Die Sozial- und Persönlichkeitspsychologie stellt eine Reihe von Modellen zur Verfügung, in denen kognitive, emotionale und soziale Einflussfaktoren zur Erklärung von Risiko- oder gesundheitsförderlichem Verhalten herangezogen werden (vgl. Schwarzer 2004; Wipplinger u. Amann 1998).

Sniehotta u. Schwarzer (2003) unterscheiden statische und dynamische Theorien des Gesundheitsverhaltens. Wie der Name bereits sagt, gehen statische Modelle von einer Momentaufnahme des Einflussgefüges auf das Gesundheitsverhalten aus, während dynamische Modelle auch den Prozesscharakter einer Gesundheitsverhaltensänderung mitberücksichtigen.

Zu den bekanntesten Ansätzen innerhalb der statischen Gesundheitsverhaltenstheorien zählen das „*Health Belief-Model*" von Becker und Rosenstock, die „*Theory of Reasoned Action*" von Ajzen und Fishbein, die „*Theory of Planned Behavior*" von Ajzen (→ 3 Graf), die „*Protection Motivation Theory*" von Rogers und die „Sozial-kognitive Theorie" von Bandura (Überblick in Schwarzer 2004). In deren Mittelpunkt zur Erklärung des Gesundheitsverhaltens und seiner Veränderungen steht das Individuum. Dynamische Gesundheitsverhaltenstheorien haben das Ziel, den Prozess oder Ablauf zu bestimmen, der auf kognitiver und motivationaler Ebene und tatsächlichem Handeln abläuft. Dabei wird von der Annahme ausgegangen, dass Verhaltensänderungen einen Phasenverlauf zeigen. Aspekte der motivationalen Ausgangslage, Informiertheit, Absicht über zukünftiges Verhalten, Entscheidungsfindung, Planung, Handlung und Aufrechterhalten werden in eine zeitliche Abfolge gebracht. Zwei Modelle werden in diesem Zusammenhang vorgestellt: das transtheoretische Modell der Verhaltensänderung (Prochaska u. Velicer 1997; Schwarzer 2004) im Überblick und das sozial-kognitive Prozessmodell gesundheitlichen Handelns als zentrales Modell dieses Beitrages ausführlich.

4.3.1 Das transtheoretische Modell der Verhaltensänderung

Dieses Modell wurde auf unterschiedliche Gesundheitsverhaltensweisen adaptiert, z. B. Alkohol-, Zigarettenkonsum, Ernährung, körperliche Bewegung. Folgende Stadien werden unterschieden: Präkontemplation, Kontemplation, Vorbereitung, Handlung, Aufrechterhaltung. Im Stadium der Präkontemplation, der Absichtslosigkeit, sind sich Personen eines Problems nicht bewusst und sehen für sich keine Veranlassung zu einer Verhaltensänderung. Im Stadium der Absichtsbildung (Kontemplation) haben Personen die Absicht, irgendwann das problematische Verhalten zu ändern. Im Vorbereitungsstadium planen Personen konkret, ihr problematisches Verhalten zu ändern und unternehmen erste Schritte in Richtung einer Verhaltensänderung. Im Handlungsstadium vollziehen Personen eine Verhaltensänderung. Im Stadium der Aufrechterhaltung haben Personen seit längerer Zeit das problematische Verhalten aufgegeben bzw. ein Verhalten erfolgreich verändert.

4.4 Das sozial-kognitive Prozessmodell gesundheitlichen Handelns

Das sozial-kognitive Prozessmodell, auch *Health Action Process Approach* (*HAPA*) genannt, ist ein dynamisches Modell zur Erklärung und Vorhersage gesundheitsrelevanter Verhaltensweisen (Schwarzer 2004). Eingesetzt wurde das Modell bereits in den Bereichen Ernährungsverhalten, Alkohol- und Tabakkonsum, Brustselbstuntersuchung, Sportausübung u. a. (eine Auflistung der Projekte und Aussagen zur Wirksamkeit findet sich unter http://web.fu-berlin.de/gesund/HAPA_references.pdf).

Es erweist sich auch im schulischen Zusammenhang als fruchtbar, da es bestimmte Kognitionen (Überzeugungen, Intentionen, Erwartungen) als zentral für die Handlungssteuerung zugrunde legt (Weiglhofer 2000). Die für das jeweilige gesundheitsrelevante Thema spezifischen Kognitionen sollen neben subjektiver Betroffenheit auch Entwicklungs- und Handlungsmöglichkeiten auslösen.

Das Modell unterscheidet zwischen einem präintentionalen Motivationsprozess und einem postintentionalen Volitionsprozess (*volitio* = Wille). In der Motivationsphase beeinflussen Risikowahrnehmung, Handlungs-

Ergebnis-Erwartung und Selbstwirksamkeitserwartung (→ 1 Vogt) die Absichtsbildung für eine nachfolgende Handlung (s. Abb. 5).

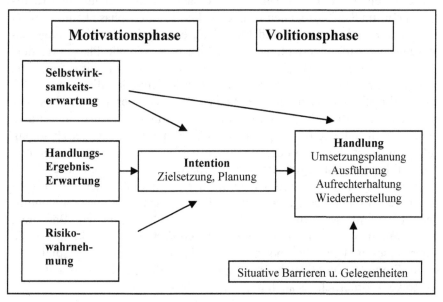

Abb. 5. Das sozial-kognitive Prozessmodell gesundheitlichen Handelns (verändert nach Schwarzer 2004)

Die Wahrnehmung eines Risikos beruht auf der subjektiven Einschätzung des Schweregrads sowie der persönlichen Betroffenheit. Die Einsicht in Zusammenhänge zwischen persönlichem Verhalten und Gesundheit ist eine Voraussetzung für die nachfolgende Intentionsbildung für eine Verhaltensänderung. Dies löst eine selektive Suche nach Informationen über Einschätzungen der Risikohandlungen, über mögliche Folgen und Gegenmaßnahmen aus. Entsprechend den Vorerfahrungen werden diese Informationen selektiv aufgenommen und mögliche Szenarien gedanklich durchgespielt (Handlungs-Ergebnis-Erwartung). Vor- und Nachteile werden abgewogen und Alternativen überlegt. Risikowahrnehmung und Ergebniserwartung bleiben allerdings wirkungslos, wenn die betroffene Person die eigenen Möglichkeiten und Kompetenzen als gering einstuft (geringe Selbstwirksamkeitserwartung). Diesem Konstrukt wird für alle Phasen des Handlungsregulationsprozesses große Bedeutung zugeschrieben, da eine hohe Selbstwirksamkeitserwartung sowohl die Handlungsintention als auch die Handlungsplanung und -ausführung unterstützt. Die Wahrnehmung eines Risikos und das Abwägen von Handlungsalternativen sind dagegen in den frühen Stadien der Intentionsbildung von Bedeutung. Nach Bildung einer Handlungsabsicht wird überlegt, welche konkreten Handlungsschritte angebracht sind und ob für deren Ausführung ausreichend Kompetenzen vorhanden sind. Es erfolgt der Übergang in die volitionale Phase, zu einem konkreten Handlungsvorsatz und der Planung und Realisierung gesundheitsbezogenen Handelns. Die Volitionsphase kann somit in eine präaktionale (Planung und Initiative), eine aktionale (Handlungsausführung und Aufrechterhaltung) sowie eine postaktionale Phase (Wiederherstellung oder Ausstieg) eingeteilt werden. Volition wird dabei als Sammelbegriff für alle handlungsbezogenen Kognitionen direkt vor, während und nach einer Handlung verstanden. Während der aktiven Phase der Handlungsdurchführung laufen ständig Ausführungskontrollen ab, und es treten Abschirmtendenzen gegenüber Einflüssen auf, die von der Handlung ablenken. Nach Abschluss der Handlung wird diese bewertet, Erfolge und Misserfolge werden registriert und interpretiert. Eine erfolgreiche Handlungsbewertung kann bereits wiederum der Beginn einer neuen Motivationsphase sein. Die Handlung selbst wird allerdings nicht nur von Kognitionen bestimmt, sondern auch von situativen Gegebenheiten, Barrieren, strukturellen Bedingungen, den tatsächlichen Fertigkeiten und Fähigkeiten einer Person und ganz besonders von sozialen Einflüssen wie beispielsweise der Freundes- und Gleichaltrigengruppe, die für ein bestimmtes Verhalten sowohl förderlich als auch hinderlich sein können.

4.5 Fachdidaktische Implikationen

Wenn schulische Gesundheitsförderung die Aufgabe hat, neben Wissen auch Einstellungen und Verhaltensweisen zu beeinflussen, so stellt die Kenntnis über die Bedingungszusammenhänge menschlichen Erlebens und Verhaltens eine notwendige Voraussetzung dar. Das sozial-kognitive Prozessmodell liefert dazu empirisch erprobte Erkenntnisse. Die fachdidaktische Forschung hat die Aufgabe, diese Erkenntnisse mit dem pädagogischen Feld in Beziehung zu setzen (vgl. Weiglhofer 2000).

Das Modell wurde bisher empirisch überwiegend im Risikofaktorenbereich (Alkohol-, Zigarettenkonsum, Übergewicht, Bewegungsmangel etc.) und bei Erwachsenen auf seine Tauglichkeit überprüft. Ausgehend vom Konstrukt der Selbstwirksamkeitserwartung (→ 1 Vogt), das in diesem Modell einen entscheidenden Prädiktor für eine Verhaltensänderung darstellt, wurde das Modell allerdings auch bereits bei einer Studie zur Erhöhung der schulischen Selbstwirksamkeit bei Lehrern und Schülern erfolgreich eingesetzt (Schwarzer u. Jerusalem 1999).

Im Folgenden werden nun die konstituierenden Begriffe des Prozessmodells in einen fachdidaktischen Zusammenhang gestellt.

4.5.1 Risiko- und Förderungswahrnehmung

Bei Jugendlichen stellt sich der Aspekt der Bedrohung bzw. der Betroffenheit vielfach anders dar als bei Erwachsenen. Teils fehlen (noch) unmittelbare gesundheitliche Beeinträchtigungen und damit ein Leidensdruck, oder die persönliche Verwundbarkeit wird völlig unterschätzt. Was in ferner Zukunft vielleicht passieren wird, liegt außerhalb des momentanen Lebensbezugs. Furcht erzeugende Informationen vermögen anfänglich Aufmerksamkeit zu erregen oder bestätigen die Einschätzungen von Jugendlichen mit gesundheitskonformen Verhaltensweisen. Je nach Vorerfahrungen und Einstellungen zu einer Sachlage wird der Grad der Bedrohlichkeit unterschiedlich sein und neben Zustimmung auch Informationsabwehr auslösen. Bei Jugendlichen mit Erfahrungen, Einstellungen und Meinungen, die von gesundheitsrelevanten Botschaften abweichen, werden diese abgewertet, verdrängt oder als unglaubwürdig hingestellt. Entsprechend spezifischer Persönlichkeitsausprägungen wie gesteigerte Risikobereitschaft oder Rebellion kann es sogar zu Effekten kommen, die den präventiven Intentionen entgegenstehen.

Eine emotionale Beteiligung wird allerdings nicht nur durch Furcht erregende Inhalte, sondern auch durch positive Anreize wie erhöhte Leistungsfähigkeit, verbessertes Kommunikationsverhalten oder bessere Gruppenintegration etc. erreicht. Deshalb ist in der Gesundheitsförderung neben der Risikowahrnehmung verstärkt das Augenmerk auf die Wahrnehmung von Förderungsmöglichkeiten zu richten. Entscheidend ist es, durch eine Intervention spezifische Kognitionen in Bezug auf subjektive Betroffenheit und Anreiz- und Entwicklungsmöglichkeiten auszulösen.

4.5.2 Handlungs-Ergebnis-Erwartung

Eine zentrale Aufgabe der schulischen Gesundheitsförderung besteht in der Vermittlung von Informationen über Vor- und Nachteile bestimmter Verhaltensweisen bzw. im Angebot alternativer Handlungsmöglichkeiten. Neben Faktenwissen ist es ganz entscheidend, spezifisches Handlungswissen zu erzeugen und auf subjektive Vorstellungen und Konzepte einzugehen. So hat beispielsweise der Zigarettenkonsum bei Heranwachsenden eine funktionale Bedeutung. Es geht darum, Unbekanntes auszuprobieren, imponieren zu wollen, erwachsen zu erscheinen, in einer Gruppe integriert zu sein. Die mit dem Zigarettenkonsum verbundenen Erwartungen müssen bekannt sein und in die unterrichtliche Arbeit auch Eingang finden. Schüler unterliegen vielfach auch Fehleinschätzungen. So wird der Anteil an Rauchern unter Jugendlichen teilweise stark überschätzt (vgl. Weiglhofer

2000). Diese Überschätzung liefert vielfach eine (vordergründige) Legitimierung für den eigenen Zigarettenkonsum.

4.5.3 Selbstwirksamkeitserwartung

Da die Selbstwirksamkeitserwartung einen wesentlichen Prädiktor für gesundheitsrelevantes Verhalten darstellt, liefert deren Erfassung und Veränderung beispielsweise durch eine schulische Intervention einen bedeutsamen Hinweis auf deren Wirksamkeit. Wie im Modell dargestellt, beeinflusst die Selbstwirksamkeitserwartung sowohl die intentionalen als auch die nachfolgenden volitionalen Prozesse. Gelingt es eine auf das spezifische Verhalten hin abgestimmte Kompetenzförderung zu erreichen, und zwar bereits in der Phase der Absichtsbildung und besonders anschließend in der Handlungsplanung und -ausführung, so stellt dies entsprechend dem Modell einen bedeutsamen Einflussfaktor auf eine angestrebte Verhaltensänderung oder -stabilisierung dar. Bezogen auf die Prävention jugendlichen Zigarettenkonsums beispielsweise betrifft dies Fähigkeiten wie Aufbau eines argumentativen Repertoires gegen Zigarettenangebote oder das Ergreifen von Maßnahmen des Nichtraucherschutzes im Umfeld rauchender Freunde oder Familienangehöriger. Wie im weiter unten angeführten Beispiel einer schulischen Intervention zum Zigarettenkonsum deutlich wird, ist es dort nicht gelungen, eine entscheidende Entwicklung dieser Komponente herbeizuführen, sie hat sich als die über einen Zeitraum von drei Schuljahren stabilste Einflussvariable herausgestellt (Weiglhofer 2007).

4.5.4 Zielsetzung, Planung und Realisierung gesundheitsbezogenen Handelns

Intentionen, Verhaltensabsichten erklären durchschnittlich 20 % bis 30 % der Varianz des Verhaltens (Schwarzer 2004). Insgesamt können durch das Modell teilweise fast bis zu 50 % der Varianz des Verhaltens erklärt werden. Zwischen Handlungsabsicht und tatsächlichem Verhalten liegt also meist noch eine Reihe von Hindernissen, die überwunden werden müssen. Die Faktoren der Risikoabwägung, der Ergebniserwartung und der Selbstwirksamkeitserwartung bauen in einem hohen Ausmaß auf individuelle Erfahrungen auf und können nur dann in eine Intentionsbildung und in weiterer Folge in konkrete handlungsorientierte Schüleraktivitäten münden, wenn der einzelne Schüler ausreichend Gelegenheit erhält, diese Erfahrungen zu aktivieren und im Unterrichtsprozess handelnd auszutauschen. Bei der Detailplanung einer Handlung spielen Selbstwirksamkeitserwartungen wiederum eine wesentliche Rolle, also die Frage, ob sich der Schüler in der konkreten Situation in der Lage sieht, erfolgreich eine Situation zu bewältigen. Darum ist es wichtig, im Sinne situierten Lernens alltagstaugliche Lernanlässe zu schaffen, an denen die Schüler ihre Kompetenzen erproben und entwickeln können. Soll Wissen und Verhalten auch außerhalb der Schule umsetzbar sein, so muss dies trainiert werden, um einen Einsatz in einer entsprechenden Situation zu ermöglichen. Freilich darf dabei nicht übersehen werden, dass die Schule nicht „das Leben selbst" ist, der Charakter des „Probehandelns" also immer wieder zu Tage tritt. Gerade deshalb gilt es, den Aspekt der Handlungsorientierung als wesentliches Element der didaktischen Konzeption zu berücksichtigen.

4.6 Das sozial-kognitive Prozessmodell im konkreten Unterrichtseinsatz: „Ich brauch's nicht, ich rauch nicht"

Am folgenden Beispiel der Primärprävention des Zigarettenkonsums sollen der Einsatz des Modells, das Forschungsdesign, die Umsetzung und die Ergebnisse kurz erläutert werden. Das Projekt mit dem Titel „Ich brauch's nicht, ich rauch nicht" (Weiglhofer 2007) wurde im Jahr 2003 in den sechsten Schulstufen von Hauptschulen und Gymnasien begonnen und mit diesen Schülern bis zur achten Schulstufe im Jahr 2005 fortgesetzt. Der Projektumfang belief sich auf 7-8 Unterrichtsstunden pro Unterrichtsjahr. Ziel des Projektes war die Reduktion des Anstiegs der Raucherquote über den Erhebungszeitraum gegenüber einer Kontrollgruppe. Darüber hinaus wurden entsprechend dem sozial-kognitiven Prozessmodell die das Handeln beeinflussenden Faktoren – Handlungsintention, Einstellung/Risikoeinschätzung, Wissen, Einschätzung von Nichtrauchermaßnahmen, Handlungsergebniserwartung und Selbstwirksamkeitserwartung – über den Zeitverlauf erhoben. Zur Überprüfung der Programmeffekte wurde ein Experimental-, Kontrollgruppendesign mit jeweils Prä- und Postmessungen verwendet. Experimental- und Kontrollgruppe unterschieden sich in durchgeführter Intervention bzw. keiner Intervention. Eine Evaluation wurde sowohl bezüglich der Auswirkungen auf die Schüler (Ergebnisevaluation) als auch in Hinblick auf die Umsetzung des Curriculums (Prozessevaluation) vorgenommen.

Projektstrategien

- Einstiegsalter 11/12 Jahre: beginnender Einstieg in das Rauchen, in dieser Altersstufe noch ein hoher Anteil an Nichtrauchern, Festigung bestehenden Verhaltens
- (Wieder)Aufgreifen des Themas über drei Schuljahre
- Aktive Wissensaneignung, Problem- und Alltagsorientierung
- Schulung der Selbstwirksamkeitserwartung und Nichtraucherkompetenz
- „Lernen am Modell": Übernahme von Nichtraucherpatenschaften für aufhörwillige Raucher, Wahl der „coolsten" Nichtraucher
- Anreize für Nichtrauchen: Preise, Nichtraucherverträge
- Nachhaltigkeit: Verbesserung struktureller Bedingungen; Maßnahmen zur Schaffung von rauchfrei(er)en Schulen

Ergebnisse
Signifikante Unterschiede zwischen Experimental- und Kontrollgruppe zeigten sich bei den folgenden Variablen (Weiglhofer 2007):

- „Nicht-Raucherverhalten": Der Anstieg der Raucher betrug im Beobachtungszeitraum in der Experimentalgruppe 17,7 und in der Kontrollgruppe 23 Prozentpunkte. Das entspricht einer verringerten Anstiegsrate von 23 Prozent.
- Tabakspezifisches Wissen: Der Anstieg fiel in der Experimentalgruppe deutlich höher aus.
- Positive Ergebniserwartung das Rauchen betreffend (Rauchen macht schlank, wirkt "cool" etc.): Am Beginn der Intervention gab es mehrheitlich eine ablehnende Einschätzung von derartigen positiven Effekten des Rauchens. Diese Ablehnung schwächte sich über den Erhebungszeitraum ab, in der Kontrollgruppe signifikant stärker als in der Experimentalgruppe.

Zusammenfassend ergibt sich bezüglich der erfassten Einflussvariablen folgendes Bild (s. Abb. 6).

4.7 Ausblick

Mit dem sozial-kognitiven Prozessmodell (*HAPA*-Modell) liegt eine umfassende Beschreibung der Variablen vor, welche Voraussetzung für eine Verhaltensänderung sind. Wie aus dem Präventionsbeispiel zum Thema Nicht-Rauchen ersichtlich wird, kann eine Wirksamkeit im Sinne des Nichtrauchens bei den Variablen Verhalten, Wissen und Ergebniserwartung erzielt werden. Eine Erhöhung der Wirksamkeit derartiger Programme sollte in Zukunft dann möglich sein, wenn weitere handlungsbegleitende Einflussfaktoren systematisch entwickelt werden. Insbesondere auf die nachweisbare Förderung der spezifischen Selbstwirksamkeitserwartung ist besonderes Augenmerk zu legen. Eine der wesentlichen zukünftigen Aufgaben wird es sein, sich verstärkt um die Operationalisierung dieses Konstrukts in diesem primärpräventiven Bereich zu bemühen. In einem weiteren Schritt sollten mit Hilfe von Strukturgleichungsmodellen die Kausalzusammenhänge der Einflussvariablen des *HAPA*-Modells erfasst werden, um damit auch Aussagen über die Stärke des Einflusses der einzelnen Variablen zu ermöglichen.

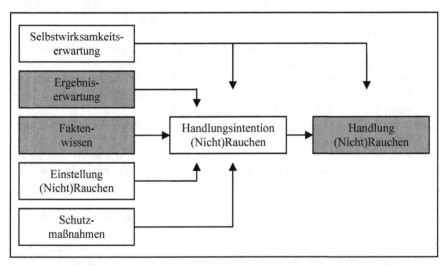

Abb. 6. Erfasste Einflussfaktoren entsprechend dem sozial-kognitiven Prozessmodell. Bei den *grau* unterlegten Variablen kam es durch die Intervention zu einer Veränderung im Sinne des Nichtrauchens, bei den Feldern mit *weißem* Hintergrund konnten keine Unterschiede zwischen Experimental- und Kontrollgruppe erzielt werden

Literatur

Barkholz U, Paulus P (1998) Gesundheitsfördernde Schulen. G. Conrad, Verlag für Gesundheitsförderung, Gamburg

Barth J, Bengel J (1998) Prävention durch Angst? Stand der Furchtappellforschung. Schriftreihe der BZgA: Forschung und Praxis der Gesundheitsförderung, Bd 4. BZgA, Köln

Hanewinkel R, Aßhauer M (2004) Fifteen-month follow-up results of a school-based life-skills approach to smoking prevention. Health Education Research 19:125–137

Kieser A (2002) Organisationstheorien, 5. Aufl. Kohlhammer, Stuttgart

Lobnig H, Pelikan JM (Hrsg) (1996) Gesundheitsförderung in Settings: Gemeinde, Betrieb, Schule und Krankenhaus. Eine österreichische Forschungsbilanz. Facultas, Wien

Mandl H, Gerstenmaier J (2000) Die Kluft zwischen Wissen und Handeln. Hogrefe, Göttingen Bern Toronto Seattle

Nutbeam D, Harris E (2001) Theorien und Modelle der Gesundheitsförderung. Verlag für Gesundheitsförderung, Gamburg

Prochaska JO, Velicer WF (1997) The transtheoretical model of health behaviour change. American Journal of Health Promotion 12:38–48

Renner B, Schwarzer R (2000) Gesundheit: Selbstschädigendes Handeln trotz Wissen. In: Mandl H, Gerstenmaier J (Hrsg) Die Kluft zwischen Wissen und Handeln. Hogrefe, Göttingen Bern Toronto Seattle, S 26–50

Sniehotta FF, Schwarzer R (2003) Modellierung der Gesundheitsverhaltensänderung. In: Jerusalem M, Weber H Psychologische Gesundheitsförderung: Diagnostik und Prävention. Hogrefe, Göttingen, S 677–694

Schwarzer R (2004) Psychologie des Gesundheitsverhaltens, 3. Aufl. Hogrefe, Göttingen Bern Toronto Seattle

Schwarzer R, Jerusalem M (1999) Skalen zur Erfassung von Lehrer- und Schülermerkmalen. Dokumentation der psychometrischen Verfahren im Rahmen der Wissenschaftlichen Begleitung des Modellversuchs Selbstwirksame Schulen. Freie Universität Berlin, Berlin

Strittmatter R (1995) Alltagswissen über Gesundheit und gesundheitliche Protektivfaktoren. Lang, Frankfurt am Main

Weiglhofer H (2000) Die Förderung der Gesundheit in der Schule. Facultas, Wien

Weiglhofer, H (2007) „Ich brauch's nicht, ich rauch nicht". Ergebnisse eines dreijährigen Interventionsprogramms. Prävention und Gesundheitsförderung 2:11–18

Wipplinger R, Amann G (1998) Gesundheit und Gesundheitsförderung. Modelle, Ziele und Bereiche. In: Amann G, Wipplinger R (Hrsg) Gesundheitsförderung: ein multidimensionales Tätigkeitsfeld. DGTV, Tübingen, S 17–51

World Health Organization (WHO) (1986) Ottawa-Charta for Health Promotion. WHO, Genf

5 Vom Motiv zur Handlung – Ein Handlungs-
modell für den Umweltbereich

Kirsten Schlüter

Gerne möchte man der Vorstellung Glauben schenken, dass Handlungsmo-
tive auch in Handlungen überführt werden. Die Wirklichkeit zeigt jedoch,
dass dieser Zusammenhang nicht so stark ausgeprägt ist, wie man es sich
wünschen würde.

So hat sich z. B. Herr Benz vorgenommen, morgens nicht mehr mit dem Auto,
sondern mit dem Bus zur Arbeit zu fahren, um etwas für die Umwelt zu tun. Aber
bereits in der ersten Woche ergeben sich Probleme: Nachdem am Montag und
Dienstag alles wunschgemäß geklappt hat, möchte Herr Benz am Mittwoch direkt
nach der Arbeit noch seine Einkäufe erledigen. Als Transportmittel wählt er natürlich sein Auto. Am nächsten Tag regnet es. Ein zehnminütiger Fußmarsch bis zur
Bushaltestelle im strömenden Regen ist nicht das Richtige für Herrn Benz und
somit entschließt er sich erneut, das Auto zu nutzen. Noch einen Tag später dreht
sich Herr Benz morgens genüsslich im Bett um, um das Aufstehen noch ein paar
Minuten hinauszuzögern. Eine viertel Stunde vergeht. Für den ersten Bus ist es
jetzt zu spät, und der nächste fährt erst in 30 Minuten. Somit wird zum dritten Mal
das Auto genommen.

Wie lässt sich dieses Verhalten von Herrn Benz erklären? Wie kommt
es überhaupt zur Ausbildung von umweltförderlichen Motiven und Einstellungen? Wann werden diese Motive in eine Handlung überführt? Antworten auf diese Fragen liefern Forschungsarbeiten zum Prozess der Handlungsgenese.

Für den Bereich des Umwelthandelns existieren verschiedene Handlungsmodelle. Beispiele hierfür sind das Modell verantwortlichen umwelt-
gerechten Verhaltens (Hines et al. 1986/87), die *low-cost*-Hypothese
(Diekmann u. Preisendörfer 1992) sowie das integrierte Handlungsmodell
(Rost et al. 2001). Eine gute Übersicht über die genannten und weitere
Handlungsmodelle, die im Umweltbereich ihre Anwendung finden, bietet
Lehmann (1999). Im Folgenden soll lediglich das integrierte Handlungsmodell vorgestellt werden, welches sich durch seine Komplexität aus-
zeichnet.

5.1 Das integrierte Handlungsmodell

Dieses Modell ist durch mehrere Aspekte charakterisiert:

- Es ist speziell für den Bereich des Umwelthandelns entwickelt worden.

- Es „integriert" Elemente aus verschiedenen gesundheits-, motivations- und sozialpsychologischen Theorien, so z. B. aus:
  - der Schutzmotivationstheorie (Rogers 1983),
  - dem sozial-kognitiven Prozessmodell gesundheitlichen Handelns (Schwarzer 1992; → 4 Weiglhofer),
  - dem Normaktivationsmodell altruistischen Verhaltens (Schwartz 1977; Schwartz u. Howard 1981),
  - dem Konzept der Angstbewältigung (Krohne 1985, 1991),
  - dem Erweiterten kognitiven Motivationsmodell (Heckhausen u. Rheinberg 1980),
  - der Theorie des geplanten Verhaltens (Ajzen 1991, Ajzen u. Madden 1986) (→ 3 Graf),
  - dem Konzept der Selbstwirksamkeit (Bandura 1977).

- Es gliedert sich in drei handlungsvorbereitende Phasen:
  - die **Motivierungsphase**, die zur Ausbildung eines Handlungsmotivs führt;
  - die **Handlungsauswahlphase**, welche mit der Ausbildung einer Handlungsabsicht endet;
  - die **Volitionsphase**, welche zur Konkretisierung und schließlich zur Auslösung der Handlung führt.

An dieser Stelle noch eine Bemerkung zur Namensgebung: Warum spricht man vom Handlungsmodell und nicht vom Verhaltensmodell? Gibt es einen Unterschied zwischen Handeln und Verhalten? Rost et al. (2001) präzisieren dies: Unter Verhalten, konkreter unter Umwelt**verhalten**, versteht man Tätigkeiten einer Person, die einen Einfluss auf die Umwelt haben. Dabei ist es gleichgültig, ob die Person dieses Verhalten absichtlich oder unbewusst durchgeführt hat. Alles Tun, das einen Effekt auf die Umwelt hat, ist somit Umweltverhalten. Beim Umwelt**handeln** geht man dagegen davon aus, dass sämtliches Handeln auf einer eigenständigen Entscheidung einer Person beruht. „Das entscheidende psychologische Kriterium [...] ist das der Intentionalität. Handeln ist zielorientiertes, intentionales [beabsichtigtes] Verhalten" (Rost et al. 2001). Die Ziele resultieren dabei aus den Wertvorstellungen eines Menschen.

Im Folgenden sollen die einzelnen Phasen des Handlungsmodells und die sie beeinflussenden Faktoren genauer erläutert werden. Abbildung 7 liefert einen Überblick über das Modell.

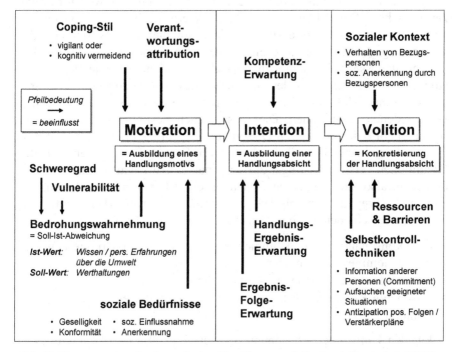

Abb. 7. Komponenten des integrierten Handlungsmodells (nach Rost et al. 2001)

5.2 Motivationsphase

Diese Phase beschreibt jenen Teil der Handlungsgenese, in dem sich bei einer Person das Motiv ausbildet, sich für den Schutz der Umwelt einzusetzen. Auf die Ausbildung eines solchen Motivs nehmen nach dem Modell vier Faktoren Einfluss: die Bedrohungswahrnehmung, der *Coping*-Stil, die Verantwortungsattribution und die sozialen Bedürfnisse.

Eine Bedrohungswahrnehmung liegt dann vor, wenn eine größere Soll-Ist-Abweichung gegeben ist. Der Ist-Wert stellt die Realität dar. Bei der Feststellung dieses Ist-Wertes bezieht sich eine Person sowohl auf ihre eigenen Erfahrungen über den Zustand der Umwelt (Primärerfahrungen) als auch auf Informationen, welche sie z. B. durch die Nachrichten erfährt (Sekundärerfahrungen). Diese Erfahrungen machen das Umweltwissen der

Person aus. Der Soll-Wert ergibt sich aus den **Werthaltungen**, die eine Person hat. Unter Werten versteht man dabei „bewusste oder unbewusste Orientierungsdirektiven für das menschliche Leisten" (Krijnen 2002). Diese Werthaltungen bestimmen, was eine Person in ihrer Umwelt für schützenswert hält. Dabei können ästhetische Werte (z. B. die Schönheit der Natur) genauso eine Rolle spielen wie gesundheitliche Werte oder der Tierschutzgedanke. Wenn jetzt eine Soll-Ist-Abweichung vorliegt und diese eine gewisse Toleranzgrenze überschreitet, dann ist eine Person bestrebt, den Ist-Zustand wieder an den Soll-Zustand anzupassen. Die Entstehung einer Motivation basiert somit auf einer Diskrepanz zwischen verschiedenen Kognitionen. Dies besagt auch Festinger (1957, 1964) in seiner Theorie der kognitiven Dissonanz. Er geht davon aus, „dass Personen ein Gleichgewicht in ihrem kognitiven System [...] anstreben. Unter Kognitionen versteht Festinger z. B. Meinungen, Werthaltungen, Wissenseinheiten, also alle möglichen Gedanken einer Person über sich und ihre Umwelt." (Frey u. Benning 1997). Um die Dissonanz (Unstimmigkeit) zwischen verschiedenen Kognitionen zu reduzieren, können:

- neue konsonante (übereinstimmende) Kognitionen verstärkt gesucht und wahrgenommen werden oder
- dissonante Kognitionen verdrängt werden oder
- dissonante Kognitionen durch konsonante ersetzt werden (vgl. Frey u. Benning 1997).

Für den Umweltbereich nennen Rost et al. (2001) drei konkrete Möglichkeiten, um die Dissonanz zwischen dem Ist- und Sollzustand zu reduzieren:

- die Uminterpretation der Realität,
- die Änderung der Wertvorstellungen,
- die Einflussnahme auf die Realität durch eigenes Handeln.

Bezüglich der Größe der Bedrohungswahrnehmung bezieht sich das integrierte Handlungsmodell auf entsprechende Handlungsmodelle der Gesundheitspsychologie (vgl. Rogers 1983; Schwarzer 1992). In diesen werden zwei zentrale Komponenten genannt: der Schweregrad und die subjektive Vulnerabilität. Unter dem **Schweregrad** einer Bedrohung versteht man die erwartete Schadenshöhe. Die **Vulnerabilität** bzw. Verwundbarkeit ist die subjektiv eingeschätzte Wahrscheinlichkeit, dass der Schadensfall auch tatsächlich eintritt. Beide Komponenten bestimmen gemeinsam das Ausmaß der wahrgenommenen Bedrohung. Während sich in Konzepten der Gesundheitspsychologie der Bedrohungsbegriff auf die eigene körperliche Unversehrtheit bezieht, erweitern ihn Martens u. Rost (1998) auf andere Objekte:

- auf andere Menschen, wobei das Bedrohungsgefühl um so leichter ausgelöst wird, je näher einem selbst diese Menschen stehen, und
- auf die belebte Natur, bei der ein Rückgang bestimmter Tier- und Pflanzenarten sowie Veränderungen von Landschaften als Bedrohung empfunden werden.

Bei dem Prozess, ein Handlungsmotiv auszubilden, spielen noch weitere Komponenten eine Rolle: der *Coping*-Stil, die Verantwortungsattribution und die sozialen Bedürfnisse. *Coping* ist strategisches Bewältigungsverhalten und umfasst Strategien, die man für die Verarbeitung der wahrgenommenen Bedrohung nutzt. Der *Coping*-Stil bezieht sich somit auf die kognitiven und affektiven Prozesse, die der Bedrohungswahrnehmung folgen und die sich im Inneren einer Person abspielen (Martens u. Rost 1998). Beim *Coping*-Stil lassen sich zwei wesentliche Varianten unterscheiden: **Vigilanz** und **kognitive Vermeidung** (Krohne 1991). Beim vigilanten *Coping*-Stil werden als bedrohlich angesehene Informationen verstärkt aufgenommen und verarbeitet. Dadurch kommt es leichter zur Ausbildung eines Handlungsmotivs. Im Gegensatz dazu wird beim kognitiv vermeidenden Bewältigungsstil die Aufmerksamkeit von der Bedrohung abgelenkt, die wahrgenommenen Bedrohungsreize verleugnet und dadurch die Ausbildung eines Handlungsmotivs eher verhindert (vgl. Martens 2000). Zeitlich etwas später, d. h. nach dem *Coping*-Stil, greift die **Verantwortungsattribution** in den Prozess der Motivbildung ein. Darunter versteht man die Übernahme eigener Verantwortung für die Lösung eines (Umwelt-)Problems. „Eine abgelehnte Verantwortungsübernahme kann im Umweltbereich auf der Vorstellung basieren, dass andere Personen (z. B. Politiker) oder Institutionen (z. B. die Industrie) eher zum Eingreifen befähigt oder verpflichtet sind als die eigene Person" (Martens u. Rost 1998). Der Aspekt der Verantwortungszuschreibung kann auf das Normaktivationsmodell altruistischen Verhaltens von Schwartz (1977) zurückgeführt werden. In der ersten Phase dieses Handlungsmodells nimmt man nicht nur die Notlage einer anderen Person wahr, sondern schätzt ebenso die eigene Verantwortlichkeit zur Einmischung ein.

Unter den **sozialen Bedürfnissen** werden im integrierten Handlungsmodell Persönlichkeitsmerkmale verstanden. Die Bedürfnisstruktur setzt sich aus vier Einzelbedürfnissen zusammen: dem Bedürfnis nach Geselligkeit, nach Konformität, nach Einflussnahme und nach Anerkennung (Gresele 2000). Diese sozialen Bedürfnisse können zusätzlich zu der Bedrohungswahrnehmung einen Motivationsprozess für umweltgerechtes Handeln auslösen. Sie bestimmen mit, in welchen Situationen gehandelt wird.

Am Ende der Motivationsphase steht somit eine allgemeine, noch sehr unspezifische Bereitschaft, sich umweltgerecht zu verhalten, mit dem Ziel, die wahrgenommene Bedrohung zu reduzieren und ggf. den eigenen sozialen Bedürfnissen Rechnung zu tragen.

Kommen wir auf das Beispiel von Herrn Benz zurück. Herr Benz hat im Kino den Film „*The day after tomorrow*" gesehen. Ihm wurden dadurch die katastrophalen Auswirkungen einer möglichen Klimakatastrophe vor Augen geführt. Es handelt sich hierbei um ein Szenario, das auch in wissenschaftlichen Kreisen diskutiert wird – dies weiß Herr Benz aus der Zeitung. Durch den Film bedingt sieht er das Ausmaß der Bedrohung, d. h. ihren **Schweregrad**, als erheblich an. Die Eintrittswahrscheinlichkeit (Vulnerabilität) hält er für nicht so hoch, da selbst die Wissenschaftler nicht sicher sind, ob ihre Prognose auch eintreffen wird. Wenn die kleinen Probleme des Alltags anstehen (bei der Firma unzufriedene Kunden beruhigen, das Fahrrad der Tochter reparieren, das Geburtstagsgeschenk für die Frau besorgen), dann hat er den Film und die Auswirkungen der Klimakatastrophe schnell vergessen. Die „kleinen" Probleme des Alltags müssen sofort erledigt werden, das „große" Problem der Klimakatastrophe kann warten (*Coping*-Stil: kognitive Vermeidung). Außerdem ist Herr Benz der Meinung, dass er genau wie viele andere Menschen nur wenig Strom/Energie verbraucht im Vergleich zur Industrie. Also sei es doch vornehmlich die Aufgabe letzterer, sich Maßnahmen der Energieeinsparung zu überlegen und diese einzusetzen (Verantwortungsattribution). Nun ist aber die Frau von Herrn Benz aktives Mitglied im örtlichen Umweltschutzverein. Um vor ihr und ihren Bekannten nicht in einem zu schlechten Licht dazustehen, hat Herr Benz den Vorsatz, sich in seinem Verhalten möglichst umweltfreundlich zu zeigen (soziale Bedürfnisse: Bedürfnis nach Anerkennung, Konformität, …).

5.3 Intentionsphase

Diese Phase bezeichnet man auch als Handlungsauswahlphase. Hier wird die Entscheidung getroffen, welche konkrete Handlung zum Zweck einer Bedrohungsreduktion durchgeführt werden soll. Es können aber auch mehrere verschiedene Handlungsabsichten gefasst werden, die dann in der folgenden Volitionsphase um die Realisierung konkurrieren. Die Grundlage für die Ausbildung einer Intention/Handlungsabsicht bilden so genannte Erwartungskognitionen. Darunter versteht man subjektive Erwartungen, die sich auf der Basis von Erfahrungen ausgebildet haben. Bei den Erwartungskognitionen handelt es sich um die „Handlungs-Ergebnis-Erwartung", die „Instrumentalitäts-Erwartung" und die „Kompetenzerwartung". Die ersten beiden Kognitionen entstammen dem erweiterten Motivationsmodell von Heckhausen (1989) (→ 1 Vogt), die dritte Komponente geht auf die Selbstwirksamkeitstheorie von Bandura (1977) zurück. Die **Hand-**

lungs-Ergebnis-Erwartung beschreibt die subjektive Erwartung einer Person, mit welcher Wahrscheinlichkeit eine Handlung auch zu dem angestrebten Ergebnis führt. Mit Bezug auf die Handlungsauswahlphase bedeutet dies, dass eine Person prüft, ob es eine oder mehrere Handlungen gibt, die zu dem von ihr gewünschten Ergebnis führen. Die Person prüft außerdem, welchen Beitrag das Ergebnis zur Lösung des Ausgangsproblems leistet. Mit anderen Worten: Die Person analysiert die langfristigen Folgen der geplanten Handlung. Diese zuletzt genannte Erwartungskognition bezeichnet man als Instrumentalitätserwartung oder als **Ergebnis-Folge-Erwartung**. Das dritte Konstrukt bezieht sich auf die subjektive **Kompetenzerwartung** (*self efficacy*). Hierbei geht es um die Frage, ob eine Person sich die Fähigkeit zutraut, die beabsichtigte Handlung auch erfolgreich durchzuführen. Diese Selbstwirksamkeitserwartung (→ 1 Vogt) hat sich u. a. in der Gesundheitspsychologie als guter Prädiktor für menschliches Verhalten erwiesen (z. B. Schwarzer 1992).

Der Ausprägungsgrad dieser drei Erwartungskognitionen bestimmt, wie wahrscheinlich die Ausbildung einer entsprechenden Handlungsabsicht/Intention ist. Der Zusammenhang zwischen allen Komponenten ist dabei gleichgerichtet, d. h. je positiver die Erwartungskognitionen sind, desto wahrscheinlicher wird die Intentionsbildung.

Wenden wir uns erneut Herr Benz zu. Ein immer wiederkehrender Ausspruch seiner Frau lautet: Nun lass doch morgens das Auto in der Garage stehen und nimm den Bus zur Arbeit. Hören mag Herr Benz dies schon lange nicht mehr. Wenn er jetzt den Wagen tatsächlich stehen lässt, dann wird er dadurch natürlich einen Beitrag zur Verringerung der CO_2-Emissionen leisten. Die Handlung würde somit zu dem erwarteten Ergebnis führen (Handlungs-Ergebnis-Erwartung). Wenn Herr Benz jedoch darüber nachdenkt, dass „nur" er auf sein Auto verzichtet, während Millionen von anderen Menschen weiterhin mit dem Auto zur Arbeit fahren, dann erscheint ihm sein Beitrag zum Umweltschutz verschwindend gering. Global gesehen wird es dadurch nicht zu einer Reduktion der Treibhausgase kommen (Instrumentalitätserwartung). Auch zweifelt Herr Benz daran, dass er seinen Vorsatz, morgens auf das Auto zu verzichten, durchhalten kann. Als Langschläfer fällt es ihm sowieso schwer, rechtzeitig aus den Federn zu kommen – und wenn er den Bus nimmt, muss er nochmals eine halbe Stunde früher aufstehen (Kompetenzerwartung). Die ausgebildete Handlungsintention, nicht mehr mit dem Auto, sondern mit dem Bus zur Arbeit zu fahren, ist somit nicht allzu stark.

5.4 Volitionsphase

Diese Phase umfasst Prozesse, die zwischen der Intentionsbildung und der eigentlichen Handlung stattfinden. Während Intentionen noch Wunschcha-

rakter haben, so werden jetzt konkrete Realisierungsüberlegungen ange-
stellt, indem man festlegt, wie, wann und wo eine Handlung durchgeführt
werden soll. Damit diese Willensausbildung (lat. *volo*: ich will) und -um-
setzung auch funktioniert, sind weitere förderliche Einflüsse notwendig.
Im integrierten Handlungsmodell werden drei Einflussfaktoren erwähnt:
sozialer Kontext, situative Ressourcen und Selbstkontrolltechniken (Rost
et al. 2001). Unter dem **sozialen Kontext** versteht man die sozialen
Merkmale einer Situation. Hierzu gehört u. a. das wahrgenommene oder
vermutete Verhalten von relevanten Bezugspersonen. Bei Jugendlichen
sind dies häufig Gleichaltrige (*Peers*) und Familienmitglieder. Ebenso ist
es wichtig, ob diese Bezugspersonen von den geplanten Handlungen erfahren und ob sie dafür Anerkennung zollen. Es fließen somit Aspekte der sozialen Norm, einer Komponente aus der Theorie des geplanten Verhaltens
(Ajzen 1991) (→ 3 Graf), mit in den sozialen Kontext ein. Unter sozialer
Norm versteht man dabei Wertsetzungen, die in einer Gesellschaft
existieren, sowie den wahrgenommenen Druck, diese Wertsetzungen zu
übernehmen und ein bestimmtes Verhalten auszuführen oder zu unterlassen (Stahlberg u. Frey 1996). **Situative Ressourcen** stellen Anreize bzw.
Erleichterungen dar, eine bestimmte Handlung durchzuführen. Das Gegenteil dazu sind **situative Barrieren**. So können z. B. ein hoher Zeitaufwand
oder hohe Kosten dagegen sprechen, eine geplante Handlung anzugehen.
Sie haben somit einen hemmenden Einfluss auf die Volition. Schließlich
gibt es noch **Selbstkontrolltechniken**, die sich förderlich auf die Volition
auswirken. Rost et al. (2001) unterscheiden drei verschiedene Gruppen von
Selbstkontrolltechniken. Die erste ist jene des *Commitments*, d. h. der
Selbstverpflichtung. Eine Person würde somit öffentlich bekannt geben,
dass sie eine bestimmte Handlung durchzuführen beabsichtigt. Dadurch,
dass z. B. Freunde und Bekannte von dem Vorsatz wissen, fühlt sich die
Person selbst stärker in die Pflicht genommen. Die Selbstkontrolle wird
somit durch Fremdkontrolle ergänzt. Bei der zweiten Gruppe von Kon-
trolltechniken sucht man gezielt Situationen auf, welche die Durchführung
des gewünschten Verhaltens erleichtern. „Zur Umsetzung der Absicht,
weniger Auto zu fahren, kann man sich eine entfernter gelegene Garage
anmieten …" (Rost et. al. 2001). Bei der dritten Gruppe von Selbstkontrolltechniken versucht die Person, sich selbst in ihrem Verhalten zu unterstützen. Hierzu kann sie z. B. die positiven Konsequenzen ihres Handelns
antizipieren, d. h. dass sie sich diese im Geiste ausmalt und bewusst vor
Augen führt. Sie kann aber auch im Stillen Durchhalteparolen wiederholen
und Verhaltens- oder Verstärkerpläne aufstellen. Eine Woche das Auto
stehen zu lassen, kann man sich z. B. mit dem Kauf eines Krimis belohnen,
den man zukünftig während der Busfahrt zur Arbeit lesen möchte.

Wie sieht jetzt der Volitionsprozess bei Herrn Benz aus: Seine Frau stellt sozusagen seinen sozialen Kontext dar und dieser unterstützt ihn voll und ganz in seiner Absicht, das Auto morgens in der Garage zu lassen und den Bus zur Arbeit zu nehmen. Die situativen Ressourcen sind insofern günstig, als sich 10 Minuten von der Benzschen Wohnung entfernt eine Bushaltestelle befindet. Barrieren für die tägliche Busreise sind das noch frühere Aufstehen, Regen, Kälte und Wind auf dem Weg zur Haltestelle sowie das Gedränge im Bus. Die wirksamsten Selbstkontrolltechniken für Herrn Benz beziehen sich auf seine Frau. Wenn er ihr sein Vorhaben offenbart (*Commitment*), dann wird sie sicherlich aufgrund ihres Umweltbewusstseins darauf achten, dass er seinen Vorsatz auch einhält. Außerdem, so sagt sich Herr Benz, hätte sie dann einen Grund weniger, an ihm herumzunörgeln (Antizipation positiver Folgen). Zusätzlich kann Herr Benz natürlich auch die morgendliche Aufstehaktion „attraktiver" gestalten: Ein Arsenal von Weckern, die morgens im 5-Minuten-Takt klingeln, würde sicherlich nicht seine Wirkung verfehlen (Aufsuchen geeigneter Situationen).

5.5 Zusammenfassung

Das integrierte Handlungsmodell setzt sich aus drei Phasen zusammen, in denen psychologisch unterschiedliche Prozesse ablaufen: In der Motivationsphase wird der Antrieb für eine Handlung ausgebildet, in der Intentionsphase werden Erwartungen, die man mit der Handlung verbindet, geklärt und in der Volitionsphase erfolgt die genaue Planung der Handlung unter Berücksichtung und Umschiffung möglicher Hindernisse. Die Handlung ist somit das Endprodukt der drei zuvor genannten Stufen.

5.6 Konsequenzen für die biologiedidaktische Forschung

Das integrierte Handlungsmodell von Rost et al. (2001) kann dabei helfen, sich der Einflussgrößen auf den Prozess der Handlungsgenese bewusst zu werden. Es ist zu trivial, wenn man erwartet, dass die Unterrichtsinhalte, die man z. B. im Bereich der Umweltbildung vermittelt, von den Jugendlichen direkt in Handlungen umgesetzt werden. Strebt man mit seinem Unterricht eine Verhaltensänderung an, so dürfen nicht nur die Auswirkungen auf der Handlungsebene ins Blickfeld geraten, sondern ebenso jene auf der Motiv-, der Intentions- und der Volitionsebene. Das bedeutet, dass die Auswertung immer ein mehrstufiger Prozess sein sollte.

Für die Erhebung der Motive und der Handlungsabsicht ist ein Fragebogen ein geeignetes Instrument. Wenn es um die Ermittlung der Volition geht, so kann auch hierfür die Form der schriftlichen Befragung gewählt werden, indem die Testpersonen genaue Angaben machen, wie, wann und wo sie eine Handlung durchführen wollen. Bei der Handlung sollte, wenn möglich, nicht selbstberichtetes Handeln erhoben werden, denn hierbei besteht die Gefahr, dass die Antworten mehr der sozialen Erwünschtheit entsprechen als der Realität. Besser wäre es, man könnte die Untersuchungspersonen in ihrem Handeln unbemerkt beobachten. Dies ist aber in der Untersuchungspraxis nur schwerlich zu realisieren.

Beispiele für entsprechende Untersuchungen und damit auch für Überprüfung des oben beschriebenen Modells finden sich bei: Rost et al. (2001), Martens u. Rost (1998), Martens (2000), Gresele (2000) und Köpke (2006).

Danksagung

Mein besonderer Dank gilt Jürgen Rost, durch den ich – während meiner Zeit am IPN in Kiel – das integrierte Handlungsmodell kennen gelernt habe.

Literatur

Ajzen I (1991) The theory of planned behaviour. Organizational Behavior and Human Decision Processes 50:179–211

Ajzen I, Madden TJ (1986) Prediction of goal directed behavior: attitudes, intentions, and perceived behavioral control. Journal of Experimental Sovial Psychology 22:453–474

Bandura A (1977) Self efficacy: Toward a unifying theory of behavioral change. Psychological Review 84:191–215

Diekmann A, Preisendörfer P (1992) Persönliches Umweltverhalten: Die Diskrepanz zwischen Anspruch und Wirklichkeit. Kölner Zeitschrift für Soziologie und Sozialpsychologie 44:226–251

Festinger L (1957) A theory of cognitive dissonance. Stanford Univ Press, Stanford

Festinger L (1964) Conflict, decision, and dissonance. Stanford Univ Press, Stanford

Frey D, Benning E (1997) Dissonanz. In: Frey D, Greif S (Hrsg) Sozialpsychologie. Ein Handbuch in Schlüsselbegriffen, 4. Aufl. Beltz PVU, Weinheim

Gresele C (2000) Die Bedeutung sozialer Bedüfnisse und sozialer Situationen bei der Erklärung des Umwelthandelns. Kovac, Hamburg

Heckhausen H (1989) Motivation und Handeln, 2. Aufl. Springer, Berlin Heidelberg New York Tokyo

Heckhausen H, Rheinberg F (1980) Lernmotivation im Unterricht, erneut betrachtet. Unterrichtswissenschaft 8:7–47

Hines JM, Hungerford HR, Tomera AN (1986/87) Analysis and synthesis of research on responsible environmental behavior: a meta-anlysis. Journal of Environmental Education 18(2):1–8

Köpke I (2006) Bewertung von Lebensmitteln im Biologieunterricht – eine empirische Untersuchung zum Ernährungshandeln von Schülerinnen und Schülern der Klasse 9. Dissertation, Christian-Albrechts-Universität Kiel

Krijnen C (2002) Wert. In: Düwell M, Hübenthal C, Werner MH (Hrsg) Handbuch Ethik. Metzler, Stuttgart, S 527–533

Krohne HW (1985) Angstbewältigung in Leistungssituationen. VHC, Weinheim

Krohne HW (1991) Das Konstrukt Repression und Sensitization und seine Weiterentwicklungen. Enzyklopädie der Psychologie – Differentielle Psychologie, Bd 2. Hogrefe, Göttingen

Lehmann J (1999) Befunde empirischer Forschung zu Umweltbildung und Umweltbewusstsein. Leske & Budrich, Opladen

Martens T (2000) Kognitive und affektive Bedingungen von Umwelthandeln. dissertation.de, Berlin: http://www.dissertation.de

Martens T, Rost J (1998) Der Zusammenhang von wahrgenommener Bedrohung durch Umweltgefahren und der Ausbildung von Handlungsintentionen. Zeitschrift für Experimentelle Psychologie 45(4):345–364

Rogers RW (1983) Cognitive and physiological processes in fear appeals and attitude change: A revised theory of protection motivation. In: Cacioppo JT, Petty RE (eds) Social Psychophysiology – a Sourcebook. Guilford, New York, pp 153–176

Rost J, Gresele C, Martens T (2001) Handeln für die Umwelt. Anwendung einer Theorie. Waxmann, Münster

Schwartz SH (1977) Normative influence on altruism. In: Berkowitz L (ed) Advances in experimental social psychology, vol 10. Academic, New York, pp 221–279

Schwartz SH, Howard JA (1981) A normative decision-making model of altruism. In: Rushton JP, Sorrentino RM (eds) Altruism and helping behavior. Erlbaum, Hillsdale, pp 189–211

Schwarzer R (1992) Psychologie des Gesundheitsverhaltens. Hogrefe, Göttingen

Stahlberg D, Frey D (1996) Einstellungen: Struktur, Messung und Funktion. In: Stroebe W, Hewstone M, Stephenson GM (Hrsg) Sozialpsychologie. Eine Einführung, 2. Aufl. Springer, Berlin Heidelberg New York Tokyo

6 Moderater Konstruktivismus

Tanja Riemeier

„Ich habe es dir doch erklärt." Wer kennt die Verzweiflung nicht, wenn man Dinge scheinbar eindeutig vermittelt hat, das Gegenüber jedoch nichts so verstanden hat, wie man es meinte, gesagt zu haben. Besonders in Lehr-Lernprozessen begegnet uns diese Situation häufig. Zwangsläufig kommt dabei die Frage auf: Warum verstehen die Kommunikationspartner die Botschaft nicht, obwohl man sie ihnen doch – scheinbar – eindeutig mitgeteilt hat? Hinter dieser Frage steht die Vorstellung, dass Wissen wie ein Gut von einer Person zur anderen weitergegeben werden kann. Eine Lehr-Lernsituation wird nach dieser Vorstellung als ein Prozess betrachtet, „bei dem der Lehrende objektive Inhalte so zu vermitteln versucht, dass der Lernende am Ende dieses Wissenstransports den vermittelten Wissensausschnitt (Lerngegenstand) in ähnlicher Form besitzt wie der Lehrende" (Reinmann u. Mandl 2006). Im Gegensatz zu dieser kognitivistischen Auffassung vom Lernen steht die konstruktivistische Sichtweise. Diese geht davon aus, dass Lernende ihr Wissen in einem aktiven und selbstgesteuerten Prozess konstruieren (Abb. 8). Ausgangspunkt dieses Konstruktionsprozesses sind dabei die bereits verfügbaren Vorstellungen des Lernenden. Eine Weitergabe von Wissen – wie sie der oben beschriebenen Situation entsprechen würde – ist hiernach nicht möglich.

Die konstruktivistische Sichtweise vom Lernen wird auch als pragmatisch moderater Konstruktivismus bezeichnet (Gerstenmaier u. Mandl 1995). Er findet in allen Bereichen Anwendung, in denen es um Menschen und deren Wissen, Handeln, Denken und Lernen geht, d. h. er bezieht sich sowohl auf schulische als auch auf außerschulische Lernsituationen.

6.1 Moderater Konstruktivismus – eine aus der Erkenntnistheorie abgeleitete Sichtweise vom Lernen

Was ist Konstruktivismus? Eine Antwort auf diese Frage ist nicht ganz einfach, denn den Konstruktivismus gibt es nicht. Vielmehr entwickelten

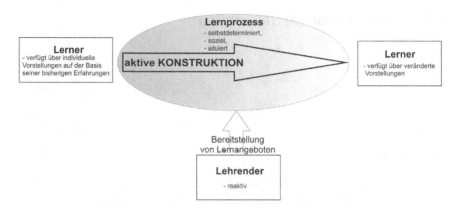

Abb. 8. Elemente der konstruktivistischen Sichtweise vom Lernen

sich im Laufe der Vergangenheit verschiedene Varianten konstruktivistischer Sichtweisen (z. B. Duit 1995; Reinmann u. Mandl 2006). So ist der
Konstruktivismus nach Siebert (2003) „keine eigene Wissenschaftsdiszip-
lin, sondern ein inter- und transdisziplinäres Paradigma", das in verschiedenen wissenschaftlichen Disziplinen wie der Soziologie oder der Psychologie genutzt wird. Ursprung dieser Positionen ist der radikale Konstruktivismus (z. B. v. Glasersfeld 1997), eine Erkenntnistheorie, die davon
ausgeht, dass eine direkte Erfassung einer außen liegenden Wirklichkeit
unmöglich ist. Jegliches Erkennen des Menschen ist demnach an eine Beobachterperspektive gebunden. Ein solches Paradigma leugnet nicht die
Existenz einer Realität, betont jedoch, dass alles Wissen über diese Realität eine Konstruktion von Menschen ist. Von dieser erkenntnistheoreti-
schen Position wurde schließlich auch eine Auffassung über das Lernen,
der moderate Konstruktivismus abgeleitet. Während der Konstruktivismus
als Erkenntnistheorie also Antworten auf die Frage gibt, wie Erkenntnis
bei Menschen entsteht, beschäftigt sich die konstruktivistische Sichtweise
vom Lernen mit der Frage, wie sich entstandene Erkenntnisse (Wissen) individuell verändern. Neben dem radikalen Konstruktivismus beeinflusste
die Systemtheorie, der soziale Konstruktivismus sowie die empirischen
Befunde der Neurobiologie diese Auffassung vom Lernen (Terhart 1999).

Der moderate Konstruktivismus setzte sich im Verlauf der letzten 15 bis
20 Jahre als vorherrschender paradigmatischer Rahmen für die Lehr- und
Lernforschung durch (Duit 1995). Im Mittelpunkt dieser Auffassung steht
der Lerner und dessen Lernprozess, der folgendermaßen charakterisiert
werden kann (z. B. Terhart 1999; Widodo 2004; Mandl 2006):

- Lernen ist **konstruktiv**: Lernende nehmen Informationen nicht einfach
  auf und integrieren diese wie gewünscht, sondern sie konstruieren aktiv

Bedeutungen auf der Grundlage ihrer bisherigen Vorstellungen. Sie nehmen somit eine aktive Rolle im Lehr-Lernprozess ein. Dabei haben Schüler bereits vor einem Unterricht Vorstellungen zu ihrer Lebenswelt entwickelt. Diese Vorstellungen entsprechen den fachwissenschaftlichen Vorstellungen häufig nicht und erwiesen sich als sehr resistent gegenüber Belehrungen. In Lehr-Lernsituationen können diese lebensweltlichen Vorstellungen Lernhindernisse darstellen, z. B. wenn ein Anknüpfen an diese lebensweltlichen Vorstellungen nicht gelingt (Duit 1995). Sie können jedoch auch lernförderlich sein und Ausgangspunkte des Lernprozesses darstellen (Kattmann 2003).

- Lernen ist **selbstdeterminiert**: Der Lernprozess kann nicht von außen determiniert, d. h. gesteuert und kontrolliert werden. Die Umgebung kann den Lernprozess lediglich anregen oder auslösen.
- Lernen ist **individuell**: Lernprozesse sind immer an die individuellen kognitiven Systeme der Lernenden gebunden. Dabei spielen auch emotionale Aspekte wie Motivation eine wichtige Rolle.
- Lernen ist **sozial**: Obwohl Lernprozesse an die kognitiven Systeme der jeweiligen Individuen gebunden sind, liegt beim Lernen auch eine soziale Komponente vor. Lernen findet innerhalb einer sozialen Interaktion statt, in der Ideen, Vermutungen o. ä. kommuniziert, ausgehandelt, getestet und geteilt werden.
- Lernen ist **situiert**: Lernen findet in kontextgebundenen Situationen statt, d. h. das Wissen ist mit den inhaltlichen und sozialen Erfahrungen der Lernsituation verbunden.

Evidenzen für eine moderat konstruktivistische Sichtweise vom Lernen finden sich in den Befunden der Neurobiologie. Danach wird die Außenwelt nicht direkt durch die Sinnesorgane in das Gehirn transportiert, d. h. das Gehirn speichert nicht ein Abbild der Außenwelt ab. Vielmehr werden Erregungen im Gehirn aufgrund von Reizungen der Sinnesorgane erzeugt, wobei Reiz und Erregung grundsätzlich unterschiedlich voneinander sind. Es gelangen also nicht die Reize in das Gehirn, sondern die Reize lösen Erregungen in den Sinneszellen aus, die über afferente Neuronen das Gehirn erreichen. Diesen Prozess bezeichnet man als Transduktion, wobei deutlich herauszustellen ist, dass der Reiz nicht in Erregung umgewandelt wird, sondern Reize Erregungen auslösen. Die Erregungen an sich sind bedeutungsfrei und inhaltsneutral, sie tragen also keine bedeutungsvollen (semantischen) Informationen[1] über die Umwelt in sich (Prinzip der „Neu-

---

[1] Der Terminus „Information" ist biologisch mehrdeutig. So kann man zwischen semantischer und struktureller (syntaktischer) Information unterscheiden. Die DNA enthält z. B. keine semantische, wohl aber strukturelle Information.

tralität des neuronalen Codes"; Roth 1997). Bedeutungen werden allein dadurch erzeugt, dass das Gehirn neuronale Erregungen vergleicht und kombiniert. Diese erzeugten Bedeutungen werden dann anhand „interner Kriterien und des Vorwissens überprüft" (Roth 1997). Das Gehirn ist somit kein passiver Empfänger der eingehenden Erregungen, sondern ein von außen nicht determinierbares, autopoietisches System. Die das Individuum umgebende Umwelt kann die Konstruktion von Bedeutungen zwar auslösen und in Grenzen beeinflussen, jedoch nicht determinieren (Roth 1997). Lernen ist damit an die Strukturen des Gehirns und die individuellen Erfahrungen der Person gebunden. In Lernsituationen werden neuronale Strukturen in einem zeit- und energieaufwändigen Prozess wiederholt aktiviert und verändert. Die Veränderung zeigt sich darin, dass die Qualität und die Anzahl von Verknüpfungen zwischen Neuronen modifizierbar sind (Squire u. Kandel 1999; Kandel et al. 2000). Beim Lernen wird also vom verfügbaren kognitiven System ausgegangen, woraus über neurobiologische Prozesse neue neuronale Netzwerke bzw. Erregungsmuster generiert werden, die wiederum Ausgangspunkte für weitere Lernprozesse sein können.

Kritiker der konstruktivistischen Sichtweise vom Lernen führen u. a. an, dass mit dem moderaten Konstruktivismus keine Aussagen zum Mechanismus der Vorstellungsänderungen gemacht werden können (vgl. Osborne 1996). Um dennoch Aussagen zu Konzeptentwicklungen durchführen zu können, werden insbesondere in den Didaktiken der Naturwissenschaften Verknüpfungen der konstruktivistischen Sichtweise mit der *Conceptual Change*-Theorie genutzt (→ 7 Krüger).

6.2 Konsequenzen für die (biologiedidaktische) Lehr- und Lernforschung

Folgt man den Prinzipien der konstruktivistischen Auffassung vom Lernen, hat dies Konsequenzen für die Inszenierung von Lehr- und Lernprozessen und damit für Untersuchungen in diesem Bereich. So bringt die Annahme, dass der Lernprozess von außen nicht determinierbar ist, eine veränderte Rolle der Lehrenden mit sich. Die Aufgabe des Lehrenden besteht darin, solche Lernangebote zu schaffen, in denen ausgehend von den Vorerfahrungen ein Konstruieren und Restrukturieren von Vorstellungen möglich sind. Da Schüler jedoch stets ihre eigenen Vorstellungen konstruieren, müssen hierbei weitere Forderungen an die Lernumgebung gestellt werden: Die Lernumgebung muss die Bedingungen bereitstellen, mit denen ausgehend von den Vorerfahrungen fachlich angemessene Konstruktionsprozesse ausgelöst werden. Hierfür müssen die Vorerfahrungen bzw. Vorstellungen der Lernenden und die Bedingungen zur Veränderung dieser Vorstellungen bekannt sein. Dementsprechend ergeben sich für die Lehr- und Lernforschung die folgenden oder ähnlichen Fragestellungen, die es empirisch zu untersuchen gilt:

- Über welche Vorerfahrungen bzw. Vorstellungen verfügen Lernende in verschiedenen Themenbereichen?
- Was sind die Bedingungen, unter denen Lernende ausgehend von ihren Vorerfahrungen Vorstellungsveränderungen erreichen?
- Welche Art von Lernangeboten und Lernumgebungen führen zu Konstruktionsprozessen in die fachlich angemessene Richtung?

Insbesondere zu der ersten Fragestellung wurden in der Vergangenheit mehrere Untersuchungen in allen drei naturwissenschaftlichen Didaktiken durchgeführt (vgl. Duit 2006). Auch mit den Bedingungen der Lernumgebung bzw. mit Lernangeboten, die Konstruktionsprozesse in fachlich angemessener Richtung auslösen, beschäftigen sich empirische Untersuchungen im zunehmenden Maße (für die Biologiedidaktik z. B. Wilde et al. 2003; Riemeier 2005; Weitzel 2006).

Darüber hinaus wurde untersucht, inwieweit der Unterricht in den Naturwissenschaften von der konstruktivistischen Auffassung geprägt ist (z. B. Labudde u. Pfluger 1999). Hierzu formulierten verschiedene Autoren Kennzeichen von Lernumgebungen, die dieser Sichtweise entsprechen. Eine Übersicht zu den „Kennzeichen konstruktivistischer Lernumgebungen" findet sich in Widodo (2004) oder Widodo u. Duit (2004). In Bezug auf den Terminus „konstruktivistische Lernumgebung" lässt sich kritisch anmerken, dass eine Abgrenzung zwischen „konstruktivistischen" und „instruktionalen" Lernumgebungen nicht sinnvoll ist. Vielmehr ist eine Lernumgebung – egal mit welchen Absichten ein Lehrender diese erzeugt hat – immer instruktional, da sie einen Teil der Außenwelt darstellt, der der Lernende ausgesetzt ist. Allerdings ist die Annahme, dass die Qualität der Lernumgebung keine Rolle im Konstruktionsprozess der Lernenden spiele, ebenso wenig haltbar. „Gerade weil ein Schüler für die Erzeugung von Bedeutungen nur auf die ihm jeweils subjektiv verfügbaren Inventare zurückgreifen kann, kommt es besonders auf die optimale Passung der Instruktionen eines Lehrers zu den seinen Schülern subjektiv verfügbaren Inventaren an" (v. Aufschnaiter 2001). Eine Aufgabe der fachdidaktischen Forschung ist es, die Art und Weise dieser Passung empirisch zu untersuchen.

Als weiteres Ergebnis der Lehr- und Lernforschung wird dargestellt, dass trotz der aktiven Rolle der Lernenden ein gewisses Maß an Instruktion in der Lernumgebung benötigt wird, um effektives Lernen auslösen zu können (Mandl 2006). Angemerkt werden muss hierzu, dass die konstruktivistische Sichtweise besagt, dass Bedeutungen nicht übertragen werden können und dass es die Lernenden sind, die wahrnehmen und lernen. Sie sagt jedoch nicht aus, dass Lernende alles allein machen und keinerlei Unterstützung benötigen. Lernumgebungen bereitzustellen, die Konstruktionsprozesse in die fachlich angemessene Richtung auslösen, ist also durchaus sinnvoll. Instruktionen im (wörtlichen) Sinne von „Hineinbauen" funktionieren jedoch nach dieser Sichtweise nicht. Ein selbstbestimmtes Vorgehen der Lernenden zeigt sich also nicht durch völliges Fehlen von Lernangeboten, vielmehr kann es im Sinne von selbstbestimmten Wiederholungsdurchgängen oder eines variantenreichen Ausprobierens gedeutet werden (v. Aufschnaiter u. v. Aufschnaiter 2001).

Neben den Konsequenzen für die Fragestellungen bedingt die Einnahme der konstruktivistischen Position vom Lernen spezielle Entscheidungen im methodischen Vorgehen empirischer Untersuchungen. In erster Linie ist hierbei die Lernerorientierung zu nennen, d. h. der Lerner und sein Verständnis stehen im Mittelpunkt der Analyse. Wenn Lernen als Vorstellungsveränderung aufgefasst wird, ist eine Untersuchung des Lernerverständnisses aus der Sicht des Lernenden notwendig, um Aussagen über den Lernprozess treffen zu können. Nach Marton u. Booth (1997) wird damit eine Perspektive 2. Ordnung eingenommen, da die von einer Person erlebten Phänomene aus einer Beobachterperspektive beschrieben werden. Die Perspektive 1. Ordnung liegt dagegen vor, wenn der Gegenstand direkt beschrieben wird. So wird beispielsweise bei der Beschreibung der fachlichen Grundlagen zur Zelltheorie eine Perspektive erster Ordnung eingenommen. Die Darstellung des Lernerverständnisses zur Zelltheorie, die aus der Beobachterperspektive heraus stattfindet, ist dagegen eine Perspektive 2. Ordnung. Die Einnahme dieser 2. Perspektive bedingt auch, dass eine Kategorisierung von Vorstellungen in „richtig" oder „falsch" nicht möglich ist. Dies gilt umso mehr, als dass die Vorstellungen der Lernenden nach der konstruktivistischen Sichtweise viabel sind, d. h. sie sind überlebenswirksam und haben sich im Alltag bewährt. Die Aufgabe eines Forschers ist es also nicht, die eigene Perspektive an die Lernervorstellungen heranzutragen, sondern vielmehr herauszufinden, was der Lernende zu verstehen meint und welche Vorstellungen er situativ aktiviert. Einen Zugang zum Verständnis der Lernenden bietet dabei der sprachliche Bereich, d. h. von den sprachlichen Zeichen wird interpretativ auf die individuellen Vorstellungen geschlossen. Bei der Auswertung verbalen Datenmaterials sollte jedoch klar unterschieden werden zwischen dem sprachlichen und dem gedanklichen Bereich (Gropengießer 2003). Die Nennung der fachlich akzeptablen Termini allein bedeutet für sich genommen keinen Konstruktionsprozess in Richtung eines entsprechenden fachlichen Verständnisses (Riemeier 2004).

Sollen Lernerfolge empirisch überprüft werden, sind in Bezug auf das Forschungsdesign prinzipiell zwei unterschiedliche Vorgehensweisen möglich. So kann ein *Pre-Post-Test-Design* herangezogen werden. Hierbei wird auf das Verständnis der Lerner vor und nach einem Treatment geschlossen (z. B. Wilde et al. 2003; González Weil 2006). Ein Vorteil dieser Methode liegt darin, dass die Vorgehensweise eine Untersuchung großer Stichproben zulässt und dadurch Aussagen über die Häufigkeit verschiedener Vorstellungen innerhalb einer bestimmten Probandengruppe gemacht werden können. Allerdings lässt dieses produktbasierte Vorgehen nur wenige und zumeist spekulative Aussagen über die qualitative Veränderung der Vorstellungen innerhalb einer Lernumgebung zu. Um individuelle Konstruktionsdynamiken analysieren und damit Rückschlüsse auf die Bedingungen der Lernumgebung machen zu können, sind prozessbasierte Untersuchungen notwendig. Hierbei haben sich videobasierte Untersuchungen der Lehr-Lernprozesse als geeignet herausgestellt (v. Aufschnaiter u. v. Aufschnaiter 2005; Riemeier 2005). Der Nachteil dieser Methode liegt jedoch darin, dass nur geringe Probandenzahlen untersucht werden können. Eine Kombination beider Vorgehensweisen ist sinnvoll, so dass die wesentlichen Aspekte des Konstruktionsprozesses analysiert werden und eine Erhebung mit größeren Stichproben quantifizierbare Ergebnisse bringen kann.

Lernumgebungen im konstruktivistischen Sinne zu schaffen, bedeutet – wie oben erläutert – die Vorstellungen der Lernenden einzubeziehen, d. h. nicht allein die fachliche Perspektive ist im Strukturierungsprozess richtungsweisend. Ebenso wie Lernende aufgrund eigener Erfahrungen Vorstellungen über ihre Umwelt entwickeln, konstruieren Wissenschaftler – methodisch kontrolliert und systematisch – Vorstellungen über einen Untersuchungsgegenstand. Aufgabe der Fachdidaktik ist es, eine Brücke zwischen fachlicher Perspektive und Lernerperspektive zu bauen. Dabei werden die Lernervorstellungen ernst genommen und mit den fachlichen Vorstellungen von Wissenschaftlern in Beziehung gesetzt, um daraus die Bedingungen für Konstruktionsprozesse der Lernenden abzuleiten. Einen mehrfach bewährten Forschungsrahmen für diese Aufgabe bietet das Modell der Didaktischen Rekonstruktion (Kattmann et al. 1997; → 8 Kattmann). Hierbei werden sowohl die Vorstellungen von Fachwissenschaftlern als auch der Lernenden empirisch analysiert und in einem wechselseitigen Vergleich in Beziehung gesetzt. Ergebnis des Vergleichs sind Leitlinien für die Vermittlung des entsprechenden Themas, auf deren Grundlage Lernangebote entwickelt werden. Diese stellen diejenigen Bedingungen zur Verfügung, die Lernenden ausgehend von ihren Vorstellungen individuelle Konstruktionsprozesse, d. h. Vorstellungsänderungen ermöglichen (→ 8 Kattmann; → 7 Krüger).

6.3 Ein Beispiel aus der biologiedidaktischen Forschungspraxis

Im Rahmen einer Untersuchung zu den Schülervorstellungen von der Evolution des Menschen werden drei Schülerinnen der 11. Jahrgangsstufe aufgefordert folgende Aussage zu diskutieren „Der Affe ist der nächste Verwandte des Menschen!" (Rittstieg 2005). Die Schülerinnen stimmen der Aussage zu: „Ich glaube schon, dass der Schimpanse der nächste Verwandte des Menschen ist, weil die sich auch sehr ähnlich sehen und die Schimpansen auch menschliche Eigenschaften haben". In der Diskussion wird deutlich, die Mädchen gehen von einer direkten Entwicklung vom Schimpansen zum Menschen aus. Dies zeigt sich auch in den erstellten Schülerzeichnungen (Abb. 9). Die Schülerinnen begründen ihre Vorstellungen damit, dass Menschen und Schimpansen deutliche Ähnlichkeiten im Aussehen, Verhalten und der Bewegung zeigen. Hierin wird ihr Verständnis von Verwandtschaft deutlich, wonach Lebewesen dann miteinander verwandt sind, wenn äußerliche Ähnlichkeiten bestehen. Grundlage dieses Verständnisses sind vermutlich lebensweltliche Erfahrungen mit Verwandtschaftsverhältnissen innerhalb menschlicher Familien. Auch hierbei sind häufig Ähnlichkeiten im Aussehen oder Verhalten zwischen den Familienmitgliedern zu beobachten.

Ausgehend von der Vorstellung einer direkten Entwicklung vom Schimpansen zum Menschen werden die Schülerinnen im weiteren Verlauf der Lehr-Lernsituation mit einem Lernangebot konfrontiert. Dieses zeigt die Abbildung des Stammbaumes von Pferd, Zebra und Esel. Die Schülerinnen werden aufgefordert, die Darstellung des Stammbaumes mit ihren Zeichnungen zur Entwicklung des Menschen zu vergleichen. Sie stellen grundlegende Unterschiede zu ihren Vorstellungen fest: „Hier haben Pferd, Esel und Zebra doch ihren Ursprung in dem Equus, und so wie wir das vorhin hatten, war es ja dann praktisch falsch, den Schimpansen weiter unten und den Menschen dann als einziges oben an der Spitze anzuordnen." Sie entwickeln daraus die Vorstellung, dass „der Schimpanse auch oben auf einer gleichen Ebene ist" und dass Mensch und Schimpanse einen gemeinsamen Vorfahren haben. Diese Vorstellung wird an weiteren Stellen der Lehr-Lernsituation von den Schülerinnen wiederholt und mithilfe eines weiteren Lernangebots über den Dryopithecus erweitert. So sagt eine Schülerin an einer späteren Stelle: „Der Dryopithecus hat die Eigenschaften, die der Mensch dann später weiter ausgebildet hat, und die, die dann den Dryopithecus zum Schimpansen machen."

Gleichzeitig findet mit dem Lernangebot eine Vorstellungsänderung in Bezug auf das Verständnis von Verwandtschaft statt. Während die Schülerinnen vor dem Lernangebot Verwandtschaft dadurch kennzeichneten, dass Ähnlichkeiten vorhanden sind, bezieht sich ihr Verständnis nach dem Lernangebot auf das Vorhandensein eines gemeinsamen Vorfahren.

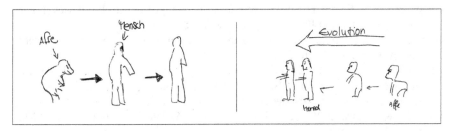

Abb. 9. Schülerzeichnungen zur Evolution des Menschen (*links*: Zeichnung von Petra, *rechts*: Zeichnung von Helga)

Im dargestellten Beispiel wurden die Lernenden als aktiv denkende Individuen mit ernstzunehmenden Vorstellungen angesehen, deren Lernprozesse im Vordergrund standen. Der konstruktivistischen Sichtweise vom Lernen folgend war die Forschungsfrage nicht allein auf das Ergebnis der Konstruktionsprozesse gerichtet. Vielmehr interessierte, wie das Wissen konstruiert wird und wie sich die Vorstellungen mithilfe von Lernangeboten entwickeln. Dafür wurden dem Modell der Didaktischen Rekonstruktion folgend Lernangebote strukturiert und die Verständnisentwicklung von Lernenden mit diesen Angeboten prozessbasiert analysiert (→ 8 Kattmann). Entsprechend der konstruktivistischen Sichtweise vom Lernen wurden die Vorstellungen der Lernenden einbezogen, indem die Schülerinnen ihre eigenen Vorstellungen zunächst reflektierten, bevor das fachliche Verständnis thematisiert wurde. Des Weiteren wurde eine soziale Lehr-Lernsituation in Form einer Dreiergruppe geschaffen, wodurch individuelle Konstruktionsprozesse optimal angeregt werden konnten. Der Forscher nahm eine reaktive Position im Lehr-Lernprozess ein, da er in Abhängigkeit von den geäußerten Lernervorstellungen entsprechende Lernangebote in die Gruppe gab.

Das Beispiel zeigt, dass unter einer Perspektive, die nicht die Vermittlung des Wissens, sondern die eigenständige Konstruktion in den Fokus nimmt, Lernprozesse erfolgreich angeregt (und beobachtet) werden können.

Literatur

Duit R (1995) Zur Rolle der konstruktivistischen Sichtweise in der natur-wissen-schaftsdidaktischen Lehr-Lernforschung. Zeitschrift für Pädagogik 41(6):905–926

Duit R (2006) Bibliography – STCSE. Students' and Teachers' Conceptions and Science Education. http://www.ipn.uni-kiel.de/aktuell/stcse/stcse.html (Letzter Zugriff: 20.11.2006)

Gerstenmaier J, Mandl H (1995) Wissenserwerb unter konstruktivistischer Perspektive. Zeitschrift für Pädagogik 41:867–888

Gonzáles Weil C (2006) Zusammenhang zwischen Konzeptwechsel und Meta-kognition. Logos, Berlin

Gropengießer H (2003) Wie man Vorstellungen der Lerner verstehen kann. Lebenswelten, Denkwelten, Sprechwelten. Beiträge zur Didaktischen Rekonstruktion, Bd 4. Didaktisches Zentrum, Oldenburg

Kandel ER, Schwartz JH, Jessell TM (2000) Principles of neural science. Mc-Graw-Hill, New York

Kattmann U (2003) Vom Blatt zum Planeten – Scientific Literacy und kumulatives Lernen im Biologieunterricht und darüber hinaus. In: Moschner B, Kiper H, Kattmann U (Hrsg) PISA 2000 als Herausforderung. Schneider, Hohengehren, Baltmannsweiler

Kattmann U, Duit R, Gropengießer H, Komorek M (1997) Das Modell der Didaktischen Rekonstruktion – Ein Rahmen für naturwissenschaftsdidaktische Forschung und Entwicklung. ZfDN 3:3–18

Labudde P, Pfluger D (1999) Physikunterricht in der Sekundarstufe II: Eine empirische Analyse der Lehr-Lern-Kultur aus konstruktivistischer Sicht. ZfDN 5:33–50

Mandl H (2006) Wissensaufbau aktiv gestalten. In: Becker G, Behnken I, Gropengießer H, Neuß N (Hrsg) Lernen. Friedrich, Seelze, S 28–30

Marton F, Booth S (1997) Learning and awareness. Erlbaum, NJ

Osborne JF (1996) Beyond Constructivism. Science Education 80:53–82

Reinmann G, Mandl H (2006) Unterrichten und Lernumgebungen gestalten. In: Krapp A, Weidenmann B (Hrsg) Pädagogische Psychologie. BeltzPVU, Weinheim, S 613–658

Riemeier T (2004) „Zellen, Kerne, Wände" – lebensweltlich und biologisch gedacht. In: Gropengießer H, Janssen-Bartels A, Sander E (Hrsg) Lernen für das Leben. Aulis Deubner, Köln, S 131–140

Riemeier T (2005) Biologie verstehen: Die Zelltheorie. Beiträge zur didaktischen Rekonstruktion, Bd 7. Didaktisches Zentrum, Oldenburg

Rittstieg M (2005) Konzeption und empirische Evaluation eines Stationenlernens zur Evolution des Menschen. Schriftliche Hausarbeit im Rahmen der Ersten Staatsprüfung für das Lehramt an Gymnasien. Didaktik der Biologie, Universität Hannover

Roth G (1997) Das Gehirn und seine Wirklichkeit. Suhrkamp, Frankfurt am Main

Siebert H (2003) Pädagogischer Konstruktivismus. Luchterhand, München

Squire LR, Kandel ER (1999) Gedächtnis: Die Natur des Erinnerns. Spektrum, Berlin

Terhart E (1999) Konstruktivismus und Unterricht. Zeitschrift für Pädagogik 45:629–647

von Aufschnaiter C, von Aufschnaiter S (2001) Eine neue Aufgabenkultur für den Physikunterricht: Was fachdidaktische Lernprozess-Forschung zu der Entwicklung von Aufgaben beitragen kann. Der mathematische und naturwissenschaftliche Unterricht (MNU) 54:409–416

von Aufschnaiter C, von Aufschnaiter S (2005) Von Lernervorstellungen zu Lernprozessen: Entwicklung und Relevanz prozessorientierter Forschungsprogramme in den Fachdidaktiken. In: Wellensiek A, Welzel M, Nohl T (Hrsg) Didaktik der Naturwissenschaften – Quo vadis? Logos, Berlin, S 136–149

von Aufschnaiter S (2001) Wissensentwicklung und Lernen am Beispiel Physikunterricht. In: Meixner J, Müller K (Hrsg) Konstruktivistische Schulpraxis. Luchterhand, Neuwied Kriftel, S 249–271

von Glasersfeld E (1997) Radikaler Konstruktivismus. Suhrkamp, Frankfurt am Main

Weitzel H (2006) Biologie verstehen: Verstellungen zur Anpassung. Beiträge zur Didaktischen Rekonstruktion, Bd 15. Didaktisches Zentrum, Oldenburg

Widodo A (2004) Constructivist oriented lessons. Europäischer Verlag der Wissenschaften, Frankfurt am Main

Widodo A, Duit R (2004) Konstruktivistische Sichtweisen vom Lehren und Lernen und die Praxis des Physikunterrichts. ZfDN 10:233–255

Wilde M, Urhahne D, Klautke S (2003) Unterricht im Naturkundemuseum: Untersuchung über das „richtige" Maß an Instruktion. ZfDN 9:125–134

7 Die *Conceptual Change*-Theorie

Dirk Krüger

Schüler betreten den Unterricht nicht als unbeschriebenes Blatt. Vielmehr kommen sie mit einer Reihe alltagsnaher, fachorientierter oder gar schon fachwissenschaftlicher Vorstellungen in den Unterricht. Will man nun in der Vermittlungssituation fachwissenschaftliche Vorstellungen entwickeln, wird dies nicht ohne Berücksichtigung dessen funktionieren, was Lernende in den Unterricht mitbringen. Zur Erklärung von Lernprozessen auf der Basis eigener Vorstellungen gibt es eine Reihe von Ansätzen mit unterschiedlichen Schwerpunktsetzungen, die unter dem Terminus „*Conceptual Change*" firmieren. Die wegen ihres großen Einflusses auf die empirische Forschung hier vorgestellte *Conceptual Change*-Theorie aus der Gruppe um Posner und Strike (Posner et al. 1982) berücksichtigt instruktionspsychologische Aspekte und trifft Aussagen zum Lehren. Sie klärt, unter welchen Bedingungen damit zu rechnen ist, dass ein Wechsel von Alltagsvorstellungen zu fachwissenschaftlich begründeten Vorstellungen vollzogen wird. Diese Sichtweise war davon bestimmt, dass Lernende „falsche" Vorstellungen aufgeben sollten. Ferner greifen Posner et al. (1982) Piagets Ideen zur geistigen Entwicklung des Kindes auf, wenn sie von Assimilation (Erklären neuer Problemstellungen mit alten Vorstellungen) und Akkomodation (Ersetzen bzw. Umorganisieren von Vorstellungen) sprechen. Schließlich wird mit dem Ausdruck „*change*" an Kuhns (1976) Paradigmenwechsel angeknüpft, der den Erkenntnisgewinn in der Wissenschaft beschreibt, welcher mit einer plötzlichen, radikalen und generellen, also revolutionären Veränderung von Ansichten, Beurteilungen und Interpretationen einhergeht. Beim Lernen werden unter dieser Ersetzungsperspektive in Analogie zum Paradigmenwechsel alte Vorstellungen zugunsten neuer Vorstellungen aufgegeben.

Auch wenn Akkomodation ein radikaler Vorstellungswechsel ist, bedeutet das nicht, dass er abrupt geschieht. Es ist anzunehmen, dass dieser Vorgang graduell erfolgt. Akkomodation kann damit als eine allmähliche Anpassung an ein Konzept[1] angesehen werden (Vosniadou u. Brewer 1992).

---

[1] Konzept wird hier synonym zu Vorstellung verwendet.

Mit jedem Schritt der Anpassung wird die Basis für weitere Anpassungs-schritte gelegt. Das Ergebnis ist der Wechsel eines Konzeptes (Posner et al. 1982; Strike u. Posner 1992).

Die *Conceptual Change*-Theorie nach Posner u. Strike (1982; 1992) konzentriert sich im Wesentlichen auf kognitive Aspekte und damit auf die Beobachtung der Veränderung von Vorstellungen. Diese Entwicklung muss sich nicht in jeder Lebenssituation dokumentieren lassen, sondern kann sehr wohl kontextabhängig geschehen und auch nur dort zum Tragen kommen, wo die Vorstellungsänderung sinnvoll erscheint. Und das ist auch gut so, wie ein Beispiel einsichtig zeigt: An einem romantischen Sommerabend am Strand davon zu sprechen, wie schön der Sonnenunter-gang ist, wird sich sicherlich stimmungsvoller kommunizieren lassen als die Formulierung, darauf zu warten, dass sich die Erde in ihren Erdschat-ten dreht (Gropengießer 2006).

7.1 *Conceptual Change* versus *Conceptual Reconstruc-tion*

In seiner ursprünglichen Fassung steht *Conceptual Change* in der Tradition des Kuhnschen Paradigmenwechsels (1976) und meint einen radikalen Vorstellungswandel. Entsprechend glaubte man, dass Fehlvorstellungen auszumerzen seien und Lernen sich durch einen Wechsel von falschen zu richtigen Konzepten dokumentiere (Posner et al. 1982). Von diesem radi-kalen Konzeptwechsel haben konstruktivistische Ansätze Abstand ge-nommen (→ 6 Riemeier). Es hat sich gezeigt, dass die alten Vorstellungen auch nach dem Unterricht noch erhalten bleiben und sich weiterhin in vie-len Situationen des täglichen Lebens als hilfreich, brauchbar und nützlich erweisen. Statt Alltagskonzepte also unangemessen normativ-wertend als Fehlvorstellung zu bezeichnen, ist demnach eine deskriptive und wertneut-rale Beschreibung als alternative, vorwissenschaftliche, Alltags- oder ganz neutral als Lernervorstellung wesentlich angemessener (Duit 1999).

Entsprechend findet man auch für *Conceptual Change* eine Reihe alter-nativer Bezeichnungen: *conceptual development* (Entwicklung), *concep-tual growth* (Wachstum), *conceptual reorganisation* (Reorganisation) und *conceptual reconstruction* (Rekonstruktion) (Duit 1999; Duit u. Treagust 2003; Kattmann 2005; Sander et al. 2006; Vosniadou 1999). Die Entwick-lung und das Wachstum von Vorstellungen berücksichtigen zwar eine schrittweise Veränderung der alten Vorstellung, beziehen aber das Ver-schwinden der alten Vorstellung mit ein. Die Reorganisation greift die Si-tuiertheit und Verknüpfung aus neurobiologischer Perspektive auf, während Rekonstruktion, noch mehr im Sprachduktus des Konstruktivismus, den Tätigkeitsaspekt des Lernenden in den Mittelpunkt rückt. Aus diesem Grund erscheint der Terminus „*conceptual reconstruction*" angemessen (Kattmann 2005; Sander et al. 2006; → 8 Kattmann). Schnotz (2006) verwendet, da eine Veränderung einzelner Konzepte die Veränderung ganzer Wissensstrukturen nach sich ziehen kann, den Terminus „Wissensveränderung". Um den Bezug auf Posner und Strike zu wahren, wird *Conceptual Change* hier weiter verwendet. Dabei wird die Veränderung von Wissensstrukturen als Rekonstruktion verstanden.

7.2 Prämisse einer Theorie des Lernens

Will man Vorstellungen verändern, setzt dies voraus, dass überhaupt Vorstellungen vorhanden sind. Die Theorie des erfahrungsbasierten Verstehens (→ 9 Gropengießer) besagt, – und dies durchbricht auch das endlos rekursive Verfahren bei der Suche nach der ersten Vorstellung – dass der heranwachsende Mensch erste basale Konzepte auf der Ebene von elementaren Erfahrungen gründet. Aus entwicklungspsychologischer Sicht unterstützen bereits bei wenigen Monaten alten Kindern auf Erkenntnis ausgerichtete Prinzipien, so genannte epistemologische Strategien, den Wissenserwerb in bestimmten Domänen (Baillargeon 1994). Der Mensch baut als aktiver Konstrukteur seines Wissens auf der Basis von Erfahrungen ein grundlegendes Verständnis von der Umwelt und Wirklichkeit auf. Dieses ontologische Wissen bestimmt im Folgenden sein Lernen.

7.3 Die *Conceptual Change*-Theorie

Die Autoren (Posner et al. 1982; Strike u. Posner 1992) nennen die folgenden vier Bedingungen, die erfüllt sein müssen, damit es zu einer Rekonstruktion von Vorstellungen kommen kann. In Abbildung 10 sind die Zusammenhänge graphisch veranschaulicht. Die Abbildung weist auf verschiedene Aspekte, die bei einer Forschung im Sinne des *Conceptual Change* berücksichtigt werden müssen. Zunächst wird der klassische, epistemologische Ansatz vorgestellt, also *Conceptual Change* mit Blick auf einen auf Erkenntnisgewinn ausgerichteten Vorstellungswandel beim Lerner.

1. Es muss **Unzufriedenheit** mit der existierenden Vorstellung herrschen: Eine Grundvoraussetzung zur Rekonstruktion von Vorstellungen ist, dass das Individuum mit seiner bisherigen Vorstellung (**V**) unzufrieden

ist. Erst wenn aufgrund von unerklärbaren Anomalien das Vertrauen in eine alte Vorstellung verloren geht, ist man bereit, eine neue Vorstellung (**W**) anzunehmen. Dabei spielt die Art des Problems, das die existierende Vorstellung vor dem eigenen ontologischen Gedankengebäude (Kognitiver Filter, Abb. 10) produziert, eine bedeutende Rolle. Unzufriedenheit entsteht z. B. bei einem kognitiven Konflikt.

2. Die neue Vorstellung muss **Verständlichkeit** besitzen: Die neue Vorstellung muss rational ergründbar sein, um die neuen Möglichkeiten, die damit verbunden sind, zu erfassen. Für das Verständnis spielen Analogien und Metaphern eine große Rolle. Man muss über einen gewissen Grundstock an Wissen verfügen, um neue Aspekte überhaupt verständlich zu finden. Eine neue Vorstellung wird umso leichter integriert, je besser sie zum Wissen in anderen Bereichen passt.

3. Die neue Vorstellung muss **Plausibilität** besitzen, was Verständlichkeit voraussetzt: Die neue Vorstellung muss den Anschein erwecken, Probleme lösen zu können, die die alte Vorstellung nicht bewältigen konnte. Sie muss glaubwürdig erscheinen und widerspruchsfrei zu den ontologischen Überzeugungen (Kognitiver Filter) sein. Plausibilität hängt vom Grad der Übereinstimmung ab, die zwischen den existierenden Vorstellungen und der neuen Vorstellung erwartet wird. Der Grad der Übereinstimmung mit epistemologischen Überzeugungen (z. B.: Welche Erklärungsstrategie in der Wissenschaft wird als aussagekräftig anerkannt?) und dem Charakter wissenschaftlicher Erkenntnis (z. B.: Wissenschaftliche Erkenntnis wird nicht spontan gewonnen.) bewirkt, ob Erklärungen angenommen oder zurückgewiesen werden. Dies gilt auch für den Grad der Übereinstimmung mit metaphysischen Überzeugungen (Kognitiver Filter) von Natur (z. B. Ordnung, Symmetrie und Nichtzufälligkeit) oder der Auffassung, dass bestimmte wissenschaftliche Konzepte sich nicht durch empirische Gegenargumente widerlegen lassen.

4. Die neue Vorstellung muss **Fruchtbarkeit** besitzen, was Verständlichkeit und Plausibilität voraussetzt: Die neue fachorientierte oder wissenschaftliche Vorstellung (**N, W**) sollte ausbaufähig, auf andere Bereiche anwendbar sein und neue Untersuchungsbereiche eröffnen. Hat das Individuum festgestellt, dass die neue Vorstellung eine verständliche und plausible Alternative zu seiner bisherigen Vorstellung ist, wird es versuchen, seine Erfahrungen mit der neuen, selbst konstruierten Vorstellung zu erklären. Führt dieses sogar zu neuen Ansichten und Entdeckungen, wird es dem Individuum fruchtbar erscheinen, und es wird die neue Vorstellung nutzen. Die neue Vorstellung sollte also mehr versprechen als andere, zu ihr konkurrierende Vorstellungen.

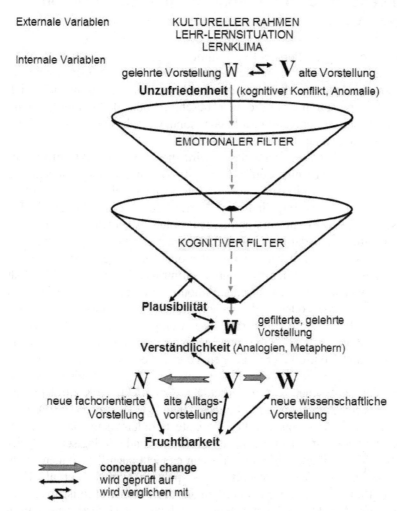

Abb. 10. Komponenten der *Conceptual Change*-Theorie. *KULTURELLER RAH-MEN*: Enkulturation; *LEHR-LERNSITUATION* und *LERNKLIMA*: Konstruktivis-mus; *EMOTIONALER FILTER*: Motivation, Interesse, Selbstkonzept; *KOGNITI-VER FILTER*: ontologische, epistemologische und metaphysische Überzeugungen, Metakognition. Die gelehrte Vorstellung (W) erfährt beim Passieren der Filter ei-ne Modifikation (**W**). Beim Lernen bleibt die alte Vorstellung erhalten. Die neue Vorstellung, ob fachorientiert (**N**) oder fachwissenschaftlich (**W**), enthält **buch-stäblich** Elemente der alten Vorstellung (**V**) sowie der gefilterten, gelehrten Vor-stellung. Dies deutet den individuellen Konstruktionsprozess an

7.4 Erweiterungen der Theorie aus unterschiedlichen Perspektiven

Die oben vorgestellte Perspektive nimmt weitgehend einen epistemologischen Standpunkt ein, sie betrachtet den Vorstellungswandel der Lerner bezüglich konkreter fachlicher Inhalte. Dabei ist es bedeutsam, dass nicht nur die Lehrperson meint, die vier beschriebenen Bedingungen in der Lehr-Lernsituation hergestellt zu haben, sondern insbesondere die Schüler die Lernsituation entsprechend einschätzen.

Unter einer affektiven Perspektive wird dieser Standpunkt heftig kritisiert (vgl. Duit u. Treagust 2003). Die Kritik beruht auf der fehlenden Berücksichtigung motivationspsychologischer Aspekte beim Lernen (Pintrich et al. 1993; Pintrich 1999; Sinatra u. Pintrich 2003; Zembylas 2005). Danach ist Lernen nicht nur ein kognitives Problem. Vielmehr werden Aussagen zu Richtung, Ausdauer und Intensität von Verhalten aufgestellt und es wird versucht zu postulieren, warum Personen ein angestrebtes Ziel verfolgen. Lernende streben demnach entweder intrinsisch motiviert nach inhaltlichem Kompetenzerleben, wünschen Autonomie und möchten soziale Eingebundenheit erleben oder sind eher extrinsisch durch Leistungsvergleiche motiviert (→ 1 Vogt). Sie haben mehr oder weniger Interesse am Lerngegenstand (→ 1 Vogt) und gehen mit verschiedenen Einstellungen (→ 2 Upmeier zu Belzen) und Kontrollüberzeugungen über die eigenen Lernstrategien an Lernprozesse heran (Emotionaler Filter; Abb. 10). Da Lernen nicht ohne Beteiligung des Limbischen Systems geschieht, dem affektiven Kontrollzentrum des Gehirns mit Amygdala und Hippocampus (vgl. Thompson 2001), ist in Abbildung 10 der emotionale Filter die erste Lerndurchgangsstation. Unzufriedenheit bliebe damit als Ergebnis eines sachlich und rein logisch analysierten kognitiven Konflikts wirkungslos, wenn es nicht auch Unbehagen produzieren würde. Die „kalte" kognitive Perspektive (Pintrich et al. 1993; Sinatra u. Pintrich 2003) wird außerdem aus sozialkonstruktivistischer Perspektive um Aspekte adäquater Kontextualisierung (Lehr-Lernsituation; Abb. 10) und Enkulturation (Kultureller Rahmen; Abb. 10) erweitert (Caravita u. Halldén 1994). Zur Kontextualisierung gehört, die Authentizität und Situiertheit des Lernangebots zu berücksichtigen und die Sozietät der Klasse beim Lernen (Lernklima; Abb. 10) in den Blick zu nehmen. Im Prozess der Enkulturation (Vygotsky 1962) erfolgen der Erwerb und der Gebrauch von Wissen im Kontext bestimmter Denk- und Handlungsweisen einer sozialen Gemeinschaft. Gesellschaftliche Sichtweisen werden also situiert erworben, an neue Generationen weitergegeben und münden in Tradition. Man lernt, welche Vorstellungen in welchen Kontexten angemessen angewandt werden. Ziel von *Conceptual Change* ist es demnach, in einem Enkulturationsprozess die Situiertheit des Wissens zu verändern (Caravita u. Halldén 1994).

Außerdem richtet sich die Kritik am klassischen Ansatz dagegen, dass zwar auf der Ebene spezieller fachlicher Inhalte der Konzeptwechsel untersucht wird, dabei aber nicht berücksichtigt wird, dass sich bei jedem Menschen ein allgemeines Gerüst an Vorstellungen und Wissen über das Wesen von Naturwissenschaft im Allgemeinen ausgebildet hat (Kognitiver Filter, Abb. 10) und dies den Wechsel eines einzelnen inhaltlichen Aspekts mit beeinflusst (Vosniadou 1994). Dies erklärt, warum alte Vorstellungen und Annahmen nicht aufgegeben, sondern bestenfalls leicht verändert werden (Chinn u. Brewer 1993). Unter dieser kognitionspsychologischen Perspektive unterscheiden Vosniadou u. Brewer (1992) zwischen allgemeinen Rahmentheorien und inhaltsspezifischen Theorien. Eine allgemeine Rahmentheorie besteht aus ontologischen und epistemologischen Grundannahmen, die in früher Kindheit erworben und häufig bestätigt wurden und zudem meist nicht bewusst sind. Eine inhaltsspezifische Theorie bezieht sich auf einen konkreten fachlichen Inhaltsbereich oder Erkenntnisgegenstand und wird durch die Rahmentheorie mitbestimmt. *Conceptual Change* im Bereich einer inhaltspezifischen Theorie gelingt deshalb oft nicht, weil die betreffende Rahmentheorie dies verhindert. Sie zu verändern heißt, tief verwurzelte Erfahrungen zu erschüttern und damit beim Lerner eine erhebliche Verunsicherung zu erzeugen. Im Falle eines Wechsels der Rahmentheorie kommen erhebliche Folgerungen auf inhaltspezifische Theorien zu, die in Abhängigkeit der Rahmentheorie konstruiert wurden. Dies macht deutlich, dass Lernen nach der *Conceptual Change*-Theorie im Rahmen einer persönlichen Vorstellungswelt, einer so genannten *conceptual ecology* (Strike u. Posner 1992; Toulmin 1972) geschieht. Alte Konzepte und neue Alternativen werden vom Individuum hinsichtlich der bereits existierenden Konzepte eingeschätzt, und dies auch vor einer Gesamtperspektive zur Erhaltung einer persönlichen Ordnung mit der Welt. Diese ontologischen, epistemologischen und metaphysischen Überzeugungen (Kognitiver Filter, Abb. 10) werden für die Persistenz alter Vorstellungen verantwortlich gemacht.

Aus kognitionswissenschaftlicher Perspektive muss der Umgang mit ungewöhnlichen Ergebnissen berücksichtigt werden. Denn was nutzt ein kognitiver Konflikt, wenn Lernende theoretische Annahmen und empirische Daten nicht koordinieren können. Dies ist nämlich ein Grund, weshalb Menschen auch mit erwartungswidrigen Beobachtungen oder ungewöhnlichen Daten sehr unterschiedlich umgehen (Chinn u. Brewer 1993): In den meisten Fällen akzeptieren sie die Daten grundsätzlich nicht und halten sie für ungültig (ignorieren, zurückweisen, unsicher über den Wahrheitsgehalt und damit entscheidungsunfähig) oder sie nehmen keinen

Standpunkt zu den Daten ein (irrelevant für die theoretischen Annahmen). Nur in den seltensten Fällen akzeptieren sie grundsätzlich die Daten, was aber noch immer nicht zu einer Änderung der alten theoretischen Annahmen führen muss (Widerspruch, zurzeit nicht erklärlich). Erst wenn die Daten neu interpretiert werden, werden die sonst haltbaren theoretischen Annahmen eingeschränkt oder abgeändert und nur in diesem Fall kommt es zu einem Überdenken der alten Vorstellungen.

Die Ergebnisse vieler Forschungsarbeiten zum kognitiven Konflikt können seine besondere Effektivität weder be- noch widerlegen (Chan 1997; Mason 2001). Es ist davon auszugehen, dass selbst wenn der kognitive Konflikt vom Lerner erlebt und verstanden wird, nicht mit einem plötzlichen Umlernen, sondern – wegen der vielen Erfahrungen – mit einem kontinuierlichen Lernen mit graduellen Veränderungen gerechnet werden darf (Limon 2001).

Schließlich ist ein gewisses Maß an Metakognition notwendig, um über den Erkenntnisgewinn zu reflektieren (Georghiades 2000; → 11 Harms). Metakognition meint hier, sich über die begrenzte Haltbarkeit des eigenen Wissens, dessen Hypothesencharakter und dessen Falsifizierbarkeit bewusst zu sein (Kognitiver Filter, Abb. 10). Nach Di Sessa (1988) besteht Alltagswissen aus isolierten Bruchstücken, die beim Lernen in komplexere konzeptuelle Strukturen eingebunden werden. Die Ursache der geringen Kohärenz liegt dabei in metakognitiven Defiziten: Die Person überprüft die Zusammenhänge ihres Wissens in einer Domäne nicht und spürt von daher auch nicht, dass dieses Wissen bruchstückhaft und zum Teil widersprüchlich ist.

7.5 Konsequenzen für das Forschungsdesign

Je nach Perspektive auf *Conceptual Change* ergeben sich unterschiedliche Konsequenzen, wie eine Rekonstruktion von Vorstellungen praktisch unterstützt werden kann (vgl. Schnotz 2006). Geht man von inkohärentem Alltagswissen eines Lernenden aus (Di Sessa 1988), so müsste die mentale Kohärenzbildung unterstützt werden. Als instruktionale Maßnahme soll mit dem kognitiven Konflikt eine Unzufriedenheit erzeugt werden, die den Lernenden zum Aufbau einer kohärenteren Wissensstruktur veranlasst. Wenn der Lernende aber gar nicht zwischen Beobachtungen und theoretischen Annahmen differenzieren kann, wird er den Widerspruch nicht erleben und schlimmsten Falles sogar noch weiteres inkohärentes Wissen aufbauen. Wird dagegen angenommen, dass der Mangel in metakognitiven Defiziten und mangelnder Einsicht in den epistemologischen Status des bisherigen Wissens besteht (Chinn u. Brewer 1993), dann sollte man den Lernenden dazu anregen, zwischen theoretischen Annahmen und empirischen Beobachtungen zu differenzieren.

Andere Konsequenzen ergeben sich, wenn man davon ausgeht, dass das Lernen von inadäquaten Rahmentheorien beeinflusst wird (Vosniadou u. Brewer 1992). In diesem Fall müssten die inadäquaten ontologischen und epistemologischen Annahmen bewusst gemacht werden. Wird eine angemessene Kontextualisierung von Wissen angestrebt, muss anders vorgegangen werden (Caravita u. Halldén 1994). Dann müssten die Lernenden darin unterstützt werden, zwischen verschiedenen Kontexten[2] zu unterscheiden und zu erkennen, in welchen Kontexten welches Wissen sinnvoll angewandt werden kann.

Es gilt heute als sicher, dass die Untersuchung kognitiven Lernens ohne Berücksichtigung affektiver Faktoren zu verzerrten Ergebnissen führt. Ein solcher Ansatz, in dem Interesse und *Conceptual Change* untersucht wurden, findet sich bei Tyson et al. (1997). In einem noch komplexer angelegten Forschungsrahmen versuchten Venville u. Treagust (1998) in einem Unterricht mit Analogien die verschiedenen Randparameter zu berücksichtigen. Dazu zählten kognitive Aspekte (Posner et al. 1982), Vosniadous Rahmentheorie-Perspektive (Vosniadou 1994) sowie die nach Pintrich et al. (1993) zu berücksichtigenden affektiv-motivationalen Aspekte. Venville u. Treagust (1998) stellten fest, dass alle Perspektiven für die Qualität des Lernens Bedeutung hatten.

Zusammenfassend lässt sich *Conceptual Change* besonders dann fördern (vgl. Schnotz 2006), wenn Lernende

- bezüglich der externalen Variablen und des emotionalen Filters unter konstruktivistischen Lernbedingungen mit hinreichend variablen Kontexten konfrontiert werden, die authentisch und für sie persönlich bedeutsam sind;
- bezüglich der Komponenten **Unzufriedenheit** und **Verständlichkeit** dosiert und auf die vorhandenen Lernvoraussetzungen abgestimmt konfrontiert werden;
- sich ihrer bisherigen Sichtweisen bezüglich des kognitiven Filters und der Herstellung einer **Plausibilität** selbst bewusst werden, die Erfahrungsgrundlage dafür reflektieren und dadurch ihre Interpretation von inadäquaten Rahmentheorien befreien;

---

[2] Zusammenhänge, z. B. Bezüge zu fachlichen und lebensweltlichen Vorstellungen

- bezüglich der Komponente **Fruchtbarkeit** das erworbene Wissen als ein Werkzeug ansehen, das sich in seiner Anwendung in bestimmten Kontexten bewähren muss.

Die *Conceptual Change*-Theorie gibt Hinweise, was beim Lernen beachtet werden muss. Studien, die diese Aspekte nicht berücksichtigen, laufen Gefahr, wichtige Prädiktoren des Lernens nicht in den Blick zu nehmen. Bei Interventionsstudien, bei denen der Erfolg in Vermittlungssituationen untersucht werden soll, sollte der Forscher sich an den Aspekten in Abbildung 10 orientieren. Im Forschungsprozess zum *Conceptual Change* müssen demnach die Lehr-Lernsituationen (z. B. Kontext, Instruktion oder Konstruktion) und das Lernklima (z. B. Wohlfühlen in der Sozietät) kontrolliert und die emotionalen Bedingungen zum Lernen (z. B. Motivation, Interessen, Selbstkonzept, persönliche Ziele) berücksichtigt werden. Ferner wird es bezüglich des kognitiven Filters notwendig sein, über die fachlich-inhaltliche Ebene mit den zugehörigen lebensweltlichen, fachorientierten bzw. fachlichen Vorstellungen der Lerner hinaus die ontologischen und epistemologischen Überzeugungen der Lerner, also die Rahmentheorien, in die der spezielle Inhalt eingebettet werden muss, zu beachten, da sie das Lernen eines bestimmten fachlichen Inhaltes beeinflussen. Unter Kontrolle dieser Variablen ist dann zu prüfen, ob die vier Bedingungen (Unzufriedenheit, Verständlichkeit, Plausibilität, Fruchtbarkeit) von den Lernenden im Lernprozess entsprechend erlebt werden konnten. Insbesondere die Plausibilität für die Schüler dürfte eine metakognitive Auseinandersetzung notwendig machen, so dass sie überprüfen können, wie gut die neue Vorstellung in ihr bestehendes Netz an Begründungszusammenhängen passt. Die *Conceptual Change*-Theorie weist in dieser multidimensionalen Perspektive mit der Berücksichtigung von inhaltlichen Vorstellungen, Rahmentheorien und affektiven Aspekten eine Forschungsbasis aus, die das Verständnis von Lehr-Lernprozessen verbessern hilft und damit Ansätze zu Optimierung von Lehren und Lernen verspricht.

Literatur

Baillargeon R (1994) Physical reasoning in young infants: Seeking explanations for impossible events. British Journal of Developmental Psychology 12:9–33

Caravita S, Halldén O (1994) Re-framing the problem of conceptual change. Learning and Instruction 4:89–111

Chan C, Burtis J, Bereiter, C (1997) Knowledge building as a mediator of conflict in conceptual change. Cognition and Instruction 15(1):1–40

Chinn CA, Brewer WF (1993) The role of anomalous data in knowledge acquisition: A theoretical framework and implications for science instruction. Review of Educational Research 63(1):1–49

Di Sessa A (1988) Knowledge in pieces. In: Forman G and Pufall PB Constructivism in the computer age. Erlbaum, Hillsdale NJ, pp 49–70

Duit R (1999) Conceptual change approaches in science education. In: Schnotz W, Vosniadou S, Carretero M (eds) New perspectives on conceptual change. Pergamon, Oxford UK, pp 263–282

Duit R, Treagust DF (2003) Conceptual change: a powerful framework for improving science teaching and learning. International journal of science education 25(6):671–688

Georghiades P (2000) Beyond conceptual change learning in science education: focussing on transfer, durability and metacognition. Educational Research, 42(2):119–140

Gropengießer H (2006) Lebenswelten. Denkwelten. Sprechwelten. Wie man Vorstellungen der Lerner verstehen kann. Didaktisches Zentrum, Oldenburg

Kattmann U (2005) Lernen mit anthropomorphen Vorstellungen? – Ergebnisse von Untersuchungen zur Didaktischen Rekonstruktion in der Biologie. ZfDN 11:165–174

Kuhn TS (1976) Die Struktur wissenschaftlicher Revolution. Suhrkamp, Frankfurt am Main

Limon M (2001) On the cognitive conflict as an instructional strategy for conceptual change: A critical appraisal. Learning and Instruction 11(4–5):357–380

Mason L (2001) Responses to anomalous data on controversal topics and theory change. Learning and Instruction 11(6):453–484

Pintrich PR (1999) Motivational beliefs as resources for and constraints on conceptual change. In: Schnotz W, Vosniadou S and Carretero M (eds) New perspectives on conceptual change. Pergamon, Oxford UK, pp 33–50

Pintrich PR, Marx RW, Boyle RA (1993) Beyond cold conceptual change: The role of motivational beliefs and classroom contextual factors in the process of conceptual change. Review of Educational Research 63(2):167–199

Posner GJ, Strike KA, Hewson PW, Gertzog WA (1982) Accommodation of a scientific conception: Toward a theory of conceptual change. Science Education 66(2):211–227

Sander E, Jelemenská P, Kattmann U (2006) Towards a better understanding of ecology. Journal of Biological Education 40(3):1–6

Schnotz W (2006) Conceptual Change. In: Rost D (Hrsg) Handwörterbuch Pädagogische Psychologie. BeltzPVU, Weinheim Basel Berlin, S 77–82

Sinatra GM, Pintrich PR (2003) The Role of Intentions in Conceptual Change Learning Intentional Conceptual Change. Erlbaum, Mahwah New Jersey London, pp 1–18

Strike KA, Posner GJ (1992) A revisionist theory of conceptual change. In: Duschl R, Hamilton R (eds) Phylosophy of science, cognitive psychology and educational theory and practise. New York Univ Press, New York, pp 147–176

Thompson RF (2001) Das Gehirn. Spektrum, Heidelberg Berlin

Toulmin S (1972) Human Understanding: An Inquiry into the Aims of Science. Princeton Univ Press, Princeton NJ

Tyson L, Venville GJ, Harrison A, Treagust DF (1997) A multidimensional framework for interpreting conceptual change events in the classroom. Science Education 81(4):387–404

Venville GJ, Treagust DF (1998) Exploring conceptual change in genetics using a multidimensional interpretive framework. Journal of Research in Science Teaching 35(9):1031–1056

Vosniadou S (1992) Fostering conceptual change: The role of computer-based environments. In: De Corte E, Linn MC, Mandl H, Verschaffel L (eds) Computer-based learning environments and problem solving. Springer, Berlin Heidelberg, pp 149–162

Vosniadou S (1994) Capturing and modeling the process of conceptual change. Learning and Instruction 4:45–69

Vosniadou S (1999) Conceptual change research: State of the art and future directions. In: Schnotz W, Vosniadou S, Carretero M (eds) New perspectives on conceptual change. Pergamon, Oxford UK, pp 3–14

Vosniadou S, Brewer WF (1992) Mental models of the earth: a study of conceptual change in childhood. Cognitive Psychology 24:535–585

Vygotsky L (1962) Thought and Language. MIT, Cambridge

Zembylas M (2005) Three perspectives on linking the cognitive and the emotional in science learning: Conceptual change, socio-constructivism and poststructuralism. Studies in Science Education 41:91–116

8 Didaktische Rekonstruktion – eine praktische Theorie

Ulrich Kattmann

Die Didaktische Rekonstruktion ist als ein Forschungsrahmen entwickelt worden, der Untersuchungen auf genuin fachdidaktische Fragestellungen hin orientiert. Dies betrifft in erster Linie diejenigen Forschungsvorhaben, die einen fachlich konzeptuellen Bezug haben und sich nicht allein auf allgemeine Unterrichtsprozesse und Lerndispositionen beziehen. Als „Modell" bildet sie fachliches Lernen und Lehren ab und bezieht sich dabei auf Teiltheorien zum fachlichen Lernen und Lehren, die systematisch zusammengeführt werden[1]. Das Modell ist darauf angelegt, das Problem des Verhältnisses von Theorie und Praxis in der Biologiedidaktik konstruktiv zu lösen (Kattmann 1994; → Krüger u. Vogt).

8.1 Beschreibung der Theorie: Das Modell

Mit den Arbeiten im Rahmen des Forschungsmodells der Didaktischen Rekonstruktion wird versucht, die Vermittlung von Wissensbeständen und die damit verbundenen pädagogischen Aspekte in ein Gleichgewicht zu bringen. Vom Modell unabhängige Forschungsarbeiten tendieren häufig

---

[1] Ursprünglich in der Biologiedidaktik in Oldenburg in Zusammenarbeit mit der Physikdidaktik in Kiel (IPN) entwickelt (Kattmann et al. 1997; Duit et al. 2005), wird das Modell inzwischen in weiteren Fachdidaktiken sehr unterschiedlicher Bezugswissenschaften erfolgreich angewendet (u. a. Chemie, Sachunterricht, Geografie, Geschichte, Mathematik, Deutsch, Englisch, Sport). Das Modell liegt der Graduate School „Fachdidaktische Lehr- und Lernforschung – Didaktische Rekonstruktion" der Universität Oldenburg zugrunde, in der 11 Fachdidaktiken und 3 weitere erziehungswissenschaftliche Arbeitsgruppen zusammenarbeiten. Es wurde über Schüler als Lernende hinaus zu einem Modell für die Lehrerausund Fortbildung weiter entwickelt (van Dijk u. Kattmann 2006). Die Forschungsarbeiten werden in der Schriftenreihe „Beiträge zur Didaktischen Rekonstruktion" veröffentlicht (Kattmann et al. 2001ff.).

dahin, jeweils nur eine der beiden Seiten zur Geltung zu bringen, d. h. sich entweder nur auf konzeptuell fachliche oder allein auf prozesshaft erziehungswissenschaftliche Aspekte zu fokussieren. Die unterrichtliche Bedeutung der Ergebnisse bleibt besonders im letzteren Fall häufig offen.

Mit dem Modell werden drei Untersuchungsaufgaben aufeinander bezogen, die bisher bei der Erforschung von naturwissenschaftlichem Unterricht vorausgesetzt oder nicht eigens als wissenschaftliche Aufgabe begriffen wurden (Abb. 11): Fachliche Klärung, Erhebung von Lernerperspektiven und didaktische Strukturierung (Design von Lernangeboten).

Didaktische Strukturierung

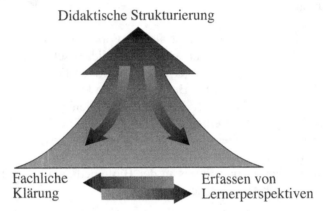

Fachliche Klärung   Erfassen von Lernerperspektiven

Abb. 11. Forschungsschritte und Dynamik im Modell der Didaktischen Rekonstruktion (Fachdidaktisches Triplett, Kattmann et al. 1997)

Damit werden die wesentlichen Teile fachdidaktischer Arbeiten explizit gemacht, systematisch aufeinander bezogen und für die Praxis relevant. Dadurch sollen die im Rahmen der Didaktischen Rekonstruktion durchgeführten Forschungsarbeiten lernförderlicher werden als solche, die sich allein auf eine fachwissenschaftliche Sachstruktur oder lernpsychologische Prinzipien stützen könnten.

Die drei Untersuchungsaufgaben sind nicht unabhängig voneinander zu erledigen, sondern in stetem Rückbezug zueinander, sodass ein rekursives Vorgehen geboten ist (s. 8.5.1).

8.1.1 Fachliche Klärung

Die Untersuchungsaufgabe der fachlichen Klärung besteht in der kritischen und methodisch kontrollierten systematischen Untersuchung fachwissenschaftlicher Aussagen, Theorien, Methoden und Termini aus fachdidaktischer Sicht, also in Vermittlungsabsicht. Die wissenschaftlichen

Aussagen und Positionen werden dabei als Konstrukte der jeweiligen Wissenschaftlergemeinschaft aufgefasst. Sie sind also persönliche Konstrukte und daher kontingent, aber nicht beliebig.

Gegenstand der Untersuchungen sind sowohl aktuelle wie historische Zeugnisse fachwissenschaftlicher Theorienbildung und Praxis. Quellen sind Dokumente mit fachlich reflektierten Äußerungen von Wissenschaftlern wie Originalveröffentlichungen, Essays, Gutachten, Lehrbuchtexte oder Praktikumsanleitungen.

Die fachlich zu klärenden Fragen sind vor allem:

- Welche fachwissenschaftlichen Aussagen liegen zu dem jeweiligen Bereich vor und wo zeigen sich deren Grenzen?
- Welche Genese, Funktion und Bedeutung haben die wissenschaftlichen Vorstellungen und in welchem Kontext stehen sie?
- Welche wissenschaftlichen und epistemologischen Positionen sind erkennbar?
- Wo sind Grenzüberschreitungen sichtbar, bei denen bereichsspezifische Erkenntnisse auf andere Gebiete übertragen werden?
- Welche ethischen und gesellschaftlichen Implikationen sind mit den wissenschaftlichen Vorstellungen verbunden?
- Welche Bereiche sind von einer Anwendung der Erkenntnisse betroffen?
- Welche lebensweltlichen Vorstellungen finden sich in historischen und aktuellen wissenschaftlichen Quellen?

Die letzte Frage wird nicht allein deshalb gestellt, weil lebensweltliche Vorstellungen in einem ungeklärten Gegensatz zu wissenschaftlich angemessenen Aussagen stehen können. Sie liefern darüber hinaus auch Hinweise für das Verständnis der Schülervorstellungen (→ 9 Gropengießer).

8.1.2 Erfassen von Lernerperspektiven

Die Aufgabe besteht in der empirischen Untersuchung individueller Lernvoraussetzungen, die die Zuschreibung von mentalen Werkzeugen bzw. gedanklichen Konstrukten (Vorstellungen) gestatten. Gegenstände der Untersuchung können kognitive, affektive und psychomotorische Komponenten ebenso wie die zeitliche Dynamik der Lernerperspektiven sein, für deren Beschreibung verschiedene theoretische Konzepte parallel und in gegenseitiger Ergänzung verwendet werden können. Vorstellungen werden also umfassend verstanden und enthalten auch die emotionalen und biografischen Komponenten, die auch als Alltagsphantasien bezeichnet werden (→ 10 Gebhard). Ebenso könnten fachbezogene Perspektiven für eine fachdidaktisch profilierte Interessenforschung erhoben werden (Kattmann 2000; → 1 Vogt). Die Vorstellungen der Lernenden haben aufgrund von lebensweltlicher Erfahrung und Bewährung einen Eigenwert. Sie sind persönliche Konstrukte (mit emotionalen und sozialen Komponenten), die Ausgangspunkte und Hilfsmittel des Lernens sind. Leitende Fragen der Erhebung von Schülervorstellungen sind:

• Welche Vorstellungen entwickeln Schüler in fachbezogenen Kontexten?
• In welche größeren Zusammenhänge ordnen die Lernenden ihre Vorstellungen ein?
• Welche Erklärungsmuster und Wertungen (Denkfiguren, Grundgedanken, Theorien) wenden sie an?
• Welche Erfahrungen liegen den Vorstellungen der Lernenden zugrunde?
• Welche Vorstellung haben Lernende von Wissenschaft?
• Welche Korrespondenzen zwischen lebensweltlichen Vorstellungen und wissenschaftlichen Vorstellungen sind erkennbar?

8.1.3 Didaktische Strukturierung

Als didaktische Strukturierung wird der Planungsprozess bezeichnet, der zu grundsätzlichen und verallgemeinerbaren Ziel-, Inhalts- und Methodenentscheidungen für den Unterricht führt (Design von Lernangeboten, Gestaltung von Lernumgebungen). Inhaltlich bezieht die didaktische Strukturierung sowohl innerfachliche wie auch zwischenfachliche und überfachliche Aspekte ein. Die didaktische Strukturierung erfolgt auf der Grundlage und in Wechselbeziehungen zur fachlichen Klärung und zur Erhebung der Lernerperspektiven. Fachliche Aspekte sind dabei weder allein leitend noch normsetzend. Die fachlich geklärten Aussagen zu Sachverhalten sind in lebensweltliche, individuale, gesellschaftliche, wissenschaftshistorische sowie wissenschaftstheoretische, erkenntnistheoretische und ethische Zusammenhänge einzubetten. Der Unterricht ist darauf anzulegen, dass die Lernenden eine Metaposition gegenüber wissenschaftlichen und eigenen Vorstellungen entwickeln können, aus der sie auch ihren eigenen Lernfortschritt beurteilen können.

Leitende Fragen der didaktischen Strukturierung sind:

• Welches sind die wichtigsten Elemente der Alltagsvorstellungen von Schülern, die im Unterricht berücksichtigt werden müssen?
• Welche unterrichtlichen Möglichkeiten eröffnen sich, wenn die Schülervorstellungen beachtet werden?
• Welche Vorstellungen und Konnotationen sind bei der Vermittlung von Begriffen und der Verwendung von Termini zu beachten?

- Welche der lebensweltlichen Vorstellungen von Schülern korrespondieren mit wissenschaftlichen Konzepten dergestalt, dass sie für ein angemessenes und fruchtbares Lernen genutzt werden können?

Ergebnisse der didaktischen Strukturierung können auf unterschiedlichen Ebenen und in verschiedenen Formen dargestellt werden:

- Beschreibung wesentlicher fachlich geklärter und lebensweltlicher Vorstellungen sowie lernrelevanter Korrespondenzen zwischen ihnen. Formulierung entsprechender Leitlinien für den Unterricht (Frerichs 1999; Hilge 1999; Gropengießer 2001; Jelemenská 2006).
- Identifizieren von Ursachen lebensweltlicher Vorstellungen und Interpretationen zu deren Verständnis (Baalmann et al. 2004; Kattmann 2005; Gropengießer 2006), darunter Reanalysen quantitativer Daten (Lewis u. Kattmann 2004).
- Ermitteln von wesentlichen Lernpfaden bezogen auf einen Lernbereich (Riemeier 2006; Weitzel 2006).
- Entwickeln und Evaluation von didaktisch rekonstruierten Unterrichtseinheiten (Baalmann u. Kattmann 2000; Sander et al. 2004).
- Entwickeln einer fachlichen Unterrichtskonzeption (Kattmann 1995).
- Ansätze für eine Konzeption für die Bildungsarbeit in nichtschulischen Institutionen (Groß 2007).

8.2 Das Modell als praktische Theorie

Das Modell der Didaktischen Rekonstruktion erhebt den Anspruch, mit den drei genannten Untersuchungsaufgaben wesentliche Komponenten des fachlichen Lernens und Lehrens abzubilden. Wie bei jedem Modell ist die Abbildung zwingend von Theorien geleitet. Das Modell der Didaktischen Rekonstruktion ist insofern als Metatheorie zu verstehen, als es sich mehrerer Teiltheorien bedient, um fachliches Lernen und Lehren zu modulieren. Dies sind vor allem:

- konstruktivistische Theorien vom Lernen und Lehren ($\rightarrow$ 6 Riemeier),
- die Theorie des erfahrungsbasierten Verstehens ($\rightarrow$ 9 Gropengießer), und
- modifizierte Theorien zu Vorstellungsbildung und -änderung ($\rightarrow$ 7 Krüger).

Mit dem Modell werden diese Teil-Theorien zusammengeführt, modifiziert und nutzbar gemacht. Man mag die Didaktische Rekonstruktion wegen des bloßen Zusammenbringens von Theorien nicht selbst als Theorie betrachten. Dies wäre jedoch verfehlt, da durch das Zusammenfügen der Charakter der Teil-Theorien verändert und eine neue Qualität erreicht wird.

Ein Vergleich mit der Evolutionstheorie Darwins sei gestattet: Darwin hat kein Element der Selektionstheorie selbst erfunden, sondern drei längst bekannte Theorie-Elemente (Variieren der Organismen, Überproduktion, Konkurrenz um Ressourcen) zusammengefügt. Aber gerade darin besteht die Erklärungsmächtigkeit und Bedeutung seiner Theorie.

Eine solche synthetische Theorie verändert die Teileelemente. Grundlegend für die Didaktische Rekonstruktion ist die Erkenntnis, dass fachlich geklärte Vorstellungen der Wissenschaft und lebensweltliche Vorstellungen von Lernenden als gleichwertige persönliche Konstrukte zu gelten haben und in Beziehung zueinander gleichermaßen als Quellen für die Didaktische Rekonstruktion dienen müssen.

Die den Lernenden zur Verfügung stehenden lebensweltlichen Vorstellungen sind daher nicht zuvörderst als Lernhindernisse („*misconceptions*"), sondern als Lernvoraussetzung und Lernmittel zu betrachten. „Lernmittel" bedeutet, dass diese Vorstellungen nicht gemieden oder einfach ersetzt werden können und sollen, sondern, dass mit ihnen beim fachlichen Lernen gearbeitet werden muss. Hinsichtlich der Vorstellungsänderungen wird daher die Modifizierung einer Teil-Theorie besonders deutlich: *Conceptual Change* basiert wesentlich auf einem Verständnis lebensweltlicher Vorstellungen als *misconceptions* und ist im Lichte der Didaktischen Rekonstruktion und des konstruktivistischen Lernens daher nicht als eine adäquate theoretische Beschreibung des Lernens anzusehen (→ 7 Krüger). Mit der Rekonstruktion der Vorstellungen werden wissenschaftliches Wissen und lebensweltliche Erfahrungen in Beziehungen gesetzt. Es werden Vorstellungen konstruiert, in denen Erfahrung in das Wissen und Wissen in die Erfahrung hinein genommen wird.

8.3 Grenzen des Modells

Jedes Modell hat Grenzen und jede Theorie nur einen begrenzten Geltungsbereich. So gehen in die didaktische Strukturierung des Unterrichts auch pädagogische Komponenten ein, die nicht bereichsspezifisch auf ein Unterrichtsthema bezogen sind. Solche Komponenten sind nicht Gegenstand der fachdidaktischen Forschung und daher den Ergebnissen und Konzepten der allgemeinen Lehr- und Lernforschung und Pädagogik zu entnehmen (z. B. Auswahl weitestgehend themenunabhängiger Unterrichtsformen und Kommunikationsformen). Dies setzt neben Analysen und

Erhebungen auch Entscheidungen über Zielfragen voraus, die von übergeordneten Bildungszielen abhängig sind, die im Modell vorausgesetzt werden, aber hier nicht selbst Gegenstand der Forschung sind.

8.4 Nutzen für die Biologiedidaktik

8.4.1 Zusammenführen unterschiedlicher Strömungen

Mit dem Arbeiten nach dem Modell der Didaktischen Rekonstruktion werden Fachdidaktiker verschiedener Ausrichtungen und Arbeitsweisen zusammengebracht. Es ist sowohl für bisher vorwiegend konzeptuell und
konstruktiv in Richtung auf Unterrichtseinheiten arbeitende wie auch für
vorwiegend analytisch und empirisch arbeitende Wissenschaftler attraktiv,
weil es die Forschungen beider zusammenführt und füreinander fruchtbar
macht.

Das Modell der Didaktischen Rekonstruktion dient also auch dazu, die
fachdidaktische empirische Arbeit und Theorienbildung weiter zu entwickeln. Der mit ihm gegebene Forschungsrahmen sorgt dafür, sonst üblicherweise getrennt voneinander durchgeführte Untersuchungen im Unter-
suchungsplan miteinander zu verbinden. Auf diese Weise sollen bisher
isoliert oder sogar konkurrierend nebeneinander stehende Richtungen der
konzeptionellen Arbeit und der Lehr- und Lernforschung zu einer umfassenden fachdidaktischen Unterrichtsforschung zusammengeführt werden.

8.4.2 Ausrichtung auf praktische Umsetzung und konsequente Schülerorientierung

Die Untersuchungsaufgaben des Erfassens von Lernerperspektiven und der
didaktischen Strukturierung orientieren die fachdidaktischen Untersuchungen in zweifacher Weise. Zum einen werden Fragestellung und Design der
Untersuchungen zwingend auf die Schülerperspektiven bezogen und damit
die Ergebnisse originär auf die Bedeutung für die Lernenden ausgerichtet.

Zum anderen wird die Frage der Umsetzung in Lern- und Lehrpraxis bereits am Anfang eines Forschungsvorhabens gestellt, wodurch dieses unmittelbar auf Anwendung orientiert wird (s. 8.5).

8.4.3 Verhältnisbestimmung der Fachdidaktik zur Bezugswissenschaft

Die Didaktische Rekonstruktion entspricht dem Verständnis der Fachdidaktiken als **Vermittlungswissenschaft**: Die Gegenstände des Schulunterrichts sind als solche nicht vom Wissenschaftsbereich vorgegeben, sie müssen vielmehr in pädagogischer Zielsetzung erst hergestellt, d. h. didaktisch rekonstruiert werden. Die Didaktische Rekonstruktion wissenschaftlicher Inhalte ist dabei auf das Herstellen von Bezügen zwischen fachlichem und interdisziplinärem Wissen und der Lebenswelt der Lerner, deren Vorverständnis, Anschauungen und Werthaltungen ausgerichtet. Dabei sind häufig solche fachlichen und fachübergreifenden Bezüge zu berücksichtigen, die die Wissenschaftler als Fachleute in ihren Arbeiten voraussetzen können, die den Nichtspezialisten und Schülern aber nicht bekannt sind. Dazu gehört zum Beispiel die Auseinandersetzung damit, wie bestimmte Ergebnisse gewonnen wurden und verwendet werden. Dazu gehören auch theoretische Vorannahmen und kontroverse Auffassungen, die von Fachwissenschaftlern häufig nicht mitgeteilt werden, und schließlich auch vielfach nicht beachtete Ergebnisse von Nachbardisziplinen. Hinzu kommt, dass die fachlich beschriebenen Sachverhalte im Unterricht häufig weit stärker, als dies je im Wissenschaftsbereich der Fall ist, in umweltliche, gesellschaftliche und individuale Zusammenhänge einzubetten sind, um ihre Bedeutung für das Leben des Einzelnen in der Gesellschaft und der gesamten Biosphäre zu verdeutlichen. Der didaktisch rekonstruierte Unterrichtsgegenstand wird in diesen Fällen also komplexer und nicht bloß vereinfacht (also nicht nur „didaktisch reduziert"). Die zusätzlich hergestellte Komplexität ist nötig, um im Kontext des Faches und der Lebenswirklichkeit gleichermaßen unangemessene Vorstellungen zu vermeiden und bedeutungsvolles Lernen zu eröffnen (vgl. Kattmann 2003).

Die Aufgabe der Didaktischen Rekonstruktion entspricht also der Auffassung, dass fachdidaktisches Arbeiten mehr ist als effektives methodisches Umsetzen oder motivierendes Einkleiden von wissenschaftlicher Erkenntnis: Fachdidaktiken befassen sich in Forschung und Lehre mit der Vermittlung der jeweiligen Bezugswissenschaft. „Vermittlung" meint hier umfassend zwei Aspekte des Heranführens von Menschen an die wissenschaftlichen Vorstellungen und Wissensbestände, nämlich sowohl das „Nahebringen" der Wissenschaft zu den Lernenden wie auch das „In-Beziehung-Setzen" der Wissenschaft zur Lebenswirklichkeit der Lernenden (vgl. Kattmann 1994; Gropengießer u. Kattmann 2006).

8.5 Konsequenzen für das Forschungsdesign

8.5.1 Rekursives Vorgehen

Die drei Untersuchungsaufgaben der Didaktischen Rekonstruktion sind nicht unabhängig voneinander durchzuführen. Vielmehr bedingen – und fördern – sich ihre Ergebnisse wechselseitig. Das Vorgehen ist daher rekursiv. Es kann sich z. B. bei der Didaktischen Rekonstruktion eines Unterrichtsinhalts herausstellen, dass Teile der fachlichen Klärung fehlen oder neue Schwerpunkte gesetzt werden müssen. Ebenso können weitere Erhebungen von Schülervorstellungen zu bestimmten Bereichen notwendig werden.

Die Untersuchungsaufgabe der Didaktischen Rekonstruktion weist die Fachdidaktik konstitutiv als **praktische Wissenschaft** und die Didaktische Rekonstruktion als **praktische Theorie** aus. Die häufig am Ende stehende Frage, was mit den Ergebnissen für die Praxis anzufangen sei, stellt sich so nicht. Das rekursive Vorgehen garantiert, dass die Frage der Vermittlung nicht erst am Ende einer Untersuchung ins Spiel kommt, sondern von Anfang an das Design und die Auswertung mitbestimmt.

8.5.2 Präferenz für qualitative Methoden

In der Didaktischen Rekonstruktion werden Aussagen über die Struktur und Qualität von wissenschaftlichen und lebensweltlichen Vorstellungen gesucht und nicht in erster Linie Informationen darüber, in welchen Quantitäten bestimmte einzelne Vorstellungen in einem Schülerkollektiv vorkommen. Es geht um fach- und themenspezifische Denkweisen in Begriffen und deren zugehörige konzeptuelle Rahmen und nicht um die Häufigkeit ihres Kontextes beraubter Vorstellungen. Um es an einer Metapher deutlich zu machen: Es soll die Konstruktion einzelner Denkgebäude untersucht werden, und nicht die mittlere Häufigkeit bestimmter Bausteine in den Denkgebäuden von Personen. Wenn es um das systematische Erfassen von Fremdverstehen geht, bedeutet dies eine Vorentscheidung für qualitative Methoden. Wesentliche Methoden für fachliche Klärung und das Erfassen von Schülerperspektiven sind fachdidaktisch adaptierte Formen der qualitativen Inhaltsanalyse (vgl. Gropengießer 2005). Letztere Untersuchungsaufgabe wird mit fachdidaktischen Erfassungs-, Aufbereitungs- und Auswertungsmethoden bearbeitet, wie z. B. themenzentrierten Interviews, Videobeobachtungen, Gruppendiskussionen. Akzeptanz- und Lernprozessstudien, Vermittlungsexperimenten, Lehr- und Lerntagebuch-Auswertungen sowie Unterrichtsbeobachtungen. Um die erfassten Vorstellungen für den Unterricht und weiterführende Überlegungen anzustellen, sind sie in Leitlinien für den Unterricht umzusetzen oder zu Grundgedanken zusammenzufassen (vgl. Kattmann 2005).

Quantitative Methoden (wie Fragebogen) kommen dann ins Spiel, wenn die Kategorien der Vorstellungen bekannt und die Quantifizierungen bei Folgerungen für Lernen und Lehren bedeutsam sind (vgl. Johannsen u. Krüger 2005).

8.5.3 Kooperation

Eine praktische Theorie fordert Zusammenarbeit. Für eine schulnah forschende Fachdidaktik ist die Kooperation mit den in den Praxisfeldern arbeitenden Personen daher nicht nur zweckmäßig, sondern unabdingbar geboten. Fachdidaktische Forschung steht und fällt mit der partnerschaftlichen und aktiv mitbestimmenden Teilnahme der praktizierenden Lehrer. Die Erfahrungen in den Gruppen zur Curriculumentwicklung (Regionale Fortbildung, schulnahe Curriculumentwicklung) sind für künftige empirisch ausgerichtete fachdidaktische Vorhaben zu nutzen. So sollten empirische Erhebungen ihre Praxisrelevanz nicht erst bei den erwarteten Ergebnissen haben, sondern bereits dadurch, dass schon die Durchführung für die Lehrenden und Lernenden von Interesse ist. Die Untersuchungen sollten so geplant werden, dass die beteiligten Lehrer nicht nur helfend mitwirken. In den Forschungen zur Didaktischen Rekonstruktion wird beispielsweise die Mitwirkung von Lehrkräften als Fortbildung so angelegt, sodass diese bei Vorbereitungsseminaren und Durchführung der Untersuchung sowohl fachlich (Klärung von Begriffen) wie auch pädagogisch (Erkennen und Beachten von Alltagsvorstellungen bei sich und bei den Schülern, Methoden zur didaktischen Strukturierung und Unterrichtsplanung) profitieren.

Lernende und Lehrende sind die primären Quellen für die Erkenntnis über Vermittlungsprozesse. Die Erfahrung dieser Experten ist aber nur dann fachdidaktisch zu nutzen, wenn die Beteiligten zum vorurteilsfreien Diskurs untereinander fähig sind oder befähigt werden. Die Fachdidaktiken sollten als die zentralen Bezugswissenschaften für Lehrer verstanden und Forschungen entsprechend angelegt werden (vgl. Kattmann 2003).

8.6 Forschungsbeispiele

Die Anwendung des Modells im Überschneidungsbereich Evolution und Genetik ist dargestellt bei Baalmann et al. (2005). Hierbei wurden gegensätzliche Vorstellungen zu genetischen Veränderungen in den beiden untersuchten Bereichen gefunden: Im Kontext von Genetik werden Gene von Schülern der Sekundarstufen als konstant und unveränderlich gedacht. Im Kontext von Evolution wird dagegen angenommen, dass eine direkte Veränderung der Gene durch Einsicht und Notwendigkeit bewirkt wird. In der didaktischen Strukturierung werden diese gegensätzlichen Vorstellungen zusammengebracht mit der Absicht, dass die Schüler am eigenen Widerspruch lernen. Genetik wird so im Kontext von Evolution unterrichtet (vgl. Baalmann u. Kattmann 2000). Weitere Beispiele sind in der Reihe „Beiträge zur Didaktischen Rekonstruktion" zu finden (Kattmann et al. 2001ff.).

Literatur

Baalmann W, Kattmann U (2000) Birkenspanner: Genetik im Kontext von Evolution. Unterricht Biologie 24(260):32–35

Baalmann W, Frerichs V, Kattmann U (2005) Genetik im Kontext von Evolution. Der mathematische und naturwissenschaftliche Unterricht 58:420–427

Baalmann W, Weitzel H, Frerichs V, Gropengießer H, Kattmann U (2004) Schülervorstellungen zu Prozessen der Anpassung. ZfDN 10:7–28

Duit R, Gropengießer H, Kattmann U (2005) Towards science education that is relevant for improving practice: The model of educational reconstruction. In: Fischer HE (ed) Developing standards in research on science Education. Taylor & Francis, London, pp 1–9

Frerichs V (1999) Schülervorstellungen und wissenschaftliche Vorstellungen zu den Strukturen und Prozessen der Vererbung. Didaktisches Zentrum, Oldenburg

Gropengießer H (2001) Didaktische Rekonstruktion des Sehens. Beiträge zur Didaktischen Rekonstruktion, Bd 1. Didaktisches Zentrum, Oldenburg

Gropengießer H (2006) Lebenswelten, Denkwelten, Sprechwelten. Beiträge zur Didaktischen Rekonstruktion, Bd 4. Didaktisches Zentrum, Oldenburg

Gropengießer H, Kattmann, U (2006) Fachdidaktik Biologie, 7. Aufl. Aulis, Köln

Groß J (2007) Biologie verstehen: Außerschulisches Lernen. Beiträge zur Didaktischen Rekonstruktion, Bd 16. Didaktisches Zentrum, Oldenburg

Hilge C (1999) Schülervorstellungen und fachliche Vorstellungen zu Mikroorganismen und mikrobiellen Prozessen. Didaktisches Zentrum, Oldenburg

Jelemenská P (2006) Biologie verstehen: ökologische Einheiten. Beiträge zur Didaktischen Rekonstruktion, Bd 12. Didaktisches Zentrum, Oldenburg

Johannsen M, Krüger D (2005) Schülervorstellungen zur Evolution. Institut Biologiedidaktik Münster 14:23–48

Kattmann U (1994) Wozu Biologiedidaktik? In: Kattmann U (Hrsg) Biologiedidaktik in der Praxis. Aulis, Köln, S 9–23

Kattmann U (1995) Konzeption eines naturgeschichtlichen Biologieunterrichts. ZfDN 1(1):29–42

Kattmann U (2000) Lernmotivation und Interesse im Biologieunterricht. In: Bayrhuber H, Unterbruner U (Hrsg) Lehren und Lernen im Biologieunterricht. Studienverlag, Innsbruck, S 13–31

Kattmann U (2003) Pädagogik fachlichen Lernens. Fachdidaktiken gehören ins Zentrum der Lehrerbildung. In: Moschner B, Kiper H, Kattmann U (Hrsg) PISA 2000 als Herausforderung. Schneider Hohengehren, Baltmansweiler, S 307–318

Kattmann U (2005) Lernen mit anthropomorphen Vorstellungen? ZfDN 11:165–174

Kattmann U, van Dijk E (in Vorbereitung) Conceptual Reconstruction. Towards a constructivist theory of conceptual learning

Kattmann U, Moschner B, Parchmann I (2001ff.) Beiträge zur Didaktischen Rekonstruktion. Schriftenreihe zur fachdidaktischen Lehr-Lernforschung. Didaktisches Zentrum, Oldenburg

Kattmann U, Duit R, Gropengießer H, Komorek M (1997) Das Modell der Didaktischen Rekonstruktion. ZfDN 3(3):3–18

Lewis J, Kattmann U (2004) Traits, genes, particles and information: re-visiting students` understandings of genetics. International Journal of Science Education 26:195–206

Moschner B (2003) Wissenserwerbsprozesse und Didaktik. In: Moschner B, Kiper H, Kattmann U (Hrsg) PISA 2000 als Herausforderung. Schneider Hohengehren, Baltmansweiler, S 53–64

Riemeier T (2006) Biologie verstehen: Die Zelltheorie. Beiträge zur Didaktischen Rekonstruktion, Bd 7. Didaktisches Zentrum, Oldenburg

Sander E, Jelemenská P, Kattmann U (2004) Woher kommt der Sauerstoff? Unterricht Biologie 28(299):20–24

van Dijk E, Kattmann U (2006, in print) A research model for the study of science teachers' PCK and improving teacher education. Teacher and Teacher Education

Weitzel H (2006) Biologie verstehen: Vorstellungen zur Anpassung. Beiträge zur Didaktischen Rekonstruktion, Bd 15. Didaktisches Zentrum, Oldenburg

9 Theorie des erfahrungsbasierten Verstehens

Harald Gropengießer

Der Linguist George Lakoff und der Philosoph Mark Johnson begründeten mit ihrem Buch *Metaphors we live by* (1980, dt. 1998) eine Theorie zum Verhältnis von Sprache, Denken und Erfahrung. Metaphern spielen darin eine zentrale Rolle. Danach sind unsere Sprache und vor allem unser Denken metaphorisch strukturiert. Heute hat diese inzwischen weiterentwickelte Theorie des erfahrungsbasierten Verstehens (TeV) Anschluss an die moderne Hirnforschung gefunden (Lakoff u. Johnson 1980, 1998, 1999; Johnson 1992; Lakoff 1990; Lakoff u. Núñez 2000; Gallese u. Lakoff 2005). Die TeV wirft Licht auf Denkprozesse und auf kognitives Lernen. Dabei bezieht sich Verstehen auf die Vorgänge des Denkens und Lernens, Verständnis auf das Ergebnis. Verstehen meint hier also weder akustisches Verstehen noch das Verstehen einer (Fremd-)Sprache. Vielmehr geht es um das Verstehen der (biologischen) Welt mit Hilfe von Vorstellungen.

9.1 Sprache als Fenster auf unsere Kognition

George Lakoff veranstaltete Ende der siebziger Jahre ein Seminar über Metaphern, als eine sichtlich aufgeregte Studentin die Aufmerksamkeit der Teilnehmer für ihr persönliches Problem beanspruchte: „Mein Freund hat mir gerade gesagt, dass unsere Beziehung in eine Sackgasse geraten ist. […] Ich verstehe nicht, was das heißt." Weil es 1978 und in Berkeley war, nahm sich das Seminar dieses Problems an: Um in eine Sackgasse zu geraten, muss man unterwegs sein. Wenn man in eine Sackgasse gerät, geht es nicht einfach weiter – dann muss man umkehren (Beneke 1989). Man kann auch vom gemeinsamen Weg durchs Leben sprechen, aber auch davon, dass man getrennte Wege geht, dass eine Beziehung am Ende ist und die Scheidung droht. Manche Beziehung kann aber auch wieder repariert werden.

An dieser Stelle erkannte George Lakoff, dass der entdeckte Zusammenhang zwischen den verschiedenen Ausdrücken nicht mit klassischen Theorien der Metapher übereinstimmte. Klassische Theorien nehmen an, dass die Metapher in den Wörtern liegt und dass jeder linguistische Ausdruck eine andere Metapher ist. Hier wurde aber ein gemeinsamer metaphorischer Zugang zum Verständnis der Liebe gefunden: Sowohl in der englischen als auch in der deutschen Sprache versteht man eine Liebesbeziehung als Reise (vgl. Lakoff u. Johnson 1998). Darin korrespondieren die Reisenden mit den Liebenden und das Gefährt mit der Beziehung. Die Metapher liegt damit keineswegs in den einzelnen Wörtern, sondern in der konzeptuellen Struktur, also in der Weise, wie wir über unsere Beziehung denken und Beziehungen überhaupt wahrnehmen.

Nach der herkömmlichen Theorie sind Poesie und Rhetorik der angemessene Ort für Metaphern (z. B. Crystal 1995). Metaphern werden als ein Aspekt der Sprache gesehen. Für Lakoff u. Johnson (1980) dagegen funktioniert unser Begreifen mit unserem kognitiven System weitgehend metaphorisch oder allgemeiner: imaginativ. Sie belegen dies hauptsächlich mit linguistischer Evidenz. Metaphern werden als Charakterzug der Kognition begriffen. Durch die Metapher verstehen wir die Liebesbeziehung als Reise. Wir begreifen, denken und handeln nach solchen metaphorischen Konzepten. Wenn von Metaphern die Rede ist, dann sind vornehmlich metaphorische Vorstellungen gemeint (Lakoff u. Johnson 1980).

Bei der Metapher geht unser Denken schöpferisch über das hinaus, was wir unmittelbar erfahren, was wir sehen und hören können. Metaphorisches Verstehen ist imaginativ. Wir haben es mit gedanklichen Abbildungen zu tun.

Somit lässt sich ein erstes Fazit ziehen:

- Metaphern sind weit verbreitet in unserem lebensweltlichen Denken.
- Verstehen ist in weiten Bereichen imaginativ.
- Sprache ist ein Fenster auf unsere Kognition. Sprache enthüllt die Art und Weise, wie wir denken.

9.2 Metaphorisches Verstehen

Welche Rolle spielen Metaphern in der Wissenschaft? Man nehme ein beliebiges Fachbuch zur Hand, wähle einen Absatz zufällig aus und achte auf Metaphern. In einem Hochschullehrbuch der Mikrobiologie (Madigan et al. 2002 Hervorhebungen im Original) heißt es beispielsweise: „Die Zelle ist die grundlegende Einheit aller Lebewesen. Eine einzelne Zelle ist ein eigenständiges Gebilde, das von anderen Zellen durch eine Zellmembran – sowie eventuell eine Zellwand – getrennt ist […]."

Dies liest sich inhaltlich völlig normal, aber aus der metaphern-
theoretischen Perspektive zeigt sich imaginatives Denken. In diesem Text
ist von Zelle, grundlegend, Gebilde und Wand die Rede – allesamt Ausdrücke aus dem Bereich Gebäude, die hier metaphorisch zu verstehen sind.

Selbst die Reflexion über Wissenschaft, die Wissenschaftstheorie, ist
metaphorisch. Beispielsweise begreifen wir Theorien als Gebäude (vgl.
Lakoff u. Johnson 1998): Wir sprechen von den fundamentalen Aussagen
einer Theorie, davon dass manche auf unsicherem Grund stehen, während
andere gut untermauert sind. Manchmal wird auch ein entscheidender
Baustein erst später gefunden, und es gibt Argumente und Fakten, die eine
Theorie stützen.

Wir übernehmen unser Verständnis aus dem Wissensbereich der Gebäude und des Bauens, um die Wissensbereiche Zellen und Theorien besser zu verstehen. Solche gedanklichen Metaphern haben immer die gleiche
Struktur. Wir nutzen dazu erstens einen Ursprungsbereich; das ist in den
geschilderten Fällen unser Verständnis im Bereich der Gebäude. Zweitens
haben wir einen Zielbereich; das sind hier Zellen und Theorien. Drittens
wird eine Übertragung oder Kartierung der konzeptuellen Struktur vom
Ursprungsbereich auf den Zielbereich vorgenommen. Auf diese Weise erlangen wir im wissenschaftlichen Zielbereich ein Verständnis (vgl. Lakoff
u. Núñez 2000).

Somit lässt sich ein weiteres Fazit ziehen:

- Auch in wissenschaftlichen Zusammenhängen denken und sprechen wir
  metaphorisch oder allgemeiner: imaginativ.
- Eine Metapher ist eine einseitige Übertragung der begrifflichen Struktur
  des Ursprungsbereichs auf den Zielbereich. Meist begreifen wir mit der
  gedanklichen Struktur eines relativ konkreten Bereichs einen relativ ab-
  strakten Bereich.

9.3 Denken vor Sprache

Wenn wir Theorien und Zellen als Gebäude verstehen, strukturiert ein
ganz bestimmtes metaphorisches Konzept unser Verstehen und Denken in
diesem Bereich. Hervorzuheben ist die Systematik, mit der dies geschieht.
Einige der sprachlichen Wendungen der Metapher **Theorien Sind Gebäu-**

de[1] beziehen sich auf die Gründung eines Gebäudes, andere auf die Stand-festigkeit, wieder andere beziehen sich auf Baumaterial und Bauen. Dies ist ein Beispiel dafür, wie eine Metapher durch ein kohärentes System von Begriffen gebildet wird und korrespondierende sprachliche Ausdrücke nach sich zieht (Lakoff u. Johnson 1980).

Wir können in systematischer Weise Ausdrücke aus dem Wissensbe-reich Gebäude benutzen, um über den Wissensbereich Theorie zu denken und zu reden. Typischerweise werden nicht alle Teile des Bereichs Gebäu-de genutzt, um die metaphorische Vorstellung Theorie zu formen. Es ist beispielsweise unüblich vom Dach oder den Räumen einer Theorie zu sprechen. Es gibt also gebräuchliche Teile der Metapher **Theorien Sind Gebäude** und auch ungebräuchliche, die allerdings als bildhafte Sprache durchaus verstanden werden, wie z. B.: Die Theorie hat viele Räume und lange gewundene Flure.

Somit lässt sich ein weiteres Fazit ziehen:

- Weil die gedankliche Struktur eines Wissensbereichs als Ursprung ge-nutzt wird, zeigen Metaphern Systematik und Kohärenz.
- Die gedankliche Seite einer Metapher ist primär, die sprachliche Seite ist sekundär oder abgeleitet.
- Die gedankliche Seite einer Metapher äußert sich sprachlich. Darum kann die Untersuchung sprachlicher Ausdrücke Aufschluss über ein ge-danklich-metaphorisches Konzept liefern.

9.4 Metaphern-Pluralismus

Menschen sind zu vielfältigem metaphorischen Denken über einen ab-strakten Wissensbereich fähig. Dies wird Metaphern-Pluralismus genannt (Lakoff u. Johnson 1999). Um z. B. den Lehr-Lernprozess zu verstehen, nutzen wir so unterschiedliche Ursprungsbereiche wie Weitergabe, Fütte-rung, Verkauf, Reise, Gärtnern, Bauen oder Töpfern (Gropengießer 2004).

Ein häufig genutzter Ursprungsbereich, um den Lehr-Lernprozess zu verstehen, ist die Weitergabe. Beispielsweise sagen wir: Sie besitzt Wissen und gibt es weiter. Jemand nimmt das Wissen oder den Lernstoff auf. Er hat's begriffen. Die Metapher **Der Lehr-Lernprozess Ist Weitergabe**

---

[1] Wenn Theorien metaphorisch als Gebäude verstanden werden, bezeichnet man dies aus Gründen der Benennbarkeit kurz als **Theorien Sind Gebäude**. Das große **Sind** steht dabei für **werden metaphorisch verstanden als**; für das große **Ist** gilt entsprechendes. Das Subjekt des Satzes bezeichnet den Zielbereich und das Prädikat den Ursprungsbereich der Metapher.

wird kartiert, indem die Elemente des Ursprungsbereichs auf die Elemente des Zielbereichs projiziert werden:

Geber	→	Lehrer
geben	→	lehren
Gabe	→	Wissen
nehmen	→	lernen
Nehmer	→	Lerner

Dagegen spricht aus den folgenden Sätzen ein völlig anderes Verständnis: Lerner müssen dort abgeholt werden, wo sie stehen. Lerner werden angeleitet, aber manches führt auch in die Irre. Wie weit sind wir gekommen? Manche kommen nicht mit, können nicht folgen, denn es gibt Hürden und Lernhindernisse auf dem Lernweg. Andere machen Lernfortschritte. Hierbei wird die Metapher **Der Lehr-Lernprozess Ist eine Reise** genutzt:

Start	→	Lernanfang
Reisender	→	Lerner
Fortbewegung	→	lernen
Reiseführer/Begleiter	→	Lehrer
Weg	→	Lernprozess
Orientierung	→	Lernhilfen
Ziel	→	Lernerfolg

Wird einerseits das Lernen als passives Aufnehmen einer Gabe verstanden, konzipieren wir andererseits das Lernen als Fortbewegung. Solch unterschiedliche Metaphern stellen uns vor die Wahl zu entscheiden, welches Verständnis angemessener ist und damit auch, welche Ausdrücke treffender sind. Es lohnt sich, weitere Metaphern zu suchen oder zu erfinden (Langlet 2004). Lernen kann beispielsweise als Konstruieren verstanden werden. Damit nutzen wir dann die Metapher **Der Lehr-Lernprozess Ist Bauen**.

Weiterhin fällt auf, dass meist nicht alle Aspekte des zu verstehenden Gegenstandsbereichs durch eine Metapher beleuchtet werden. Der Lernprozess kommt mit der Weitergabe lange nicht so gut in den Blick wie bei der Reise.

Somit lässt sich ein weiteres Fazit ziehen:

- Üblicherweise stehen für abstrakte Wissensbereiche mehrere Metaphern zur Verfügung (Metaphern-Pluralismus).
- Im Falle pluraler Metaphern haben wir es mit Denkweisen zu tun: einzelne Aspekte werden hervorgehoben, andere versteckt.

9.5 Direktes Verstehen

Nicht alle Bereiche unseres Denkens (und Sprechens) sind imaginativ. Wir verfügen über einen reichen Schatz an Begriffen, die wir direkt, d. h. nicht-imaginativ verstehen[2]. So sind alle sensomotorischen Begriffe wie z. B. gehen, stehen, laufen, greifen, halten, ziehen, essen usw. direkt zu verstehen, wenn sie sich auf die damit bezeichneten konkreten Handlungen beziehen. Auch die Begriffe zur subjektiven Erfahrung und zum subjektiven Urteil sind erst einmal direkt verständlich. Die sprachlichen Ausdrücke zur Sensomotorik haben damit zunächst eine wörtliche Bedeutung. Der Satz Diese Farben sind gleich ist wörtlich zu verstehen. Aber Diese Farben liegen nahe bei einander nutzt die Metapher **Gleichheit Ist Nähe** (Lakoff u. Johnson 1999).

Die folgenden Beispiele für Basiskategorien (*basic-level categories*, Lakoff u. Johnson 1999) sind ebenso direkt verständlich. Es fällt uns leicht Hunde von Kühen, Kartoffeln von Karotten, Stühle von Tischen und Autos von Schiffen zu unterscheiden. Dagegen ist es eine Kategorie-Ebene tiefer viel schwieriger, beispielsweise einen Deutschen von einem Belgischen Schäferhund zu unterscheiden, schwieriger jedenfalls, als einen Hund von einer Katze. Eine Ebene über den Basiskategorien ist es fast unmöglich, sich ein (mentales) Bild zu machen: Wie sieht ein Fahrzeug, ein Möbel oder ein Tier ganz allgemein aus? Basiskategorien sind also eine mittlere Ebene in der Kategorien-Hierarchie.

Betrachtet man die Reihen Tier – Hund – Schäferhund, Möbel – Stuhl – Schaukelstuhl oder Fahrzeug – Auto – Rennwagen, dann liegen Hund, Stuhl und Auto jeweils in der Mitte der Kategorien-Hierarchie. Diese Basiskategorien sind die höchste Ebene

- auf der noch ein einziges Vorstellungsbild die gesamte Kategorie repräsentieren kann. Bei Tier, Möbel und Fahrzeug gelingt das nicht mehr.
- auf der die Mitglieder einer Kategorie noch als ähnliche Formen wahrgenommen werden können.
- auf der ähnliche Bewegungen und Handlungen ausgeführt werden, um mit den einzelnen Mitgliedern dieser Kategorie zu interagieren.

Nicht zuletzt ist eine Basiskategorie auch die Ebene, auf die sich ein Großteil unseres Wissens bezieht (Lakoff u. Johnson 1999). Die Basiska-

---

[2] **Verstehen** bezieht sich hier allein auf den gedanklichen Bereich. Wenn von **Begriffen** und **Kategorien** geschrieben wird, ist der gedankliche Bereich gemeint. Der sprachliche Bereich wird mit **Ausdruck** und **Wort** bezeichnet. Gedanklicher und sprachlicher Bereich sind strikt zu unterscheiden (Gropengießer 2001).

tegorien sind einfach für das Begreifen und Unterscheiden, aber sie sind deshalb nicht primitiv, es sind keine Erfahrungs-Atome. Vielmehr haben sie eine eigene interne Struktur, die auf die vorbegriffliche Strukturierung der Erfahrung zurückgeht (Lakoff 1990).

Auch Begriffe zu räumlichen Beziehungen (*spatial-relations concepts*, Lakoff u. Johnson 1999) wie beispielsweise vor, hinter, über, unter oder in verstehen wir direkt. Etwas komplexer, aber dennoch direkt verständlich sind Schemata wie z. B. das Start-Weg-Ziel-Schema, das Geber-Gabe-Nehmer-Schema oder das Behälter-Schema, letzteres mit einem Innen, einer Grenze und einem Außen.

Somit lässt sich ein kurzes Fazit ziehen:

• Nichtmetaphorisches (oder allgemeiner: nichtimaginatives) Denken und Sprechen ist gelegentlich möglich. Übliches Denken und Sprechen enthält aber meist metaphorische Anteile.
• Begriffe sind keine unteilbaren Bedeutungsatome, sondern weisen Struktur auf, weil die Interaktionen – also die Erfahrungen –, aus denen sie erwachsen, strukturiert sind.

9.6 Erfahrung als Basis

Unsere Begriffe entwickeln sich aus unserer Interaktion mit der physischen und sozialen Umwelt. Diese Interaktion wird Erfahrung genannt und die Theorie als *experiential realism* oder *experientialism* (Lakoff 1990) und auf deutsch als **erfahrungsbasiert** gekennzeichnet. Erfahrung ist die Kopplung oder interaktive Koordination von Organismus und Umwelt (Abb. 12). Erfahrung bezieht sich damit nicht auf die Erinnerung, also das Ergebnis der Interaktion mit der Umwelt, sondern kennzeichnet die unmittelbare Begegnung, also den Vorgang. Wiederholtes sensomotorisches Interagieren mit der Umwelt, im Sinne einer sich wiederholenden Handlung, formt und verknüpft die daran beteiligten funktionellen Neuronengruppen fortschreitend effektiver. Erfahrung verändert die neuronalen Verknüpfungsmuster unseres Gehirns. Damit erwachsen die Begriffe und Schemata sowohl daraus, wie unsere Körper und wie unsere Gehirne strukturiert sind und funktionieren, als auch daraus, wie wir mit der physischen und sozialen Umwelt interagieren und wie diese strukturiert ist. Die Art und Weise, wie wir mit unserem Körper in unserer Mit- und Umwelt handeln, entwickelt unser mentales System und generiert bedeutungsvolle Begriffe. Diese Begriffe und Schemata werden deshalb als **verkörpert** (*embodied*) gekennzeichnet (Lakoff 1990; Gallese u. Lakoff 2005).

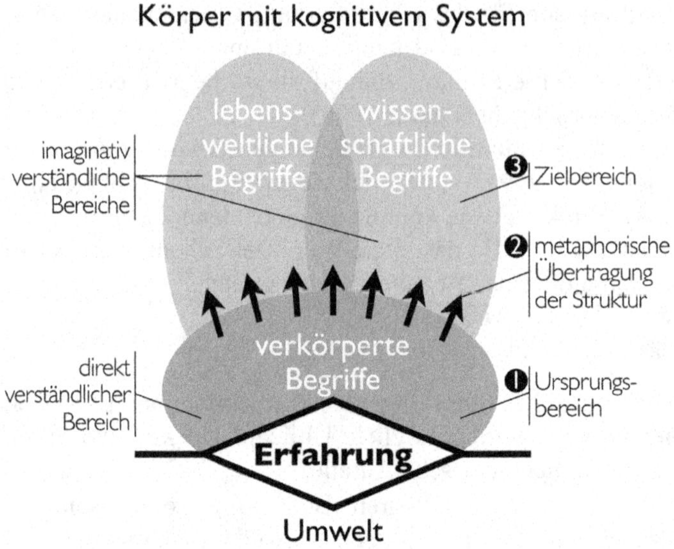

Körper mit kognitivem System

imaginativ
verständliche
Bereiche

lebens-
weltliche
Begriffe

wissen-
schaftliche
Begriffe

❸ Zielbereich

❷ metaphorische
Übertragung
der Struktur

direkt
verständlicher
Bereich

verkörperte
Begriffe

❶ Ursprungs-
bereich

Erfahrung

Umwelt

Abb. 12. Erfahrung als Basis des Verstehens.
Verkörperte Vorstellungen gründen in Erfahrungen. Durch Imagination – speziell
Metaphern – kann Verständnis in lebensweltliche und wissenschaftliche Bereiche
getragen werden

Vorstellungen oder Ideen können nur von lebendigen Gehirnen in der
Interaktion des Körpers mit der Umwelt hervorgebracht werden und haben
nur dort ihren Ort[3]. Verkörperte Vorstellungen sind Strukturen einer Aktivität, durch die wir unsere Erfahrung in verständlicher Weise organisieren.
Dabei handelt es sich um Mittel, mit denen wir Ordnung konstruieren und
überhaupt erst konstituieren (Johnson 1992). Begriffe wie vor und hinter
haben für uns deshalb einen unmittelbar gegebenen Sinn, weil unser Körper Vorder- und Rückseite hat. Normalerweise gehen wir vorwärts, schau-
en nach vorn und befassen uns mit den Gegenständen vor uns. Auf diese
projizieren wir dann auch ein vorne und ein hinten, z. B. auf Bildschirme
und Autos. Für Lebewesen, die keine Vorder- und Rückseite haben, die
nicht in der Weise unsymmetrisch sind, wie wir es sind, ergäbe dies keinen
Sinn. Nur Lebewesen, die wie wir konstituiert sind, können unmittelbar
verstehen, was „hinter den Bergen" heißt (Lakoff u. Johnson 1999).

---

[3] Weil Vorstellungen verkörpert sind, handelt es sich nicht um Propositionen oder
das, was in der Kognitionspsychologie ebenfalls **Schema** genannt wird (z. B.
Anderson 1989). Denn diese sind entkörpert und werden als abstrakte, nach Regeln der Logik funktionierende Bedeutungseinheiten verstanden. Sie sollen sich
auf objektive Gegebenheiten beziehen und werden deshalb von Lakoff als »ob-
jektivistisch« gekennzeichnet.

Unsere verkörperten Begriffe werden zunächst direkt, also ohne Verwendung von Metaphern verstanden. Das heißt nicht, dass sie geistlos wären – ganz im Gegenteil. Sie zeugen von einer geistigen Urheberschaft, indem die Welt gerade in dieser und nicht in anderer Weise verstanden wird. Diese verkörperten und durchaus reich strukturierten Vorstellungen sind die Ursprungsbereiche, aus denen heraus imaginativ ein Verständnis aller anderen Bereiche erfolgt: in der Mathematik und Technik, in den Natur-, Geistes- und Sozialwissenschaften oder den Künsten.

Somit lässt sich auch hier ein Fazit ziehen:

- Der Kern unseres kognitiven Systems erwächst aus sensomotorischen Erfahrungen. Die dabei geformten neuronalen Strukturen und deren Erregungsmuster sind oder entsprechen unseren Begriffen. Wir nennen sie deshalb **verkörperte Begriffe**.
- Unsere verkörperten Begriffe verstehen wir direkt. Sie haben Bedeutung, weil wir sie aus körperlichen Erfahrungen mit der Wahrnehmung, der Körperbewegung, der physischen und der sozialen Umwelt hervorgebracht haben. Wirksam ist dabei sowohl die Art und Weise, wie wir sind, als auch die, wie die Welt ist.
- Es können verschiedene verkörperte Begriffe unterschieden werden, z. B. Basiskategorien, Begriffe zu räumlichen Beziehungen oder Schemata.

9.7 Nutzen für die Biologiedidaktik

Weil die TeV Lehren und Lernen grundlegend betrifft, ist sie in der Forschung vielfältig anwendbar. Die TeV kann in ganz unterschiedlichen Forschungsplänen leitend sein. Anhand der im Modell der Didaktischen Rekonstruktion (Kattmann et al. 1997; → 8 Kattmann) identifizierten, genuin fachdidaktischen Untersuchungsaufgaben soll der Nutzen für die Forschung demonstriert werden.

9.7.1 Erfassen von Lernervorstellungen

- Bereits beim Entwurf eines Interviewleitfadens oder eines Fragebogens sollten solche Interventionen konzipiert werden, die es den Befragten ermöglichen, verschiedene, bereits verfügbare metaphorische Verständnisse zu diesem Wissensbereich zu äußern.
- Bei der Interpretation der in einer Befragung gewonnenen Äußerungen ist eine Analyse mit Blick auf die Metaphern hilfreich (Schmitt 1995 zu

Helfen; Martins u. Ogborn 1997 zu **Genetik**; Marsch 2006 zu **Lernen und Lehren**). Insbesondere die Bündelung der Aussagen kann sich an den Metaphern orientieren.

- Die Interpretation von narrativen Texten (als Daten erhobene Geschichten) wird gefördert – vor allem bei Metaphern, die ihren Ursprungsbereich in Erfahrungen mit sozialen Beziehungen haben (Zabel 2004).

- Die Analyse der für eine Untersuchung zentralen Vorstellungen stützt sich auf die Redewendungen aus dem Korpus einer Sprache und auf die Struktur der körperlichen Erfahrungen, aus denen die Vorstellungen erwachsen. Die Befunde können im Sinne einer Triangulation mit Ergebnissen verglichen werden, die mit anderen Methoden gewonnen wurden (Kövecses 1988 zu *love*, 1990 zu *emotion concepts*; Lakoff 1990 zu *anger*; Gropengießer 1999 zu **Sehen**, 2004, 2006b zu **Lehr-Lern-Prozess**; Riemeier 2005 zu **Zelle**, **Wachstum**; Weitzel 2006 zu **Anpassung**).

- Die Reanalyse publizierter, bereichsspezifischer, empirischer Befunde aus der Vorstellungsforschung liefert bereits wesentliche Denkstrukturen für ein Wissensgebiet. Auf einem gut erforschten Gebiet kann dies eine eigene Erhebung von Vorstellungen entbehrlich machen, zumindest aber erleichtern (Gropengießer 2006a zu **Leben**, **Sehen**, **Mikroben** und **Abbauprozessen**; Lewis u. Kattmann 2004 zu **Genetik**; Riemeier 2005 zu **Zelle**; Weitzel 2006 zu **Anpassung**; Groß 2007 zu **Humanevolution**).

- Mit der bereichsübergreifenden Interpretation von Befunden der Vorstellungsforschung (*cross-case*-Analyse) können unterrichtsrelevante Denkwege und -schwierigkeiten verallgemeinert werden (Kattmann 2005 zu **Anthropomorphismen**).

9.7.2 Fachliche Klärung

- Bei der kritischen Analyse von biologischen Quellentexten und universitären Lehrbüchern unter Vermittlungsabsicht enthüllt die metapherntheoretische Perspektive das fachliche Verständnis des Autors. Hier kann gezielt nach unterschiedlichen metaphorischen Zugängen (Metaphern-Pluralismus) für ein Thema gesucht werden.

- In den Hochschullehrbüchern finden sich immer wieder aus fachlicher Sicht nicht angemessene (metaphorische) Verständnisse. Die lassen sich schnell entdecken, wenn gezielt nach lebensweltlich üblichen Verständnissen gesucht wird.

9.7.3 Didaktische Strukturierung

- Beim Entwurf einer Unterrichtssequenz müssen Entscheidungen darüber getroffen werden, wie den Lernern ein Thema nahe gebracht werden soll. Dazu stehen aus der Perspektive der TeV lediglich zwei Sorten von Lernangeboten zur Verfügung: Das **Stiften von Erfahrungen** und das **Bezeichnen von Vorstellungen** (Gropengießer 2003). Es können fehlende (wissenschaftliche) Erfahrungen in Bereichen gestiftet werden, die von den Lernern bisher nicht beachtet wurden (z. B. farbige Nachbilder) oder ihnen nicht zugänglich waren (z. B. Zellen mikroskopieren). Und es können Vorstellungen bezeichnet werden, indem imaginatives Verständnis für das Lernen auf einem unbekannten wissenschaftlichen Gebiet angeboten wird.

- Schulbücher, andere didaktische Materialien, Lernangebote und ganze Lernumgebungen lassen sich empirisch auf ihre Lernwirksamkeit hin untersuchen. Die Befunde können mit der TeV interpretiert werden (Riemeier 2005 und Weitzel 2007 im Rahmen von Vermittlungsexperimenten; Groß 2004, 2007 zu informellen Lernangeboten; Groß u. Gropengießer 2005 zu Blattschneiderameisen).

Literatur

Anderson JR (1989) Kognitive Psychologie. Spektrum, Heidelberg

Beneke T (1989) Food for Thought. The East Bay's Free Weekly 11(16)

Crystal D (1995) Die Cambridge Enzyklopädie der Sprache. Campus, Frankfurt am Main

Gallese V, Lakoff G (2005) The brain's concepts. Cognitive Neuropsychology 22:455–479

Gropengießer H (1999) Was die Sprache über unsere Vorstellungen sagt. ZfDN 5(2):57–77

Gropengießer H (2001) Didaktische Rekonstruktion des Sehens. Beiträge zur Didaktischen Rekonstruktion, Bd 1. Didaktisches Zentrum, Oldenburg

Gropengießer H (2003) Was verrät unser Reden über unser Lebenswissen? In: Beer W, Markus P, Platzer K (Hrsg) Was wissen wir vom Leben? Wochenschau, Schwalbach/Ts, S 44–55

Gropengießer H (2004) Denkfiguren zum Lehr-Lernprozess. In: Gropengießer H, Janßen-Bartels A, Sander E (Hrsg) Lehren fürs Leben. Aulis Deubner, Köln

Gropengießer H (2006a) Lebenswelten. Denkwelten. Sprechwelten. Wie man Vorstellungen der Lerner verstehen kann. Beiträge zur Didaktischen Rekonstruktion, Bd 4. Didaktisches Zentrum, Oldenburg

Gropengießer H (2006b) Was die Alltagssprache über das Lernen sagt. In: Schüler 2006 Lernen. Friedrich, Seelze, S 14–15

Groß J (2004) Lebensweltliche Vorstellungen als Hindernis und Chance bei Vermittlungsprozessen. In: Gropengießer H, Janßen-Bartels A, Sander E (Hrsg) Lehren fürs Leben. Aulis Deubner, Köln

Groß J (2007) Wirkungen außerschulischer Lernangebote. Beiträge zur Didaktischen Rekonstruktion, Bd 16. Didaktisches Zentrum, Oldenburg

Groß J, Gropengießer H (2005) Warum Blattschneiderameisen besser Pilzfresserameisen heißen sollten. In: Klee R, Sandmann A, Vogt H (Hrsg) Lehr- und Lernforschung in der Biologiedidaktik, Bd 2. Studienverlag, Innsbruck, S 41–55

Johnson M (1992) The body in the mind. Chicago Univ Press, Chicago London

Kattmann U (2005) Lernen mit anthropomorphen Vorstellungen? ZfDN 11:165–174

Kattmann U, Duit R, Gropengießer H, Komorek M (1997) Das Modell der Didaktischen Rekonstruktion. ZfDN 3(3):3–18

Kövecses Z (1988) The language of love. Bucknell Univ Press, Lewisburg

Kövecses Z (1990) Emotion Concepts. Springer, Berlin Heidelberg New York Tokyo

Lakoff G (1990) Women, Fire and Dangerous Things. Chicago Univ Press, Chicago London

Lakoff G, Johnson M (1980) Metaphors We Live By. Chicago Univ Press, Chicago London

Lakoff G, Johnson M (1998) Leben in Metaphern. Carl-Auer-Systeme, Heidelberg

Lakoff G, Johnson M (1999) Philosophy in the flesh. Basic Books, New York

Lakoff G, Núñez R (2000) Where mathematics comes from. Basic Books, New York

Langlet J (2004) Wie leben wir mit Metaphern im Biologieunterricht? In: Gropengießer H, Janßen-Bartels A, Sander E (Hrsg) Lehren fürs Leben. Aulis Deubner, Köln

Lewis J, Kattmann U (2004) Traits, genes, particles and information: Re-visiting students' understandings of genetics. IJSE 26:195–206

Liebert WA (1992) Metaphernbereiche der deutschen Alltagssprache. Lang, Frankfurt am Main

Madigan M, Martinko J, Parker J (2002) Mikrobiologie. Spektrum, Heidelberg Berlin

Marsch S (2006) Metaphern des Lernens und Lehrens. In: Vogt H, Krüger D, Marsch S (Hrsg) Erkenntnisweg Biologiedidaktik. 8. Frühjahrsschule in Berlin. Universitätsdruckerei Kassel, S 87–98

Martins I, Ogborn J (1997) Metaphorical reasoning about genetics. IJSE 19:47–63

Riemeier T (2005) Biologie verstehen: Die Zelltheorie. Beiträge zur Didaktischen Rekonstruktion, Bd 7. Didaktisches Zentrum, Oldenburg

Schmitt R (1995) Metaphern des Helfens. Beltz PVU, Weinheim

Weitzel H (2006) Biologie verstehen: Vorstellungen zu Anpassung. Beiträge zur Didaktischen Rekonstruktion, Bd 15. Didaktisches Zentrum, Oldenburg

Zabel J (2004) Narrative Strukturen beim Lernen der Evolutionstheorie. In: Vogt H, Krüger D, Urhane D, Harms U (Hrsg) Erkenntnisweg Biologiedidaktik. 6. Frühjahrsschule in München. Universitätsdruckerei Kassel, S 95–113

10 Intuitive Vorstellungen bei Denk- und Lernprozessen: Der Ansatz „Alltagsphantasien"

Ulrich Gebhard

Das didaktische Konzept „Alltagsphantasien" (Gebhard 1994, 1999a) zielt auf ein vertiefendes Verständnis der individuellen Aneignungs- und Bewertungsprozesse in der Auseinandersetzung mit fachlichen Inhalten und stützt sich auf subjektorientierte Ansätze der Vorstellungs- und Interessensforschung, die die Bedeutsamkeit individueller Zugänge und Verarbeitungsprozesse hervorheben (Deci u. Ryan 1985; Krapp 1992). Biowissenschaftliche Themen, die an den „Kern" des Lebens und der lebendigen Natur rühren, können ein reichhaltiges Spektrum an Vorstellungen, Hoffnungen und Ängsten aktivieren. Dieses Spektrum aktivierter Kognitionen umfasst sowohl explizite Vorstellungen, die im Fokus der Aufmerksamkeit liegen und die sprachlich artikuliert werden können, als auch implizite Vorstellungen, die sich in Form von Assoziationen, Intuitionen oder emotionalen Reaktionen äußern. Mit der Annahme unbewusster Verarbeitungsprozesse bezieht sich das Konzept „Alltagsphantasien" auf die aktuelle Diskussion zum Einfluss intuitiver und emotionaler Reaktionen auf alltägliches Denken und Handeln (Haidt 2001; Goschke u. Bolte 2002). Im Folgenden wird die Bedeutsamkeit intuitiver Vorstellungen für das Bewerten und Lernen biologischer Sachverhalte dargestellt. Bewertungen biologischer Sachverhalte spielen in moralischen, rechtlichen und politischen Kontexten eine Rolle, aber auch in Lehr-Lern-Situationen, wenn es darum geht, ob und wie ein Lerngegenstand mit (subjektiver) Bedeutung versehen wird.

Alltagsphantasien gehen zum Teil weit über die jeweils thematisierte fachliche Dimension hinaus, sie treten eher als implizites denn als explizites Wissen in Erscheinung und nehmen aufgrund ihrer Bedeutungtiefe (sie beinhalten Aspekte des Selbst-, Menschen- und Weltbildes) Einfluss auf Werthaltungen, Interessen und Verhaltensweisen (Gebhard 1994; 1999b; Gebhard u. Mielke 2003; Born u. Gebhard 2005). Sie zeigen sich z. B., wenn von „Monstertomaten" die Rede ist, die an den Mythos des entfesselten Wissenschaftlers Frankenstein erinnern oder wenn Jugendliche gentechnische Verfahren verurteilen, weil sie diese als unnatürlich empfinden. Mit dem Begriff „Alltagsphantasien" soll sprachlich markiert werden, dass es sich hierbei um eine besondere Form von Alltagsvorstellungen handelt. Darüber hinaus hat die Bezeichnung „Phantasie" den Effekt, die vielerorts routiniert wirkende Rede über schülerorientierten Unterricht in ihrer Selbstverständlichkeit aufzubrechen und für die Tiefendimension fachübergreifender Inhalte und impliziter Vorstellungen zu sensibilisieren. Durch die explizite Thematisierung der Alltagsphantasien, die ein Lerngegenstand hervorruft, kann ein Bezug zwischen fachlichem Wissen und lebensweltlichen Vorstellungen begünstigt und die vielerorts geforderte Situierung (→ 6 Riemeier) hergestellt werden. Damit zielt der Ansatz auf die Förderung eines überdauernden Interesses an für Individuum und Gesellschaft bedeutsamen Themen, auf eine nachhaltige Wissenserweiterung und auf die Förderung von ethischer Reflexionskompetenz (→ 17 Hößle).

Häufig wird die Rationalität des wissenschaftlichen Zugangs zu den Phänomenen der Welt positiv abgehoben von als naiv oder irrational geltenden lebensweltlichen Vorstellungen. Diese Gegenüberstellung birgt das Risiko, dass die lebensweltlichen Vorstellungen aus der Kommunikation ausgeschlossen oder allenfalls zu Motivationszwecken in der Einstiegsphase des Unterrichts nur oberflächlich gestreift werden. Für den Ansatz der Alltagsphantasien ist dagegen die Grundannahme wichtig, dass beide Wirklichkeitszugänge – der wissenschaftliche und der lebensweltliche – als komplementäre Rationalitäten verstanden werden. In beiden Fällen handelt es sich um Versuche, Phänomene der Welt bezüglich ihrer Zusammenhänge und Entstehungshintergründe zu verstehen. Lernende sollen in Bildungsprozessen der Auseinandersetzung mit fachlichen Inhalten einen Sinn zuschreiben können (Gebhard 2003). Indem Sinnkonstruktion sowohl als ein bewusster Akt der Sinnzuschreibung als auch als ein mit der Wahrnehmung simultan fortlaufender Interpretationsprozess zu verstehen ist, geht es im Ansatz der „Alltagsphantasien" um eine Verbindung einer gesellschafts- und kulturtheoretischen Konzeption von Bildung (Marotzki 1990) mit der empirischen Lehr-Lern-Forschung. Beide Bewegungen – Annäherung (durch Subjektivierungen) wie Distanzierung (durch fachliche Objektivierungen) – sind komplementäre Aspekte einer bildenden Auseinandersetzung mit Welt und Selbst. Die objektivierende Aneignung wissenschaftlicher Zusammenhänge muss sich dabei auf die subjektivierenden Sinnentwürfe des Alltags, die oft intuitiv, bilderreich, geschichtenreich und metaphorisch sind, stützen.

Ähnlich wie im Modell der Didaktischen Rekonstruktion (→ 8 Kattmann) wird damit die Aneignung fachlicher Zusammenhänge mit subjektiven Alltagsvorstellungen in Verbindung gebracht. Darüber hinausgehend werden die Alltagsvorstellungen um die Tiefendimension der intuitiven Vorstellungen erweitert, was eine eigenständige Betrachtung der meist kulturell und biographisch verwurzelten Alltagsphantasien nach sich zieht. Außerdem geht es nicht nur um die korrekte Repräsentation fachlicher Inhalte (das auch), sondern zusätzlich um den Prozess der subjektiven Sinnkonstruktion (s. Abb. 13).

Anschlussfähig an die aktuelle Lernforschung ist das Konzept der „Alltagsphantasien" über die Person-Gegenstandstheorie des Interesses von Andreas Krapp (1992) (→ 1 Vogt): Ein für eine Person interessanter Gegenstand ist im Wissensschatz und in der Werthierarchie der Person besonders hervorgehoben und die Bezugnahme auf diesen Gegenstand wird durch positive Emotionen unterstützt. Zudem werden in der Auseinandersetzung mit fachlichen Themen auch selbstbezogene Kognitionen aktualisiert (Gebhard u. Mielke 2003). Eine Person identifiziert sich mit der Interessenhandlung, da diese bzw. der Gegenstand des Interesses einen besonderen Stellenwert im Selbstkonzept[1] der Person hat (Kessels u. Hannover 2004; Mummendey 2006).

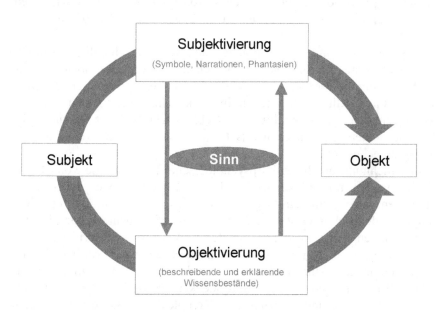

Abb. 13. Fachliche Lernprozesse zwischen Subjektivierung und Objektivierung

---

[1] Das Selbstkonzept ist die subjektive Sicht des Individuums auf die eigene Person und beinhaltet die Gesamtheit, der auf die eigene Person bezogenen Einstellungen bzw. Selbstzuschreibungen (Mummendey 2006; Gebhard u. Mielke 2003).

10.1 Theoretische Grundlagen

Im Folgenden werden zentrale Theoriestränge des Konzepts „Alltagsphantasien" skizziert. Der Ansatz zielt auf die symbolischen Repräsentationen lebensweltlicher und fachlicher Vorstellungen, während die kognitions- und sozialpsychologischen „Zwei-Prozess-Modelle" die unauflösliche Verzahnung reflektierender und intuitiver Denkprozesse zeigen.

10.1.1 Die Lesbarkeit der Welt: Symbolisierungen und die Fähigkeit zur „Zweisprachigkeit"

In der Wissenschaft wie im Alltag nähern wir uns diskursiv und symbolisch vermittelt den Phänomenen der Welt (Cassirer 1996; Gropengießer 1996; Gebhard 1999b). Insofern ist das Verstehen der Welt nie unmittelbar gegeben, sondern stets symbolisch vermittelt. Dieser grundsätzlich symbolische Zugang zur Welt wird im Bild von der „Lesbarkeit der Welt" (Blumenberg 1981) und auch in dem Begriff von *Scientific Literacy* als wissenschaftlicher Lesefähigkeit (Gräber et al. 2002; Gebhard 2003) hervorgehoben.

Wissenschafts- und Alltagssprache sind zwei unterschiedliche Symbolisierungssysteme, die man weder gegeneinander ausspielen noch eine von beiden bevorzugen sollte, wenn es gilt, das Denken und Handeln der Menschen in ihrem Alltag zu verstehen. In didaktischer Hinsicht geht es um die Kompetenz der „Zweisprachigkeit" (Gebhard 2005). Jeder Versuch, eine Sprache eindeutig zu machen (als Fachsprache), setzt die (mehrdeutige) Alltagssprache voraus.

In Anlehnung an die kulturpsychologische Terminologie von Boesch (1980) werden mit der Perspektive der „Alltagsphantasien" die Subjektivierungen verfolgt, die ein Gegenstand auslösen kann. Diese Subjektivierungen finden sich in Gestalt von symbolisch aufgeladenen biographischen Vorstellungen und Geschichten, in denen Wünsche, Wertorientierungen, Befürchtungen und grundlegende Sinnzuschreibungen verdichtet sind. Durch derartige „Alltagsphantasien" wird eine Transformation wissenschaftlicher Erkenntnisse ins Alltagsdenken ermöglicht. Sie übersetzen diese Erkenntnisse und reduzieren die Komplexität, wodurch objektivierte Fakten zu Elementen der Lebenswelt werden können.

In der Debatte um die modernen Biotechnologien kann das Aufeinanderprallen dieser unterschiedlichen Rationalitätstypen als ein wesentlicher Grund für die Heftigkeit der Auseinandersetzung angesehen werden, die nicht selten in unauflöslich scheinende Widersprüche führt. Diese können auch nicht verstanden oder gar aufgelöst werden, beschränkt man sich bei

der Analyse lediglich auf die Ebene der rational-logischen Argumente und
Sachverhalte. Insofern genügt es nicht, die logische Struktur von Diskursen zu analysieren, sondern es müssen die Bilder und Metaphern berücksichtigt werden, „die wie ein Gerüst von Stützbalken das im Diskurs kon-
struierte Objekt tragen" (Wagner 1994). Um die Rekonstruktion dieser
meist unbewusst wirksamen „Stützbalken" bzw. „Alltagsphantsien" geht
es in diesem Forschungsansatz.

10.1.2 Intuitive Vorstellungen und implizites Wissen

Freud zufolge gehört die unauflösliche Verzahnung bewusster und unbewusster Denkprozesse zu den Grundbedingungen des menschlichen Seelenlebens: „Das Unbewußte muß [...] als allgemeine Basis des psychischen
Lebens angenommen werden. Das Unbewußte ist der größere Kreis, der
den kleineren des Bewußten in sich einschließt." (Freud 1900/1991). Die
„Sprache" des Unbewussten ist weniger nach syntaktischen und semantischen Gesetzen organisiert, sondern bildhaft und assoziativ. Die Gesetze
der Logik gelten nicht, und Widersprüche können nebeneinander bestehen
bleiben. Unbewusste Verarbeitungsprozesse zeigen sich als Intuitionen
(Gedanken, die uns auf der Basis unbewusster Verarbeitungsprozesse in
den Sinn kommen) und Emotionen (als interne Bewertungen unbewusster
Verarbeitungsprozesse).

Das kognitive System arbeitet so, dass gleichzeitig unterschiedliche Bereiche aktiviert werden können. Analog zur Unterscheidung in bewusste
und unbewusste Prozesse werden in der Kognitions- und Sozialpsychologie zwei Verarbeitungsmodi (Chaiken 1999) des kognitiven Systems unterschieden (Tabelle 4).

Tabelle 4. Charakteristik der Zwei-Prozess-Modelle (nach Haidt 2001)

Das reflektierende System	Das intuitive System
langsam und anstrengend	schnell und mühelos
beabsichtigt und kontrollierbar	unbeabsichtigt und automatisiert
bewusst zugänglich (und bezüglich seiner Logik) überprüfbar	nicht zugänglich; nur die Ergebnisse gelangen ins Bewusstsein
benötigt Aufmerksamkeitskapazitäten, welche begrenzt sind	benötigt keine Aufmerksamkeitskapazitäten
serielle Verarbeitung	parallel verteilte Verarbeitung
Verarbeitung von Symbolen; Denken ist wahrheitssuchend und analytisch	Vergleich von Mustern; Denken ist metaphorisch und holistisch

Das intuitive System verarbeitet wahrgenommene Informationen unmittelbar. Der Aktivierungsverlauf ist abhängig von der Qualität der Außenreize (externe Aktivierung) sowie dem Verlauf der Denkprozesse (interne Aktivierung). Im assoziativen Verarbeitungsmodus laufen mehrere Prozesse parallel ab und sind nicht bewusst. Reflektierende Prozesse benötigen dagegen Aufmerksamkeitskapazität und sind motivationsabhängig. Erst durch Aufmerksamkeitslenkung oder durch die Intensität des Wahrnehmungsreizes wird das reflektierende System aktiviert, und es können Werte und Wahrscheinlichkeiten von Handlungskonsequenzen abgewogen werden. Die jeweilige Stärke der aktivierten intuitiven oder reflektierenden Verarbeitungsprozesse entscheidet schließlich über die Verhaltensausübung (→ 5 Schlüter). Typisch für konkurrierende Abwägungsprozesse sind innere Konflikte, bei denen unsere Intuitionen und Gefühle unseren Absichten widersprechen.

10.1.3 Die Bedeutung der Alltagsphantasien in ethischen Reflexionsprozessen

Im Kontext bio- und umweltethischer Problemlagen, deren Reflexion ein wichtiges Anliegen auch des Biologieunterrichts ist (→ 17 Hößle; → 18 Bögeholz), wird hier der intuitive Teil der moralischen Urteilsbildung betont, nicht etwa, weil Intuitionen die besseren Urteile repräsentieren, sondern weil sie auf Denken und Handeln Einfluss nehmen und deswegen in Reflexionsprozessen zu berücksichtigen sind (Dittmer 2005, 2006).

Der zentrale Gedanke dabei ist, dass die rationale moralische Argumentation meistens das intuitiv gefällte Urteil nur stützt und nicht hervorbringt (Haidt 2001; Goschke u. Bolte 2002). Vor diesem Hintergrund ist die Förderung von ethischer Reflexionskompetenz in einem dualen Sinne zu verstehen: Sie umfasst sowohl die Schulung einer um Reflexion bemühten Haltung (Argumentation, Kommunikation, Perspektivenübernahme und Bewertung), aber auch die Auseinandersetzung mit weiterführenden Assoziationen, intuitiven Urteilen und emotionalen Reaktionen, die das Bewertungsverhalten einer Person beeinflussen können.

Nach Haidt (2001) geht es darum, die mit der Wahrnehmung generierten Schlussfolgerungen post hoc zu legitimieren und rational zu begründen. Nachdenken generiert nachträgliche Rechtfertigungen der intuitiven Bewertungen, und es scheint ein engerer Zusammenhang zwischen Bewertungen und Emotionen als zwischen Bewertungen und bewusster Argumentation zu bestehen. Nach Haidt leidet unser moralisches Leben unter zwei Illusionen: Zum einen die *„the wag-the-dog illusion"*: Zu glauben, dass Nachdenken zu unseren Urteilen führt, ist, als würde man meinen, dass der Hundeschwanz den Hund wedelt. Wer das annimmt, wird auch vermuten, dass man einen Hund glücklich macht, in dem man seinen Schwanz bewegt: *„the wag-the-other-dog's-tail illusion."* Es ist die Illusion, dass wir in Diskussionen die Meinung unserer Gesprächspartner durch Widerlegung derer Argumentationen ändern können. Moralische Streitgespräche gleichen häufig einem Schattenboxen: Man versucht auf etwas einzuwirken (moralische Begründungen), was nicht primär die Ursache des Urteils ist, und wundert sich darüber, dass das nicht funktioniert.

Vor diesem Hintergrund kann ethische Nachdenklichkeit dazu führen, dass neue Intuitionen aktualisiert oder Überzeugungen generiert werden, die den ursprünglichen Intuitionen widersprechen. Solche inneren Dialoge und Distanzierungen von den ersten Eindrücken sind in der Pädagogik als die Fähigkeit zum Perspektivenwechsel und zur Rollenübernahme bekannt. Man versetzt sich in die Situation anderer und dabei werden neue Intuitionen geweckt. Philosophische Denkprozesse und wissenschaftliches Argumentieren sind, obgleich kognitiv aufwendiger und meist nicht den Alltag bestimmend, Möglichkeiten, intuitives Denken zu reflektieren und alternative, kontraintuitive Bewertungen vorzunehmen.

10.2 Einblicke in die Forschungspraxis

Eine Reihe von Studien behandeln die Frage, welche „Alltagsphantasien" bei Jugendlichen der Sekundarstufe II im Zusammenhang mit gentechnologischen Themen (wie z. B. Klonen, Pränatale Diagnostik oder gentechnisch veränderten Lebensmitteln) aktiviert werden (Gebhard u. Mielke 2003) und wie diese Phantasien das Nachdenken über bioethische Fragen beeinflussen, z. B. im Hinblick auf das Menschenbild (Gebhard 2004). Außerdem gibt es Rekonstruktionen von Alltagsphantasien zum Experimentieren (Gebhard 2007), eine unterrichtliche Interventionsstudie zu den Effekten der expliziten Berücksichtigung von Alltagsphantasien (Born 2007) sowie eine Untersuchung zur Selbstkonzeptrelevanz der Alltagsphantasien im Hinblick auf die Motivation und Interessensentwicklung (Monetha 2006). Zurzeit werden im Rahmen eines DFG-Projekts Laboruntersuchungen durchgeführt, die die Effekte der expliziten Reflexion der Alltagsphantasien auf Verstehensprozesse in den Blick nehmen.

10.2.1 Alltagsphantasien von Jugendlichen zur „Roten" und „Grünen" Gentechnik

Um auf die Ebene der intuitiven Vorstellungen zu gelangen, wird ein Gruppendiskussionsverfahren in Anlehnung an die Methode des Philosophierens mit Kindern und Jugendlichen (Gebhard et al. 1997) angewandt. Durch das Vorlesen einer im Ausgang offenen Dilemmageschichte wird eine freie und eigendynamische Diskussion angeregt und anschließend inhaltsanalytisch ausgewertet (Strauß u. Corbin 1996). Es ließen sich bisher insgesamt 12 Alltagsphantasien zur Gentechnik rekonstruieren, z. B. Vorstellungen von der Heiligkeit des Lebens oder „Natur als sinnstiftender Idee" (ausführlich in Gebhard u. Mielke 2003). Letztere wird im Folgenden exemplarisch durchgespielt:

Die Schüleraussage „Die Neugier des Menschen und seine geistreichen Fähigkeiten stehen gegen den Erhalt der Natürlichkeit" benennt eine der klassischen Antinomien des Abendlandes, nämlich die zwischen Kultur und Natur bzw. Mensch und Natur. In der Argumentationsfigur „Natur als Norm" wird die Natur zum Inbegriff einer normativen Instanz, die den Maßstab für moralische Urteile liefert. „Natürlich" und „moralisch richtig" fallen bei dieser naturalistischen Ethik zusammen: „Ich habe gerade das Bild von Tieren im Kopf, ich weiß nicht, also wenn jetzt eine Tigermama ein Tigerbaby kriegt. Also sie kriegt vier Stück und eins davon ist blind oder so, dann stößt sie es doch auch weg. Und ich weiß nicht, ich mein, das ist Natur und dem Menschen ist es halt selber überlassen und ich schätz mal nicht, dass es unbedingt negativ ist."

Die normstiftende Funktion von Natur ist am verlässlichsten, wenn die Natur als stabil und ewig interpretiert wird. Aus dieser Perspektive erscheint es „frevelhaft", diese ewige und immergleiche Natur zu verändern. Dieser statischen Perspektive inhärenten physiozentrischen Ethik zu Folge ist die Natur dem Menschen übergeordnet: „Ich finde das nicht so gut, wenn man in die Natur eingreift. Hat wahrscheinlich irgendeinen Grund, also die Natur hat einen Grund, dass alles so ist, wie es ist, und dass man da nicht so dran rumdreht."

Mit dem Hinweis auf Natur kann nun alles (und damit nichts) legitimiert werden: „Man kann auch anders fragen, man kann auch sagen, dass das der natürliche, dass das zur Natur gehört. Dass wir Menschen uns so weiterentwickelt haben, dass wir in unsere eigene Natur eingreifen können, dass das ja ein natürlicher Prozess ist, dass wir uns so weiterentwickelt haben, dass wir in der Lage sind, solche Krankheiten vorherzusagen." Dieses evolutionäre Menschenbild wird besonders deutlich bei der Gentherapie: „Für das Individuum eine optimale Lösung. Für die Menschheit als Ganzes aber an sich nicht nur gut. Bisher gelten die Gesetze des Stärkeren – er überlebte."

Die Naturvorstellungen gehen eine Verbindung mit mannigfachen symbolhaltigen Konstruktionen ein: mit naturphilosophischen bzw. -religiösen Vorstellungen („Gibt es nicht bestimmte Regeln der Natur, die man einfach einhalten sollte?"), mit sozialdarwinistischen Konzepten („Die Natur soll das Hungerproblem in Afrika lösen.") und mit Angst ("Außerdem wird die Natur sich sicher einmal zur Wehr setzen."). Im Stile des naturalistischen Fehlschlusses wird das Sein mit dem Sollen vermengt: Was „natürlich" ist, ist gut. Dies gilt auch im Umkehrschluss: Was auf technische Weise „unnatürlich" gemacht wurde, wird zumindest skeptisch betrachtet. Dieses naturalistische Normengefüge ist offenbar das Netz, in dem sich die Gentechnik verfängt. Die in der Phantasie an sich stabile und „ewige" Natur verliert so ihre unverbrüchliche und damit Geborgenheit vermittelnde Funktion. Die im Kern veränderte Natur kann als solche kein Leitbild für den Menschen mehr sein – weder bei Wertorientierungen noch im Bereich persönlich empfundener Geborgenheit im Schoße von „Mutter Natur".

10.3 Pädagogisch-didaktisches Fazit: Duale Reflexionskompetenz und Zweisprachigkeit

Das kenntnisreiche, kritische und planende Denken ist ein wichtiges Bildungsziel in einer aufgeklärten Welt und daher zu Recht ein zentrales Anliegen unserer Bildungsinstitutionen. Nur darf das Ideal des klassischen Problemlösezyklus (Beobachtung – Analyse – Bewertung) nicht mit der Realität menschlicher Informationsverarbeitung verwechselt werden. Es geht um die Frage, ob und wie das heuristische Potenzial des impliziten Wissens, der intuitiven Vorstellungen, eben der Alltagsphantasien, didaktisch zu berücksichtigen und zu nutzen ist.

Alltagsphantasien haben eine kreative und eine heuristische Qualität: Man gelangt zu neuen Perspektiven und Fragestellungen und hat die Chance, in Auseinandersetzungen eine persönlichere und offenere Haltung einzunehmen. Diese Art der Selbstwahrnehmung gilt es zu kultivieren. Dies erfordert eine didaktische Haltung, intuitive Vorstellungen nicht zu ignorieren und in fachlichen Auseinandersetzungen auch Schülervorstellungen zu berücksichtigen, geradezu willkommen zu heißen, die auf den ersten Blick fernab der gegebenen Situation bzw. des Themas liegen.

Eine weitere wichtige didaktische Annahme des Ansatzes besteht darin, dass Lernprozesse dann erfolgreicher, effizienter und sinnvoller sind, wenn der alltägliche, subjektivierende, intuitive, symbolische Zugang zu den

Phänomenen im Unterricht nicht nur geduldet, sondern zum Gegenstand expliziter Reflexion gemacht wird. In einer Interventionsstudie konnte gezeigt werden, dass ein Biologieunterricht, der die Alltagsphantasien zum Gegenstand expliziter Reflexion macht, nicht nur von den Schülern als sinnvoller und motivierender beurteilt wurde, sondern auch zu einer verbesserten und vor allem nachhaltigeren Lerneffizienz in Bezug auf das biologische Wissen führt (Born 2007).

Die Vorstellungen, Phantasien, Bilder und Metaphern, eben die Alltagsphantasien, die sich als subjektive Interpretationen an Lerngegenstände heften, tragen dazu bei, dass die Aneignung von Lerngegenständen als sinnvoll interpretiert werden kann. Es reicht nicht, wenn Lernenden die Dinge nur in ihrer objektivierenden Variante beigebracht werden. Eine geradlinige objektivierende Sicht der Dinge unterschlägt die subjektierenden Schattierungen, grenzt den subjektiv gemeinten Sinn aus und bringt die Dinge den Subjekten nicht nahe. Objekte der Außenwelt haben nicht nur eine Bedeutung als objektive Gegebenheiten, sondern auch eine symbolische Bedeutung, in der persönliche Erfahrungen, Beziehungen, Phantasien und Narrationen zusammenfließen. In der Vermittlung zwischen beiden Zugängen besteht die Chance, einer an sich unbegreiflichen Welt (Blumenberg 1981) Sinn zu verleihen bzw. diese als sinnhaft zu erleben (Combe u. Gebhard 2007). Diese Vermittlung ist die Aufgabe der Didaktik.

Literatur

Boesch EE (1980) Kultur und Handlung: Einführung in die Kulturpsychologie. Huber, Bern

Born B (2007) Zum Einfluss von Alltagsphantasien auf das Lernen. Eine Untersuchung zur expliziten Reflexion impliziter Vorstellungen im Biologieunterricht der Sekundarstufe II. VS, Wiesbaden

Born B, Gebhard U (2005) Intuitive Vorstellungen und explizite Reflexion: Zur Bedeutung von Alltagsphantasien bei Lernprozessen zur Bioethik. In: Schenk B (Hrsg) Bausteine einer Bildungsgangtheorie. VS, Wiesbaden, S 255–271

Blumenberg H (1981) Die Lesbarkeit der Welt. Suhrkamp, Frankfurt am Main

Cassirer E (1996) Versuch über den Menschen. Einführung in eine Philosophie der Kultur. Meiner, Hamburg

Chaiken S (1999) Dual-process theories in social psychology. Guilford, New York

Combe A, Gebhard U (2007) Sinn und Erfahrung. Zum Verständnis fachlicher Lernprozesse in der Schule. Barbara Budrich, Opladen

Deci E, Ryan R (1985) Intrinsic motivation and self-determination in human behavior. Plenum, New York

Dittmer A (2005) Vom Schattenboxen und dem Verteidigen intuitiver Urteile. Eine Einführung für die Oberstufe. Ethik & Unterricht 2:34–39

Dittmer A (2006) "Gefühle lügen nicht", können sich aber irren! Gute Gründe für Introspektion. Ethik & Unterricht 3:31–35

Freud S (1900/1991) Die Traumdeutung. Fischer, Frankfurt am Main

Gebhard U (1994) Vorstellungen und Phantasien zur Gen- und Reproduktionstechnologie bei Jugendlichen. In: Pädagogische Hochschule (Hrsg) Der Wandel im Lehren und Lernen von Mathematik und Naturwissenschaften. Symposion '94 Pädagogische Hochschule Heidelberg, 4. bis 7. Oktober 1994. Studienverlag, Weinheim, S 144–156

Gebhard U (1999a) Alltagsmythen und Metaphern: Phantasien von Jugendlichen zur Gentechnik. In: Schallies M, Hafner U (Hrsg) Biotechnologie und Gentechnik. Neue Technologien verstehen und beurteilen. Springer, Berlin Heidelberg New York Tokyo, S 99–116

Gebhard U (1999b) Weltbezug und Symbolisierung: Zwischen Objektivierung und Subjektivierung. In: Gesellschaft für Didaktik des Sachunterrichts (Hrsg) Probleme und Perspektiven des Sachunterrichts, Bd 9. Umwelt, Mitwelt, Lebenswelt im Sachunterricht. Klinkhardt, Bad Heilbrunn, S 33–53

Gebhard U (2003) Die Sinndimension im schulischen Lernen: Die Lesbarkeit der Welt. Grundsätzliche Überlegungen zum Lernen und Lehren im Anschluss an PISA. In: Moschner B, Kiper H, Kattmann U (Hrsg) PISA 2000 als Herausforderung. Schneider, Hohengehren Baltmannsweiler, S 205–223

Gebhard U (2004) Wie beim Nachdenken über Gentechnik Menschenbilder aktualisiert werden. In: Gropengießer H et al. (Hrsg) Lehren fürs Leben. Aulis, Köln, S 25–40

Gebhard U (2005) Symbole geben zu denken. Sprache und Verstehen im naturwissenschaftlichen Unterricht. Plädoyer für das Philosophieren im naturwissenschaftlichen Unterricht. In: Hößle C, Michalik K (Hrsg) Philosophieren mit Kindern und Jugendlichen. Didaktische und methodische Grundlagen des Philosophierens. Schneider, Baltmannsweiler, S 48–59

Gebhard U (2007) Intuitive Vorstellungen und explizite Reflexion. Der Ansatz der Alltagsphantasien. In: Schomaker C (Hrsg) Sachunterricht und das persönliche Leben. Klinkhardt, Heilbrunn, S 102–115

Gebhard U, Mielke R (2003) "Die Gentechnik ist das Ende des Individualismus": Latente und kontrollierte Denkprozesse bei Jugendlichen. In: Birnbacher D, Martens E (Hrsg) Philosophie und ihre Vermittlung. Ekkehard Martens zum 60. Geburtstag. Siebert, Hannover, S 202–218

Gebhard U, Billmann-Mahecha E, Nevers P (1997) Naturphilosophische Gespräche mit Kindern. Ein qualitativer Forschungsansatz. In: Schreier H (Hrsg) Mit Kindern über die Natur philosophieren. Dieck, Heinsberg, S 130–153

Goschke T, Bolte A (2002) Emotion, Kognition und Intuition: Implikationen der empirischen Forschung für das Verständnis moralischer Urteilsprozesse. In: Döring SA, Mayer V (Hrsg) Deutsche Zeitschrift für Philosophie Sonderband, Bd 4. Die Moralität der Gefühle. Akademischer Verlag, Berlin, S 39–57

Gräber W, Nentwig P, Koballa T, Evans R (2002) Scientific Literacy. Der Beitrag der Naturwissenschaften zur Allgemeinen Bildung. Leske & Budrich, Opladen

Gropengießer H (1996) Die Bilder im Kopf. Von den Vorstellungen der Lernenden ausgehen. Friedrich Jahresheft 14:11–13

Haidt J (2001) The emotional dog and its rational tail: A social intuionist approach to moral judgement. Psychological Review 108:814–834

Kessels U, Hannover B (2004) Entwicklung schulischer Interessen als Identitäts-regulation. In: Doll J, Prenzel M (Hrsg) Schulische und außerschulische Ansätze zur Verbesserung der Bildungsqualität. Waxmann, Münster, S 345–359

Krapp A (1992) Das Interessenkonstrukt. In: Krapp A, Prenzel, M (Hrsg) Arbeiten zur sozialwissenschaftlichen Psychologie, Bd 26. Interesse, Lernen, Leistung. Neuere Ansätze der pädagogisch-psychologischen Interessenforschung. Aschendorffsche Verlagsbuchhandlung, Münster, S 297–329

Marotzki W (1990) Entwurf einer strukturalen Bildungstheorie. Biographietheoretische Auslegung von Bildungsprozessen in hochkomplexen Gesellschaften. Studienverlag, Weinheim

Monetha S (2006) Der Einfluss von Schülervorstellungen auf das Lernen – Vorstellung eines Untersuchungsdesigns. In: Vogt H, Krüger D, Marsch S (Hrsg) Erkenntnisweg Biologiedidaktik. 8. Frühjahrsschule in Berlin. Universitätsdruckerei Kassel, S 115–128

Mummendey HD (2006) Psychologie des "Selbst": Theorien, Methoden und Ergebnisse der Selbstkonzeptforschung. Hogrefe, Göttingen

Strauß A, Corbin J (1996) Grounded Theory. Grundlagen qualitativer Sozialforschung. BeltzPVU, Weinheim

Wagner W (1994) Alltagsdiskurs: Die Theorie sozialer Repräsentationen. Hogrefe, Göttingen

11 Theoretische Ansätze zur Metakognition

Ute Harms

Denkt ein Lerner vor der Bearbeitung einer Aufgabe explizit darüber nach, wie er bei deren Bearbeitung vorgehen sollte, oder was er bereits über den Inhaltsaspekt dieser Aufgabe weiß, so werden diese kognitiven Aktivitäten als „meta-kognitiv" bezeichnet. Warum sind derartige Phänomene interessant für die biologiedidaktische Forschung? Fachdidaktische ebenso wie lernpsychologische empirische Studien geben Hinweise darauf, dass Lernprozesse positiv beeinflusst werden, wenn Metakognition im Spiel ist.

Bei der Beschäftigung mit der entsprechenden Forschungsliteratur wird sichtbar, dass es sich bei dem Begriff Metakognition um ein außerordentlich komplexes Konstrukt handelt, das von verschiedenen Autoren mehr oder minder unterschiedlich beschrieben wird. Eine notwendige Basis für jede Theorie aber ist die Klarheit der Begriffe. Aus diesem Grunde werden in diesem Beitrag zunächst verschiedene Beschreibungen von Metakognition, die in der aktuellen Forschungsliteratur zu finden sind, ausgeführt. In der pädagogischen Psychologie lassen sich diverse theoretische Ansätze finden, die den Zusammenhang zwischen den verschiedenen Aspekten von Metakognition und Lernprozessen zu beschreiben versuchen. Von diesen ausgehend wurde in der Biologiedidaktik ein theoretisches Funktionsmodell entwickelt, das den Zusammenhang zwischen Metakognition und Lernleistung abzubilden versucht. Dieses Modell wird im zweiten Teil dieses Kapitels dargestellt und erläutert. Dabei wird insbesondere auf die Relevanz dieses Modells für biologiedidaktische empirische Studien eingegangen. Abschließend wird ein kurzer Überblick über den Stand der Metakognitionsforschung, die für die biologiedidaktische empirische Forschung relevant erscheint, gegeben.

11.1 Der Begriff Metakognition

Der Begriff Metakognition bezieht sich auf kognitive Phänomene, Aktivitäten und Erfahrungen, deren Inhalte selbst wiederum kognitive Funktionen oder kognitive Zustände sind. Das Wissen und die Kontrolle über die eigenen kognitiven Funktionen sind also die zentralen Aspekte von Metakognition (vgl. Hasselhorn 2001). Sich seinem eigenen Wissen, seiner Denkstrategien bewusst zu sein und diese bewusst zu regulieren, bezeichnet man als metakognitiv.

Der Begriff Metakognition selbst hat sich aus verschiedenen Forschungstraditionen heraus entwickelt, die von González Weil (2006) im Überblick zusammengefasst wurden. Seit Anfang des 20. Jahrhunderts wurde vermutet, dass besonders effektive Lernprozesse bewusste strategische Aktivitäten und Kontrollmechanismen voraussetzen (vgl. Brown 1984). Erst Mitte der 70er Jahre aber etablierte sich der Begriff Metakognition im Rahmen der Forschungsarbeiten über die Entwicklung des Gedächtnisses und der Problemlösefähigkeit. Als Erster schrieb Flavell 1971, dass das, was wir kennen, und wie wir denken, zutiefst mitbestimmt, wie wir lernen und woran wir uns erinnern. Darüber hinaus postuliert Flavell (1971), dass die Entwicklung des Gedächtnisses einerseits den Erwerb der Kenntnis über Strategien und Fähigkeiten mit sich brächte, und andererseits die Entwicklung eines gewissen Bewusstseins über sich selbst als dem aktiven Regulator der Information, die von einem selbst gespeichert und wieder abgerufen wird. So erlangt ein Kind im Laufe seiner Entwicklung immer mehr Bewusstsein und Kenntnis über seine eigenen Fähigkeiten, sein Wissen und seine individuellen kognitiven Prozesse. Hiervon ausgehend führt Flavell (1971) das Konzept „Metagedächtnis" ein. Eine mögliche Erklärung, warum Kinder Lernstrategien, die sie (vermutlich) beherrschen, nicht spontan nutzen, ist ein mangelndes Metagedächtnis. Eine Hypothese Flavells lautet, dass die Qualität von Lern- und Gedächtnisstrategien von Kindern vom verfügbaren Wissen über solche Strategien sowie deren effektiver Regulation und Überwachung abhängig sei (Hasselhorn 1992).

In einer späteren Veröffentlichung weist Flavell (1976) auf eine Untersuchung hin, in der Kinder bei der Lösung von Problemen versagten, obwohl sie über die zur Bearbeitung benötigten Werkzeuge verfügten. Flavell (1976) verwendet hier nun nicht mehr den Begriff Metagedächtnis, sondern schreibt die Ursache dieses Problems einem Fehlen der Metakognition bei Kindern zu. Metakognition nach Flavell (1976) bedeutet u. a. das Wissen über die Steuerung, folgerichtige Regulation und Koordination der eigenen kognitiven Prozesse. Er geht in Bezug auf das Speichern und Wiedergewinnen von Information, insbesondere, wenn es sich um die Lösung von Problemen handelt, davon aus, dass der Lerner im Laufe der Zeit eine Sensitivität gegenüber Situationen entwickeln würde, in denen es angebracht ist, Informationen zu speichern, die später verwendet werden können. Andererseits würde der Lerner lernen zu unterscheiden, welche

Information zu speichern ist und in welchem Augenblick diese abgerufen werden muss. Schließlich würde der Lerner nicht nur das „Was" und „Wann" lernen, sondern auch „Wie" und „Wo" Information gespeichert und abgerufen wird, wobei das „Wie" eine Reihe von Strategien bedeutet, und das „Wo" – außer dem Gedächtnis – weitere Informationsquellen (andere Personen, Bücher, Computer, usw.) einschließt.

Im Anschluss an Flavells Beschreibung von Metakognition wurden in den folgenden 25 Jahren mehrere Definitionen von Metakognition vorgeschlagen. Einen Überblick gibt González Weil (2006). All diesen Beschreibungen ist gemeinsam, dass sie ebenfalls zwischen einem deklarativen Wissensaspekt und einem exekutiven Kontrollaspekt unterscheiden. Ersterer bezieht sich auf das, was eine Person über die eigenen kognitiven Prozesse bzw. deren Ergebnisse weiß. Der zweite Aspekt umfasst die aktiven Überwachungsvorgänge und Kontrollmaßnahmen, die im Hinblick auf diese kognitiven Prozesse vom Lerner vorgenommen werden (Hasselhorn 1992).

González Weil (2006) entwickelte auf der Basis der zum Teil sehr komplexen Beschreibungen verschiedener Autoren von Metakognition ein eigenes Beschreibungsmodell dieses Begriffs, welches einerseits klar differenzierbare Komponenten enthält, und das andererseits die Komplexität des Konstrukts Metakognition widerspiegelt, indem es die verschiedenen Verhaltensweisen berücksichtigt, welche laut Fachliteratur ein metakognitiv beeinflusstes Handeln seitens des Lerners zeigen.

Die verschiedenen Beschreibungsmodelle von Metakognition beinhalten bestimmte Gemeinsamkeiten, die Gonzalez Weil aufgreift. Im Allgemeinen werden zwei übergeordnete Komponenten unterschieden, nämlich **Wissen** und **Kontrolle**. Innerhalb der ersten Komponente unterscheiden sowohl Flavell u. Wellman (1977) als auch Borkowski et al. (2000) und Pintrich et al. (2000) zwischen Strategie- bzw. Aufgabenwissen und Wissen über sich Selbst (Selbsteinschätzung). Innerhalb der zweiten Komponente (Kontrolle) unterscheidet Brown (1987, 1984) vier Arten von Prozessen, nämlich Analyse, Planung, Überwachung und Bewertung, welche sich hauptsächlich auf die Regulation der Strategienutzung beziehen. Im Zusammenhang mit Konzeptwechselprozessen (→ 7 Krüger), die in den letzten Jahren für die Untersuchung von Lernprozessen in den Naturwissenschaften an großer Bedeutung gewonnen haben, beschränken sich die Metakognitionsprozesse nicht nur auf die Bewertung spezifischer Strategienutzungen, sondern auch auf die Bewertung des eigenen Wissensstandes. Pintrich et al. (2000) nehmen in ihr Modell entsprechend Elemente auf, wie die *Judgements of Learning*, die in dem von González Weil (2006) vorgeschlagenen Modell berücksichtigt werden. Schließlich wird die von Flavell u. Wellman (1977) eingeführte Komponente **Sensitivität,** die zwar implizit auch in den Modellen von Borkowski u. Turner (1990) sowie Pintrich et al. (2000) vorhanden ist, als wichtig angesehen, da sie einem Gespür oder der Intuition über die Notwendigkeit zu handeln entspricht und somit diejenige Komponente darstellt, welche den gesamten metakognitiven Prozess auslöst.

In dem von González Weil (2006) vorgeschlagenen Metakognitionsmodell (s. Abb. 14) werden daher drei Hauptkomponenten unterschieden: 1. Wissen, 2. Kontrolle und 3. Sensitivität. Unter dem Aspekt Sensitivität wird das Gespür verstanden, dass eine spezifische Lernsituation bestimmte Kenntnisse oder strategische Aktivitäten sowie Anstrengung und Beharrlichkeit erfordert.

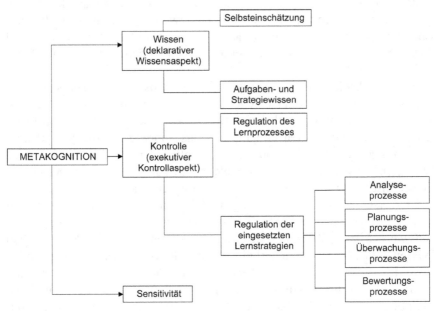

Abb. 14. Beschreibung des Begriffs Metakognition nach González Weil (2006)

11.2 Theorien zur Wirkungsweise von Metakognition auf Lernprozesse

Folgt man der Definition für eine wissenschaftliche Theorie nach Bortz u. Döring (2002), und bezieht man diese auf den Begriff Metakognition, so erhebt eine „Metakognitionstheorie" den Anspruch, ein „schlüssiges Annahmengefüge über Ursachen und Wirkungen" von Metakognition zu beschreiben. Im Zusammenhang mit biologiedidaktischer Forschung ist eine solche Theorie von Interesse in Hinblick auf ihren Erklärungswert für Lehr- und Lernprozesse im Themenfeld Biologie. Eine übergeordnete Aussage in diesem Zusammenhang könnte heißen: Metakognition hat positive Effekte auf Lernprozesse. Dies ist ableitbar aus zahlreichen empirischen Arbeiten. Für biologiedidaktische Untersuchungen aber, deren Ziel es ist, konkrete Ergebnisse für Lehr- und Lernprozesse in der Biologie zu erarbeiten, die für eine Förderung des Lehrens und Lernens von Biologie nutzbar gemacht werden können, ist diese Aussage zu undifferenziert. Nachdem es im ersten Teil dieses Kapitels eine Auseinandersetzung mit der Klärung des Begriffs Metakognition selbst gegeben hat, soll nun exemplarisch und auf der Basis des Metakognitionsbegriffs nach González Weil (2006) eine Theorie beschrieben werden, die zum Ziel hat, den Zusammenhang zwischen den verschiedenen Aspekten des Metakognitionsbegriffs und der Lernleistungen (in der Biologie) bei Schülern abzubilden. Die hier beschriebene Theorie wurde in einer ausführlichen biologiedidaktischen empirischen Studie über den Zusammenhang zwischen Konzeptwechsel und Metakognition zum Themenbereich Zellbiologie angewandt (González Weil 2006). In dieser Arbeit wurde die Hypothese überprüft, ob Metakognition Konzeptwechselprozesse beim Lernen der Zellbiologie positiv beeinflusst. Es konnte gezeigt werden, dass metakognitive Kompetenzen von Schülern keine Effekte auf reproduktives Lernen, wohl aber auf konzeptuelle Verständnisentwicklungen haben. Die in Abbildung 15 im Modell dargestellte Theorie lässt diese Hypothese zu, retrospektiv kann sie für die Erklärung der erhobenen Effekte herangezogen werden. Sie macht darüber hinaus deutlich, welche Kontrollvariablen im Forschungsdesign berücksichtigt werden müssen.

Die oben beschriebenen Komponenten von Metakognition sind theoretische Konstrukte, die während des Lernprozesses, so wie Abbildung 15 es zeigt, auf komplexe Weise interagieren. In einer empirischen Untersuchung ist es schwierig, diese Komponenten zu kontrollieren und klar zu differenzieren. Zum Zeitpunkt der Messung der Metakognitions-Variablen können nur einige konkrete Verhaltensweisen oder Kenntnisse des Lerners erhoben und den entsprechenden theoretischen Metakognitionskomponenten zugeordnet werden (Schraw 2000). Entsprechend nennen einige Autoren bestimmte metakognitive Indikatoren, die typisch für eine Person mit hohem Metakognitionsniveau und charakteristisch für den „Idealschüler" sind, oder was Borkowski et al. (2000) den *Good Information Processor* nennen. Mit der Absicht, eine Brücke zu schlagen zwischen dem theoretischen Modell und dem, was bei einem Lerner in einer empirischen Untersuchung gemessen werden kann, wurden diese Indikatoren gemäß den Komponenten der von González Weil (2006) formulierten Theorie geordnet.

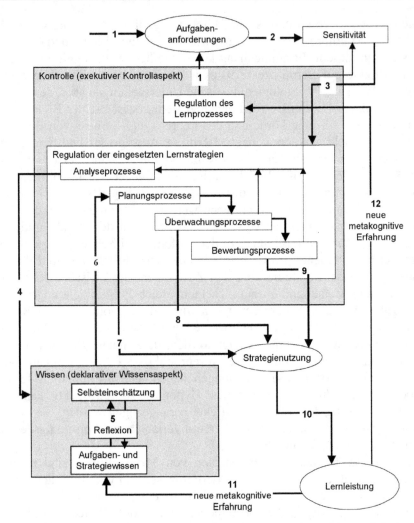

Abb. 15. Theoretisches Modell über den Einfluss von Metakognition auf die Lernleistung nach Gonzalez Weil (2006). Die Zahlen bezeichnen die Reihenfolge, in der die verschiedenen Aspekte der Metakognition auftreten. (**1**) Der Lerner wird mit einer neuen Aufgabe konfrontiert; (**2**) der Aspekt Sensitivität wird stimuliert; (**3**) die Regulation der einzusetzenden Lernstrategien wird stimuliert; (**4**) bei der Analyse der Aufgabe greift der Lerner auf sein Wissen zurück; (**5**) ausgehend von dieser Analyse (**6**) plant der Lerner die konkret anzuwendende Strategie und (**7**) führt diese durch, indem er (**8**) diesen Prozess kontrolliert und (**9**) bewertet. Die Anwendung der Strategie (**10**) determiniert eine bestimmte Lernleistung; diese wiederum wird (**11**) zu einer neuen metakognitiven Erfahrung, die den Wissensaspekt bereichert; (**12**) das Ergebnis der Lernleistung bestimmt im Individuum die Regulation des gesamten Lernprozesses und löst ggf. einen neuen Metakognitionsprozess aus

Daher wird zwischen den Indikatoren des metakognitiven Wissens (1), der Metakognitionskontrolle (2) und der Sensitivität (3) unterschieden (Abb. 15).

(1) Indikatoren des metakognitiven Wissens
Selbsteinschätzung
Der Lerner kann den Inhalt und die Grenzen seines Wissens abschätzen (Hacker 1998; Campanario 2000).
Aufgaben- und Strategiewissen
Der Lerner ist in der Lage, Ziele, Elemente und Schwierigkeiten einer Aufgabe oder Strategie zu beschreiben (Campanario 2000). Dieses Wissen ist deklarativ, weshalb der Lerner fähig sein sollte, es auch mitzuteilen (Brown 1984).

(2) Indikatoren der Metakognitionskontrolle
Regulation des Lernprozesses
Der Lerner bewertet den eigenen Verständnisgrad. Die Selbstbewertung des eigenen Verständnisses und das Selbstbefragen zur Überprüfung, in welchem Maße man ein konkretes Thema beherrscht, sind Beispiele für ein metakognitives Verhalten (Campanario 2000).
Der Lerner erkennt seine Fehler und korrigiert diese (Gunstone 1994). Der Lerner konzentriert sich auf die Tätigkeit, die er gerade ausführt, und vermeidet es, sich von externen oder internen Faktoren ablenken zu lassen (González 1993).
Regulation der eingesetzten Strategien
Der Lerner bewertet den Schwierigkeitsgrad einer Aufgabe und die Möglichkeit oder Notwendigkeit des Einsatzes einer Strategie (Analyse). Er entscheidet, welche Strategie zu verwenden ist und plant ihren Verlauf (Planung) (Brown 1984; González 1993; Gunstone 1994; Borkowski et al. 2000).
Kontrolle über die Durchführung. Strategie (Überwachung)
Während der Bearbeitung einer Aufgabe oder der Ausführung einer Strategie kontrolliert und reguliert der Lerner deren Verlauf (Brown 1984). Zum Beispiel sollte er bei einer Aufgabenbearbeitung darauf achten, dass er diese den Vorgaben entsprechend durchführt (González 1993; Gunstone 1994). Der Lerner bewertet die Durchführung der Strategie (Auswertung), und bei Beendigung einer Aufgabe bzw. der Durchführung einer Strategie bewertet der Lerner das Endergebnis und ist in der Lage, ein Werturteil über seine Leistung abzugeben (Brown 1984).

(3) Indikatoren der Sensitivität
Der Lerner ist fähig, auf spontane und angemessene Weise das Wissen, das er besitzt, zu aktivieren, einzusetzen und in Bezug zu bringen. Im Augen-

blick der Lösung einer Aufgabe oder eines Problems muss der Lerner das dafür passende Wissen aktivieren (Brown 1984). Das bedeutet nicht nur, dass der Lerner wissen muss, was er weiß (Wissenskomponente der Metakognition), er muss auch merken, dass die Aktivierung in einem bestimmten Moment unerlässlich ist (González 1993). Hierdurch entsteht neues Wissen, welches der Lerner mit seinen früheren Kenntnissen und Erfahrungen verbinden wird. Dies können Schulkenntnisse, persönliche Vorstellungen und Ideen, Anwendungen und Beispiele aus dem täglichen Leben oder frühere Lernaktivitäten sein (Gunstone 1994). Diese Fähigkeit, nämlich die neu gelernte Information mit bereits bekannten Informationen zu verbinden, kann als eine der für den Lernprozess wichtigsten Fertigkeiten betrachtet werden (Campanario 2000).

In einer Lernsituation wird sich der Lerner bewusst, dass er Informationen benötigt, die er nicht kennt, weshalb er auf andere Quellen zurückgreift. Die aktive Suche nach der für den Lernprozess bedeutenden Information ist eine der Eigenschaften von Lernern, die Strategien für selbstreguliertes Lernen verwenden (Campanario et al. 1998).

Der Lerner ist flexibel im Gebrauch der Strategien. Während der Ausführung einer Aufgabe wechselt der Lerner die Strategie, wenn er merkt, dass diese ihm nicht hilft, das Problem zu lösen bzw. falls dies aufgrund der Rückmeldung seiner Selbstüberwachung notwendig erscheint (Brown 1984; González 1993; Wild u. Schiefele 1994; Borkowski et al. 2000; Pintrich et al. 2000).

Der Lerner passt seine Lernweise intuitiv den Umständen an. Eine der Eigenschaften von hochgradig metakognitiven Lernern ist ihre Fähigkeit, spezifische Strategien bei bestimmten Aufgaben einzusetzen.

Ein letzter Indikator der Komponente Sensitivität ist, dass der Lerner auf der Erfüllung seiner Ziele beharrt. Der Lerner bemüht sich, die gesetzten Ziele zu erreichen (Borkowski et al. 2000), ist ausdauernd und zeigt eine deutliche Bereitschaft, die Hindernisse, die sich ihm während der Durchführung der Aufgabe in den Weg stellen, zu überwinden (Campanario et al. 1998).

11.3 Metakognitionstheorien und empirische Lehr- und Lernforschung

Forschungsarbeiten zur Metakognition können in drei große Felder gegliedert werden: zum einen in Untersuchungen über metakognitives Wissen und kognitive Überwachung, zum zweiten in Untersuchungen über kognitive Regulation und zum dritten in Untersuchungen über die Relevanz von

Metakognition im Unterricht. Forschungsarbeiten in den ersten beiden Feldern lassen sich eher der Pädagogischen Psychologie zuordnen. Für die Biologiedidaktik sind insbesondere Arbeiten, die sich mit Metakognition und Unterricht auseinander setzen von Bedeutung. Auf diese soll im Folgenden näher eingegangen werden.

Empirische Untersuchungen geben Hinweise darauf, dass Metakognition eine fundamentale Rolle im Lernprozess spielt, vor allem beim Lernen in den Naturwissenschaften (Gunstone u. Baird 1988; Hasselhorn 1992; González 1993; Campanario et al. 1998; Hacker 1998; Borkowski et al. 2000; Campanario 2000; Rickey u. Stacy 2000). Als Beispiel kann der Einfluss der Metakognition bei der Lösung von Problemen angeführt werden (Borkowski u. Turner 1990; Campanario et al. 1998). Swanson (1990, zitiert nach Campanario et al. 1998) untersuchte die Strategien, die von Lernern mit hohen und niedrigen metakognitiven Fähigkeiten angewandt wurden. Die Ergebnisse zeigen, dass die Lerner mit hohem metakognitiven Niveau die Probleme besser lösten als diejenigen mit niedrigem metakognitiven Niveau. Gleichermaßen kann durch metakognitive Defizite ein mangelhafter Lernprozess entstehen. So kann z. B. ein Defizit in der Überwachung und Kontrolle des Verständnisses einen Lerner zu der Annahme verleiten, etwas zu wissen, was er in Wirklichkeit nicht weiß. In diesem Fall können die Lerner nicht ihre Zweifel beseitigen, weil sie glauben, dass sie keine haben (Campanario et al. 1998; Campanario 2000). Metakognitive Defizite können im Lernprozess zu Demotivation führen und sich auch so negativ auf das Lernen auswirken (Campanario et al. 1998). Diesbezügliche Untersuchungen wurden hauptsächlich in den Bereichen des Leseverständnisses, des Lösens von Problemen und in der Mathematik durchgeführt (Hacker 1998).

Andere Studien zeigen, dass ältere Lerner ihr eigenes Wissen und Verständnis besser bewerten und regulieren als jüngere Lerner (Campanario 1995; Hacker 1998). Vorangegangene Lernerfahrungen bewegen Lerner offenbar dazu, metakognitive Fertigkeiten und Strategien zu entwickeln, wie z. B. sich bewusst zu werden, dass es einem leichter fällt, physikalische Probleme zu lösen als offene Fragen zu beantworten, oder die Grundgedanken eines Textes mit eigenen Worten zu formulieren, um zu überprüfen, ob der Text korrekt verstanden wurde (Campanario et al. 1998).

Die in der Individualentwicklung der metakognitiven Fähigkeiten beobachteten Unterschiede haben zu der Überzeugung geführt, dass es möglich ist, diesen Prozess durch Schulung zu beschleunigen (Gunstone u. Baird 1988; Campanario 1995). Verschiedene Untersuchungen haben gezeigt, dass die metakognitiven Fähigkeiten der Lerner durch passende Schulungsprogramme verbessert werden können, die auf der expliziten Lehre metakognitiver Strategien basieren (Brown u. Palinscar 1987; Campanario 1995; Mayer u. Wittrock 1996; Schöll 1997; Campanario et al. 1998). Letzteres sollte in einem fachlichen Kontext geschehen. Das Schulen metakognitiver Fähigkeiten, das in einem allgemeinen und isolierten Kontext vorgenommen wird, fördert die Entwicklung von Metakognition nachgewiesenermaßen nicht (Gunstone u. Baird 1988). Nur konkrete (inhaltsbezogene) und im Zusammenhang stehende Aktivitäten (vgl. Harms u. González Weil 2003) erlauben dem Lerner, relativ schnell die Vorteile der Anwendung metakognitiver Strategien in seinem Lernprozess zu erkennen (Gunstone u. Baird 1988).

In der biologiedidaktischen Forschung wurde der Einfluss metakognitiver Kompetenzen auf das Lernen bisher wenig beachtet. Die Arbeiten von González Weil (2006) sowie González Weil und Harms (2002, 2003) geben jedoch Hinweise darauf, dass gerade für die Entwicklung höherer kognitiver Leistungen, wie z. B. einem konzeptuellen Verständnis, Metakognition eine Bedeutung hat. Um dies differenziert zu erfassen, bieten sich forschungsmethodisch besonders qualitativ-quantitative Studien an. Insbesondere für Konzeptwechselprozesse scheinen metakognitive Strategien förderlich zu sein. Das hier dargestellte Modell von Metakognition bietet eine gute Basis für weitere biologiedidaktische Arbeiten in diese Richtung.

Literatur

Borkowski JG, Turner L (1990) Transsituational Characteristics of Metacognition. In: Schneider W, Weinert FE (eds) Interactions among Aptitudes, Strategies and Knowledge in Cognitive Perfomance. Springer, Berlin Heidelberg New York Tokyo, pp 159–176

Borkowski JG, Lorna KS, Muthukrishna C u. N (2000) A process-oriented model of metacognition: links between motivation and executive functioning. In: Schraw G, Impara J (eds) Issues in the Measurement of Metacognition. Lincoln: Buros Institute of Mental Measurements. University of Nebraska-Lincoln, pp 1–41

Bortz J, Döring N (2002) Forschungsmethoden und Evaluation für Human- und Sozialwissenschaftler, 3. Aufl. Springer, Berlin Heidelberg New York Tokyo

Brown AL (1984) Metakognition, Handlungskontrolle, Selbststeuerung und andere, noch geheimnisvolle Mechanismen. In: Weinert FE, Kluwe RH (Hrsg) Metakognition, Motivation und Lernen. Kohlhammer, Stuttgart, S 60–109

Brown AL, Palinscar AS (1987) Reciprocal Teaching of Comprehension Strategies: A Natural History of One Program for Enhancing Learning. In: Day JD, Borkowski JG (eds) Intelligence and Exceptionality: New Directions for Theory, Assessment and Instructional Practices. Ablex, Norwood NJ, pp 81–132

Campanario JM (1995) Los problemas crecen: a veces los alumnos no se enteran de que no se enteran. Aspectos didácticos de Física y Química (Física) 6 ICE. Universidad de Zaragoza, Zaragoza, pp 87–126

Campanario JM (2000) Más allá de las ideas previas como dificultades de aprendizaje: las pautas de pensamiento, las concepciones epistemológicas y las estrategias metacognitivas de los alumnos de ciencias. Enseñanza de las Ciencias 18(2):155–169

Campanario JM, Cuerva Moreno J, Moya Librero A, Otero Gutiérrez J (1998) La metacognición y el aprendizaje de las ciencias. En: Banet E, De Pro A (Coordinadores) Investigación e innovación en la Enseñanza de las ciencias, vol 1. Diego Marín, pp 36–44

Flavell JH (1971) First Discussant's Comments: What is Memory Development the Development of? Human Development 14:272–278

Flavell JH (1976) Metacognitive aspects of problem solving. In: Resnick LB (ed) The nature of intelligence. Erlbaum, Hillsdale NJ, pp 231–235

Flavell JH, Wellmann HM (1977) Metamemory. In: Kail RV, Hagen DW (eds) Perspectives on the Development of Memory and Cognition. Erlbaum, Hillsdale NJ, pp 3–33

González FE (1993) Acerca de la Metacognición. Paradigma 14(1):109–135

González Weil C (2006) Zusammenhang zwischen Konzeptwechsel und Metakognition. Empirische Untersuchungen über Verstehensprozesse im Bereich Zellbiologie in der 9. Jahrgangsstufe einer chilenischen Oberschule. Logos, Berlin

González Weil C, Harms U (2002) Metacognitive strategies as a tool for better understanding the concepts „cell" and „living being": a field study in 9th Chilean school classes. In: Bandiera M et al. (eds) IVth Conference of ERIDOB, Toulouse, p 47

González Weil C, Harms U (2003) Verständnisentwicklung im Bereich Zellbiologie – eine Untersuchung über einen Zusammenhang von Metakognition und Verstehensprozessen. In: Bauer A et al. (Hrsg) Entwicklung von Wissen und Kompetenzen. Internationale Tagung der Sektion Biologiedidaktik im VDBiol 14.–19. September 2003. IPN, Kiel, S 159–162

Gunstone RF (1994) The Importance of Specific Science Content in the Enhancement of Metacognition. In: Fensham P, Gunstone R, White R (eds) The Content of Science: A Constructivist Approach to its Teaching and Learning. Falmer, London, pp 131–146

Gunstone RF, Baird J (1988) An integrative perspective on metacognition. Australian Journal of Reading 11(4):238–245

Hacker DJ (1998) Metacognition: Definitions and empirical foundations. In: Hacker DJ, Dunlosky J, Graesser AC (eds) Metacogntion in educational theory and practice. Erlbaum, NJ, pp 1–24

Harms U, González Weil C (2003) Unterstützung kumulativer Lernprozesse durch die Verwendung metakognitionsfördernder Unterrichtsstrategien – ein Unterrichtsbeispiel für den Biologieunterricht zum Thema „Zelle". Ein Beitrag zum BLK-Programm „Steigerung der Effizienz des mathematisch-naturwissenschaftlichen Unterrichts (SINUS)". IPN, Kiel

Hasselhorn M (1992) Metakognition und Lernen. In: Nold G (Hrsg) Lernbedingungen und Lernstrategien. Welche Rolle spielen kognitive Verstehensstrukturen. Narr, Tübingen, S 35–63

Hasselhorn M (2001) Metakognition. In: Rost DH (Hrsg) Handwörterbuch Pädagogische Psychologie, 2. Aufl. BeltzPVU, Weinheim, S 466–470

Mayer R, Wittrock M (1996) Problem Solving Transfer. In: Berliner D, Calfee R
(eds) Handbook of Educational Psychology. MacMillan, New York, pp 47–62

Pintrich P, Wolters C, Baxter G (2000) Assessing Metacognition and Self-
Regulated Learning. In: Schraw G, Impara J (eds) Issues in the Measurement
of Metacognition. Lincoln: Buros Institute of Mental Measurements. University of Nebraska-Lincoln, pp 43–98

Rickey D, Stacy A (2000) The Role of Metacognition in Learning Chemistry.
Journal of Chemical Education 77(7):915–920

Schöll G (1997) Metakognitiv orientiertes Aufmerksamkeitstraining in der Grundschule. Unterrichtswissenschaft 25(4):350–364

Schraw G (2000) Assessing Metacognition: Implications of the Buros Symposium. In: Schraw G, Impara J (eds) Issues in the Measurement of Metacognition. Lincoln: Buros Institute of Mental Measurements. University of Nebraska-Lincoln, pp 297–322

Wild KP, Schiefele U (1994) Lernstrategien im Studium: Ergebnisse zur Faktorenstruktur und Reliabilität eines neuen Fragebogens. Zeitschrift für Differentielle und Diagnostische Psychologie 15(4):185–200

12 Lernstrategien, Lernorientierungen, Lern(er)typen

Maike Looß

In der neueren empirisch-pädagogischen und psychologischen Forschung finden Lernstrategien, metakognitive Kompetenzen, Lerngewohnheiten, Arbeitstechniken und Handlungskontrolle als Determinanten des Lernens und der Schulleistung zunehmend Interesse. Besonders in Modellen zum selbst gesteuerten oder selbst regulierten Lernen stellen diese Themen einen zentralen Kern dar.

Auch mit der aktuellen Diskussion um „Neues Lernen", Bildungsstandards, Kompetenzmodelle etc. werden Lernstrategien (Methodenkompetenz, Lernen des Lernens) thematisiert und finden Eingang in die Bildungspläne. Zudem müssen für die Forderung selbst gesteuerten Lernens in offenen Lernsituationen die Lernvoraussetzungen z. T. erst noch geschaffen werden. Die ständig zunehmende Ratgeberliteratur zum „Lernen lernen" – mit z. T. wissenschaftlich fragwürdigen „Strategietipps und -tricks" (zur Analyse s. Looß 2002) – verweist auf ein offenbar bestehendes Defizit.

Auch in den von der KMK verabschiedeten Bildungsstandards für den Mittleren Schulabschluss wird der zentrale Stellenwert von Lernstrategien deutlich, wobei als Standard der selbstständige Einsatz dieser Strategien gelten kann. Hinsichtlich dieser Bildungsstandards wird auch für das Fach Biologie der Ausbau vor allem der fachlich basierten Lese- und Verstehenskompetenz gefordert (KMK 2005).

Für den in der letzten Zeit an die Schule gestellten Anspruch, auch auf das lebenslange Lernen vorzubereiten, stellt sich die Frage, welche Kompetenzen erforderlich sind, um selbstständig und effektiv lernen zu können. Der Erwerb von Lernstrategien vollzieht sich im heutigen schulischen Lernen noch eher en passant und wenig intentional. Wenn Lernstrategien und Methodenkompetenz aber in den Rang von Schlüsselqualifikationen gestellt werden, sollten diese auch systematisch aufgebaut werden, so dass Lernende am Ende ihrer Schulzeit über ein Repertoire, ein kognitives *toolkit*, bereichsspezifischer Lernstrategien verfügen, welche sie aufgaben- und situationsangemessen – also flexibel – einsetzen können. Dabei ist auch das konditionale Wissen über Anwendungsbedingungen für Lern- und Denkstrategien wichtig.

Die Lernstrategieforschung kann hierzu einen fruchtbaren Beitrag leisten, indem in experimentellen Studien mit Trainings- und Kontrollgruppe die Effizienz von Lernstrategien überprüft wird. Während auf dem Gebiet der Denk- und Problemlösestrategien bereits eine Vielzahl experimenteller Studien existiert, befindet sich die Lernstrategieforschung diesbezüglich noch eher am Anfang.

12.1 Begriffsklärung

Die Terminologie zu den theoretischen Konzeptionen der Lernstrategien, Lernorientierungen, Lernstilen, Lern(er)typen und kognitiven Stilen (engl. *learning strategies, learning styles, learning skills, learning types, approaches to learning, cognitive styles*) ist uneinheitlich und schwer voneinander abzugrenzen. Verschiedene Definitionen und Klassifikationen konkurrieren miteinander.

Insgesamt geht es um die Beschreibung und Erklärung mehr oder weniger komplexer, unterschiedlich weit generalisierter bzw. generalisierbarer, bewusst aber auch unbewusst eingesetzter Vorgehensweisen (Verhaltensweisen und Kognitionen) beim Wissenserwerb, wobei das selbst gesteuerte Lernen im Zentrum steht.

Situationsabhängige oder -nahe und situationsübergreifende, generelle Person-Merkmale werden diskutiert. Die situationsnahen Merkmale könnten durch den Begriff der Lernstrategie beschrieben werden. Strategien können gelernt und modifiziert werden, während Stile relativ stabile kognitive und affektive Verhaltensweisen eines Individuums darstellen. Der Lernstil bezeichnet demnach die typischen Verhaltensweisen, die eine Person bei Lernaufgaben situationsübergreifend zeigt.

Kognitive Stile sind gegenüber Lernorientierungen und Lernstilen noch allgemeiner gefasst. Sie beschreiben die für das Individuum gewohnheitsmäßige und situationsübergreifende Art und Weise der Informationsverarbeitung und werden als Persönlichkeitsmerkmal gesehen. Auf eine genauere Darstellung der unterschiedlichen Stil-Konzepte sei an dieser Stelle verzichtet, da sie verschiedentlich für theoretisch wie empirisch wenig überzeugend gehalten werden (vgl. z. B. Tiedemann 2001; Riding u. Rayner 1998).

12.2 Lernstrategien

Mandl u. Friedrich (2006) bezeichnen in Anlehnung an Weinstein u. Mayer (1986) als Lernstrategien „jene Verhaltensweisen und Gedanken, die Lernende aktivieren, um ihre Motivation und den Prozess des Wissenserwerbs zu beeinflussen und zu steuern". Lernstrategien lassen sich so nicht nur auf die kognitive Seite des Wissenserwerbs beziehen, sondern auch auf die Beeinflussung motivationaler und affektiver Zustände (Wild 2006).

Zur Analyse der Taxonomierung von Lernstrategien sowie zu Definitionen und Intentionen unterschiedlicher Lernstrategiekonzepte siehe ausführlich Artelt (2000). Üblicherweise werden drei Grobkategorien der Lernstrategien bei selbst gesteuertem Lernen unterschieden: kognitive Lernstrategien, metakognitive Strategien und Ressourcenmanagement.

Bei den kognitiven Lernstrategien werden im Wesentlichen folgende Kategorien unterschieden: Wiederholungsstrategien, Elaborationsstrategien und Organisationsstrategien. Wiederholungsstrategien werden eher als Oberflächenstrategien gesehen und dienen in erster Linie dem Auswendiglernen von Faktenwissen. Hier kommen auch diverse *Mnemo*techniken (Gedächtnistechniken wie z. B. Merkverse) zum Einsatz. Elaborationsstrategien zielen auf ein tieferes Verstehen des Lernmaterials und bestehen z. B. aus der Verknüpfung des Gelernten mit dem Vorwissen und dem Transfer auf andere Wissensbereiche, dem Anwenden des Gelernten und dem kritischen Prüfen. Bei Organisationsstrategien handelt es sich um Methoden, mit deren Hilfe zentrale Aussagen aus Texten herausgearbeitet werden (auch Reduktion der Informationsmenge) und Inhalte neu strukturiert werden.

Metakognitive Strategien dienen der Planung, Kontrolle und Regulation von Lernaktivitäten, wobei die Planung z. B. die Analyse der Anforderung und die Auswahl der Lernstrategien umfasst. Das Lernen selbst wird durch Kontrollstrategien überwacht, indem z. B. das Verstehen überprüft wird. Regulationsstrategien greifen dann, wenn es zum Ausräumen von Verstehenslücken kommen soll (→ 11 Harms).

Zum Ressourcenmanagement gehören z. B. das Anstrengungsmanagement, Aufmerksamkeitsmanagement, Zeitmanagement sowie die Gestaltung der Arbeitsumgebung und die Verwendung von Literatur.

12.3 Zur Klassifikation von Lernstrategien und Lern(er)-typen

Die Frage ist: Unterscheiden sich Personen in ihrem Lernverhalten systematisch voneinander? Können Lern(er)typen unterschieden werden, auf die Unterricht Bezug nehmen sollte?

12.4 Lerntypen

Für die häufig geäußerte Annahme, dass sich Lerntypen auf der Basis von Sinneskanälen unterscheiden lassen, gibt es – dies sei vorweggenommen – weder eine logische noch eine empirische Evidenz. Allerdings genießt diese erstaunlich weit verbreitete Lerntypentheorie eine anhaltende Popularität.

Die Lerntypen-Theorie (Vester 1998) behauptet unter Berufung auf vermeintlich naturwissenschaftliche Ergebnisse eine Abhängigkeit des individuellen Lernerfolgs von der Berücksichtigung unterschiedlicher Wahrnehmungskanäle bzw. Lerntypen (haptisch, optisch, auditiv, intellektuell). Wahrnehmung wird hier mit der kognitiven Lernleistung gleichgesetzt bzw. als Alternative zu kognitiv dominierten Lernformen vorgestellt. Auf logische Konsistenz und wissenschaftliche Begründbarkeit geprüft scheint die Lerntypen-Theorie sowie ähnliche Konzepte zur Förderung des Verständnisses von Unterrichtsinhalten allerdings fragwürdig (vgl. Looß 2001).

Die Wahrnehmung von Phänomenen und rationales Verständnis wissenschaftlicher Abstraktionen sind nicht gleichzusetzen. Verstehen ist in erster Linie ein Bemühen um Bedeutung, womit die semantische Informationsverarbeitung einen zentralen Stellenwert bekommt.

Untersuchungen, die aufgrund von Präferenzen in der Darbietung von Lernstoff (optisch, auditiv bzw. visuell und/oder verbal) Lerntypen unterscheiden wollten, brachten so auch keine eindeutigen Ergebnisse (DeBoth u. Dominowski 1978; Jaspers 1994; Plass et al. 1998).

12.5 Der *Approach-to-learning*-Ansatz

Auf empirisch-statistischer Grundlage erfolgen Abgrenzung und Klassifikation von Lerner- oder Strategietypen bzw. -dimensionen mit Hilfe von Faktoren- und Clusteranalysen.

Einflussfaktoren	Personale und situative Variablen	
	z.B. Anforderung der Lernumgebung, Kontext, Domäne, Aufgabe	
	Vorwissen, Expertise (Theorien, Konzepte, Fakten, Methoden)	
	Akademisches Selbstbild	
	Selbstwirksamkeitserwartung	
Motivation	intrinsisch	extrinsisch
Lernintention	Herausarbeitung der Bedeutung; Verstehen des Inhalts	Reproduktion
Strategieeinsatz	- Kognitive Lernstrategien: Elaboration, Organisation/Strukturierung, Wissensnutzung, Transfer	-Kognitive Lernstrategien: Wiederholungsstrategien, Auswendiglernen
	- Metakognitive Strategien: Selbstkontrolle, Selbstregulation	- Metakognitive Strategien: kaum eingesetzt
	- Ressourcenmanagement: hoch	- Ressourcenmanagement: niedrig
Verarbeitung	tief	oberflächlich
Lernorientierung	*deep approach*	*surface approach*

Abb. 16. Das theoretische Modell des *approach-to-learning*-Ansatzes

Frühe Studien (z. B. Marton u. Säljö 1976) befassten sich mit der Ermittlung einer Lernertypologie, die sich aus der Realisierungsform des Lernens und der zugrunde gelegten Intention ergibt. Dabei wurden Probanden im Anschluss an das Lernen von Textinhalten nach ihren Lernintentionen und -strategien befragt. Daraus resultierten ein *surface approach* (auch als Oberflächenverarbeitungsstrategie bezeichnet) und ein *deep approach* (auch Tiefenverarbeitungsstrategie).

Diese Konzepte gelten als gut gestützt, da auch in späteren Arbeiten diese Lernorientierungen (*approaches to learning*) identifiziert werden konnten, wobei systematisch Lernstrategie, Lernmotivation und Intention verknüpft werden:

- *deep approach*: intrinsische Motivation mit Tiefenverarbeitung; die Lernorientierung bzw. -intention zielt auf die Herausarbeitung der Bedeutung und das Verstehen des Textinhaltes
- *surface approach*: extrinsische Motivation durch Leistungsängstlichkeit mit Oberflächenverarbeitung; Lernorientierung liegt auf der reinen Reproduktion des Textes

Eine ausführliche Darstellung unterschiedlicher Ansätze und Konzepte findet sich in Wild (2000).

Unabhängig von den oben beschriebenen Konzepten hat sich in den USA eine Forschungsrichtung entwickelt, die sich auf kognitionspsychologische Theorien bezieht. Es wird von der Annahme ausgegangen, dass beim Wissenserwerb Strategien zur Selektion, Enkodierung, Speicherung sowie zum Abruf von Informationen herangezogen werden.

Um zu guten Lern- und Leistungsergebnissen zu kommen, gibt es unterschiedliche Wege und unterschiedliche Möglichkeiten des Strategieeinsatzes.

Es kann vermutet werden, dass es auch Subgruppen von Lernertypen hinsichtlich der Bedeutung des Strategieeinsatzes für den Lernerfolg gibt.

Creß u. Friedrich (2000) konnten basierend auf Lernstrategie-, Lernmotivations- und Selbstkonzeptvariablen bei Teilnehmern eines Fernstudienlehrgangs durch clusteranalytische Untersuchungen z. B. neben „Minimal-Lernern" und „Wiederholern" sogenannte „Tiefenverarbeiter" von „Minmax-Lernern" unterscheiden. Dabei entsprechen Tiefenverarbeiter und „Wiederholer" den in der Literatur beschriebenen Lernorientierungen „*deep*" und „*surface approach*". „Minmax-Lerner" (größtes Cluster) nutzen kognitive und metakognitive Strategien unterdurchschnittlich, kommen aber mit durchschnittlicher Anstrengung und hoher subjektiver Lernkompetenz und Erfolgserwartung dennoch zu überdurchschnittlichem Lernerfolg. Tiefenverarbeiter zeichnen sich dagegen durch intrinsische Motivation, den intensiven Einsatz von Tiefenstrategien, hohe Anstrengung und ein überdurchschnittlich positives akademisches Selbstbild aus und kommen so zum Lernerfolg. Minmax-Lerner und Tiefenverarbeiter schätzen ihr Vorwissen als hoch ein. Wiederholer sind vorwiegend extrinsisch motiviert, wiederholen viel und elaborieren wenig. Der Lernerfolg ist bei hohem Zeitaufwand dennoch gering. Minimal-Lerner verwenden nur wenige Lernstrategien, haben eine geringe Erfolgserwartung und eine geringe subjektive Lernkompetenz.

12.6 Weitere Forschung zu Lernstrategien

In der bisherigen Forschung können verschiedene Schwerpunkte konstatiert werden, die sich in der Analyseebene (situationsnah oder übergreifend), der Methodik (experimentelle Laborforschung oder Feldforschung) und des theoretischen Ansatzes unterscheiden. Hier können auch deskriptive von explanativen (erklärenden) Analysen unterschieden werden. Eine abschließende Ordnung und Gliederung des Forschungsfeldes sowie eine Integration der vorhandenen Befunde steht noch aus.

Die Strategien sind im Wesentlichen an Forschungen zum Textverstehen untersucht worden, können also nicht ohne weiteres auf andere Aufgaben- und Lernbereiche übertragen werden. Allerdings kommt dem Textverstehen als Teil der Lesekompetenz im Unterrichtsalltag auch des Biologieunterrichts eine Schlüsselrolle zu.

Forschungsschwerpunkte im deutschsprachigen Raum liegen auf dem Bereich des Lernens im Hochschulstudium (z. B. Wild 2000; Artelt u. Lompscher 1996). Aus dem schulischen Bereich sind die Studien von Artelt (2000), Baumert (1993) und Seidel (2003 – Videostudie im Physikunterricht) zu nennen. Daneben existieren Untersuchungen aus dem Bereich beruflicher Erstausbildung sowie der beruflichen Weiterbildung.

Auch in der PISA-Studie 2000 wurden Lernstrategien erhoben (mit Skalen aus dem KSI – Kieler Lernstrategien-Inventar; Baumert et al. 1992). Zum Beispiel wurde die habituelle Nutzungshäufigkeit von Wiederholungs-, Elaborations- und metakognitiven Kontrollstrategien als grundlegende Voraussetzung für selbst reguliertes Lernen gemessen. Daneben wurde auch situationsspezifisches Wissen in Bezug auf Lernstrategien, die beim Lesen, Verstehen und Wiedergeben von Textinformationen, also für die Lesekompetenz wichtig sind, erhoben (vgl. Artelt et al. 2001; Ramm et al. 2006). Als Ergebnis wird herausgestellt, „dass eine solide Wissensbasis im Hinblick auf Lernstrategien eine zentrale Voraussetzung für erfolgreiches selbst reguliertes Lernen ist." Dabei besteht die erfolgreiche Selbstregulation darin, auf der Basis der Aufgabenanforderungen und des eigenen Wissens einzuschätzen, inwiefern der Einsatz dieser Strategien sinnvoll ist und die Anstrengungen des Einsatzes sich in Bezug auf eigene Ziele lohnen. Letzteres steht wiederum im Zusammenhang mit Variablen des Interesses und der Motivation (→ 1 Vogt). Strategiewissen und Strategienutzung kann dabei erheblich auseinanderklaffen.

12.7 Methoden

Als Erfassungsmethoden für Lernstrategien können neben Fragebogenverfahren auch Interviewtechniken, Protokollierung und Analyse des „Lauten Denkens" sowie Videoanalysen eingesetzt werden.

Bei den Fragebogenverfahren erfolgt in der Schulsituation oftmals eine Orientierung an bestehenden Instrumenten (Lernstrategieinventare) aus dem Bereich der Hochschule, z. B. dem *MSLQ* (*Motivated Strategies for Learning Questionaire*; Pintrich et al. 1991) oder im deutschsprachigen Raum dem daraus entwickelten LIST (Lernstrategien im Studium; Wild u. Schiefele 1994). Im LIST werden die o. g. drei Strategiebereiche der kognitiven und metakognitiven Strategien sowie das Ressourcenmanagement zugrunde gelegt, allerdings nicht die motivationalen Skalen des *MSLQ*.

Auch wenn Fragebogenverfahren zahlreiche ökonomische und praktische Vorteile haben, sind die Lernstrategien bereits vorformuliert. Die Ergebnisse müssen hinsichtlich Validität für Aussagen über den tatsächlichen Einsatz von Lernstrategien hinterfragt werden. Es hat sich gezeigt, dass selbst berichteter und tatsächlicher Einsatz von Lernstrategien nicht immer übereinstimmen. Auch das Wissen über Lernstrategien kann möglicherweise „träge" sein und in der spezifischen Lernsituation gar nicht zur Anwendung kommen.

Eine validere Erfassung wird eher durch andere, handlungsnähere Verfahren erreicht. Zur Erfassung von Lernstrategien über „Denkprotokolle" etwa werden Lernende aufgefordert, während der Bearbeitung einer Aufgabe alle Gedanken auszusprechen, mit denen sie sich gerade beschäftigen (*concurrent measure*). Durch die Analyse dieser Protokolle können detailliertere Einblicke in den strategischen Ablauf beim Lernen gewonnen werden. Methodische Aspekte der Analyse von Lernstrategien werden bei Artelt (2000) kritisch betrachtet. Dass die Art der validen Erfassung selbst ein Forschungsthema ist, machen auch die Beiträge in Artelt und Moschner (2005) deutlich, wobei ein Vorteil in *multi-trait-* bzw. *multi-method-designs* gesehen wird.

12.8 Lernstrategien und Lernerfolg

Als Problem stellt sich in der aktuellen Lernstrategieforschung auch die Frage nach der Höhe des Einflusses von Lernstrategien auf den Lernerfolg. Bisherige Ergebnisse liefern kein einheitliches Bild.

Für einen bedeutenden Einfluss sprechen experimentelle und labornahe Befunde zu kognitiven Lernstrategien hinsichtlich der Qualität des Lernerfolges. Relativiert werden diese Befunde allerdings durch die Feldstudien in Schule und Hochschule, die zwar signifikante und positive, aber nur geringe Korrelationen zwischen Lernstrategien und Leistungsbewertung fanden. Hierzu sind weitere Studien notwendig, die sowohl auf der Prädiktoren- als auch auf der Kriteriumsseite eine valide Erfassung der Konstrukte sicherstellen. Denn die Stärke der Beziehung zwischen der Anwendung von Lernstrategien und dem Lernerfolg hängt offenbar auch davon ab, wie diese gemessen werden. Auf der einen Seite zeigen situations-, lernprozess- bzw. handlungsnahe Erfassungen des Strategieeinsatzes deutlichere Beziehungen zum Lernerfolg als die Erfragung des habituellen Einsatzes. Auf der anderen Seite stellt sich auch die Frage nach dem Lernerfolgskriterium und den Operationalisierungen des Lernerfolgs. Die Anforderungen der Lernumgebung bestimmen so den Strategieeinsatz mit. Oftmals ist tiefergehendes Verständnis gar nicht gefragt, weshalb sich ein entsprechender Strategieeinsatz auch eher kontraproduktiv auswirken würde (s. u.).

Statt direkter, linearer und einfacher Zusammenhänge können zwischen volitionalen Merkmalen und Schulleistung eher komplexe Wechselwirkungen erwartet werden. Darüber hinaus bestehen vielfältige Kompensationsmöglichkeiten, indem z. B. ineffiziente Lernstrategien durch vermehrte Anstrengung ausgeglichen werden können. Auch kann der Einsatz von Lernstrategien vom Vorwissen kompensiert werden, welches diesen Einsatz überflüssig machen kann.

Es sei an dieser Stelle auch auf die Untersuchung von Lind u. Sandmann (2003) verwiesen, die feststellten, dass der tatsächliche Einsatz von Lernstrategien überwiegend von der Expertise einer Person bestimmt wird (→ 20 Sandmann).

12.9 Strategienutzung und Anforderungen der Lernumgebung

Wenn ein tiefer gehendes Wissen gar nicht gefragt ist, sondern vielmehr die schnelle und sichere Reproduktion von Fakten und Lösungsmustern, kann es für Schüler durchaus erfolgreicher sein, weniger anstrengende Oberflächenstrategien einzusetzen, um eine gute Zensur zu erhalten. So führt nicht in jedem Falle eine Tiefenverarbeitung auch zu besseren Schulleistungen in Form von Noten. Die Aneignungsformen von Unterrichtsinhalten beschränken sich dagegen nicht selten auf den Einsatz von Oberflächenstrategien (reine Gedächtnisleistung), und zwar auch in Fächern, in denen diese „Lernleistung" eher unangebracht ist.

Die Anforderung der Lernumgebung bestimmt die Lernorientierung. Diese Vermutungen über den derzeitigen Anforderungscharakter in Bezug auf schulische Leistungen finden ihre Entsprechung in den Ergebnissen der TIMS-Studie (vgl. Baumert et al. 1997). Bezeichnend ist, dass hier die relativen Stärken deutscher Schüler bei der Bearbeitung von Routineaufgaben und bei der Reproduktion von Faktenwissen liegen. Dagegen scheitern sie insbesondere an komplexeren, kognitiv anspruchsvolleren Aufgaben, die konzeptuelles Verständnis voraussetzen oder eine flexible Anwendung des Wissens verlangen.

Eine Untersuchung von Schletter u. Bayrhuber (1998) zu Schülervorstellungen zum Thema „Lernen und Gedächtnis" sowie dessen neurobiologischen und psychologischen Grundlagen gibt beachtenswerte Hinweise, die auch eine weitere Stützung der Thesen über den schulischen Anforderungscharakter abgeben. Diese Untersuchung ergab in Einzelergebnissen, dass inhaltliche Vorstellungen von schulischem Lernen durch Einprägen (Speichern) und Wiedergeben (unveränderte Reproduktion) von Wissen (wissenschaftlichen Erkenntnissen) gekennzeichnet sind.

Eine Frage zur Klausurvorbereitung ergab dann auch überwiegend reproduktive Lernstrategien. Nur wenige bemühen sich darüber hinaus aktiv, die zu lernenden Inhalte neu zu strukturieren und dadurch das Verständnis zu erleichtern. Interessanterweise ist Informationsverarbeitung bei den Befragten (n = 20; Biologie-Leistungskurs Oberstufe) auf das Sortieren und Ablegen dessen beschränkt, was durch die Sinne aufgenommen wird. Nicht zuletzt die Erfahrungen mit schulischen Prüfungen dürften dafür verantwortlich sein, dass eine weitere Verarbeitung von Informationen durch Denkprozesse für das Lernen eher unerheblich erscheint, da die Reproduktion gelernter Inhalte den Schülern bei Prüfungen am wichtigsten erscheint.

Auch in einer Untersuchung von Souvignier u. Gold (2004) war z. B. bei Anwendung des Lernkriteriums „Faktenwissen" keine signifikante Korrelation zum Strategieeinsatz erkennbar. Bei Anwendung des Lernkriteriums „Verstehensleistung beim Problemlösen" dagegen ergibt sich eine signifikante Korrelation zum Strategieeinsatz.

12.10 Schluss

Für diese kurze Übersicht musste eine enge Auswahl von Konzepten und Befunden vorgenommen werden. Auch relevante Aspekte wie die komplexen Beziehungen zwischen personalen und situativen Variablen als Einflussfaktoren auf Lernstrategien konnten hier nicht angesprochen werden.

Ebenfalls konnte auf den Aspekt der Förderung von Lernstrategien und deren Auswirkung hier nicht eingegangen werden.

Festgestellt werden kann, dass Ergebnisse zum Zusammenwirken verschiedener Faktoren (kognitive, metakognitive Lernstrategien, Motivation etc.) derzeit noch in hohem Maße abhängig sind vom Kontext (Lernumwelt), in dem sie erhoben werden und von der Methode.

Wenn man die Nutzung von Lernstrategien als bereichs-, aufgaben- und anforderungsspezifisch sehen muss, ergeben sich noch vielfältige biologiedidaktische Forschungsdesiderate. Durch feldexperimentelle Studien könnte die Wirksamkeit spezifischer Lernstrategien in unterschiedlichen Kontexten hinsichtlich des Lernerfolgs geprüft werden.

Auch das Zusammenspiel von Lernstrategien mit anderen Variablen (z. B. motivationale, emotionale, kognitive Parameter) ist noch ein offenes Forschungsfeld.

Literatur

Artelt C (2000) Strategisches Lernen. Waxmann, Münster

Artelt C, Lompscher J (1996) Lernstrategien und Studienprobleme bei Potsdamer Studierenden. In: Lompscher J, Mandl H (Hrsg) Lehr- und Lernprobleme im Studium. Hans Huber, Bern, S 161–184

Artelt C, Moschner B (2005) Lernstrategien und Metakognition. Implikationen für Forschung und Praxis. Waxmann, Münster

Artelt C, Demmrich A, Baumert J (2001) Selbstreguliertes Lernen. In: Baumert J et al. (Hrsg) PISA 2000. Basiskompetenzen von Schülerinnen und Schülern im internationalen Vergleich. Leske & Budrich, Opladen, S 271–298

Baumert J (1993) Lernstrategien, motivationale Orientierung und Selbstwirksamkeitsüberzeugungen im Kontext schulischen Lernens. Unterrichtswissenschaft 21:327–354

Baumert J et al. (1997) TIMSS – Mathematisch-naturwissenschaftlicher Unterricht im internationalen Vergleich. Deskriptive Befunde. Leske & Budrich, Opladen

Baumert J, Heyn S, Köller O (1992) Das Kieler Lernstrategien-Inventar (KSI). Leibniz-Institut für die Pädagogik der Naturwissenschaften, Kiel

Creß U, Friedrich HF (2000) Selbst gesteuertes Lernen Erwachsener. Eine Lernertypologie auf der Basis von Lernstrategien, Lernmotivation und Selbstkonzept. Zeitschrift für Pädagogische Psychologie 14:194–205

DeBoth CJ, Dominowski RL (1978) Individual Differences in Learning: Visual Versus Auditory Presentation. Journal of Educational Psychology 70(4):498–503

Jaspers F (1994) Target Group Characteristics: Are Perceptional Modality Preferences Relevant for Instructional Materials Design? Educational and Training Technology International 31:11–17

Kultusministerkonferenz (KMK) der Länder in der Bundesrepublik Deutschland (2005) Bildungsstandards im Fach Biologie für den Mittleren Schulabschluss. Beschluss vom 16.12.2004. München

Lind G, Sandmann A (2003) Lernstrategien und Domänenwissen. Zeitschrift für Psychologie 211:171–192

Looß M (2001) Lerntypen? Ein pädagogisches Konstrukt auf dem Prüfstand. Die Deutsche Schule 93(2):186–198

Looß M (2002) Praxishilfen zum Lernen auf (bio-)logischem Fundament? Praxis Schule 5-10 13(5):16–21

Mandl H, Friedrich HF (2006) Handbuch Lernstrategien. Hogrefe, Göttingen

Mandl H, Friedrich HF (2006) Lernstrategien: Zur Strukturierung des Forschungsfeldes. In: Mandl H, Friedrich HF (Hrsg) Handbuch Lernstrategien. Hogrefe, Göttingen, S 1–23

Marton F, Säljö R (1976) On qualitative differences in learning – Outcome and process. British Journal of Educational Psychology 46:4–11, 115–127

Pintrich PR, Smith DAF, Garcia T, McKeachie WJ (1991) A Manual for the Use of the Motivated Strategies for Learning Questionaire (MSLQ). National Centre for Research to Improve Postsecondary Teaching and Learning, Ann Arbor. The University of Michigan, Michigan

Plass JL, Chun DM, Mayer RE, Leutner D (1998) Supporting Visual and Verbal Learning Preferences in a Second-Language Multimedia Learning Environment. Journal of Educational Psychology 90(1):25–36

Ramm G et al. (2006) PISA 2003. Dokumentation der Erhebungsinstrumente. Waxmann, Münster

Riding R, Rayner S (1998) Cognitive Styles and Learning Strategies. Understanding Style Differences in Learning and Behavior. David Fulton, London

Schletter JC, Bayrhuber H (1998) Lernen und Gedächtnis – Kompartmentalisierung von Schülervorstellungen und wissenschaftlichen Konzepten. ZfDN 4(3):19–34

Seidel T (2003) Lehr-Lernskripts im Unterricht. Waxmann, Münster

Souvignier E, Gold A (2004) Lernstrategien und Lernerfolg bei einfachen und komplexen Leistungsanforderungen. Psychologie in Erziehung und Unterricht 51:308–318

Tiedemann J (2001) Kognitive Stile. In: Rost HD (Hrsg) Handwörterbuch Pädagogische Psychologie. BeltzPVU, Weinheim, S 337–342

Vester F (1998) Denken, Lernen, Vergessen. Dtv, München

Weinstein CE, Mayer RE (1986) The teaching of learning strategies. In: Wittrock MC (ed) Handbook of research on teaching. Macmillan, New York, pp 315–327

Wild KP (2000) Lernstrategien im Studium: Strukturen und Bedingungen. Waxmann, Münster

Wild KP (2006) Lernstrategien und Lernstile. In: Rost HD (Hrsg) Handwörterbuch Pädagogische Psychologie. BeltzPVU, Weinheim, S 427–432

Wild KP, Schiefele U (1994) Lernstrategien im Studium. Ergebnisse zur Faktorenstruktur und Reliabilität eines neuen Fragebogens. Zeitschrift für Differentielle und Diagnostische Psychologie 15:185–200

13 Multimedia-Lernen und *Cognitive Load*

Ulrike Unterbruner

Wer sich mit einer theoretischen Fundierung des Multimedia-Lernens auseinander setzt, wird an einem Namen nicht vorbei kommen – an Richard E. Mayer von der University of California, Santa Barbara. Er hat mit seinem Team über etwa 15 Jahre zahlreiche Untersuchungen durchgeführt und seine kognitive Theorie zum Multimedia-Lernen entwickelt. Seine Theorie und ihre Anwendungen soll im Folgenden ausführlich dargestellt werden.

Multimedia-Lernen wird meist definiert als das Lernen mit Text (gesprochen oder geschrieben) und Bildern (Illustrationen, Fotografien, Grafiken, Animationen, Videos). Im Prinzip fällt unter diese Definition bereits ein Schulbuch mit Texten und den dazu gehörigen Bildern. Im Folgenden soll aber das Lernen mit Text und Bildern in computerbasierten Lernumgebungen betrachtet werden. Derartige Angebote sind mittlerweile sehr vielfältig und reichen von instruktionalen oder interaktiven Programmen, *e-Learning* und *Blended Learning-Arrangements*, über Simulationsspiele bis hin zu PC-gestützten Präsentationen in Schule und Erwachsenenbildung. Wird damit nun aber tatsächlich besser gelernt? Ob ein multimediales Lernangebot lernfördernd ist oder nicht, hängt entscheidend von dessen Konzeption und Gestaltung ab. Mayers Theorie zum Multimedia-Lernen kann allen Multimedia-Produzenten (auch jenen, die lediglich eine PowerPoint-Präsentation zusammenstellen) bemerkenswerte Hilfestellung anbieten.

13.1 Kognitive Theorie zum Multimedia-Lernen nach Mayer

Ausgehend von der Theorie der dualen Kodierung von Paivio (1983) und der *Cognitive Load Theory* (Chandler u. Sweller 1991; Sweller 1999; Baddeley 1999) hat Mayer (2001) seine kognitive Theorie zum Multimedia-Lernen formuliert, die den Fokus auf die Prozesse der Informationsverar-

beitung beim Lerner richtet (vgl. Abb 17). Zentrale Grundannahmen sind
die Existenz zweier Verarbeitungskanäle für visuell und akustisch präsentierte Informationen, die begrenzte Kapazität des Arbeitsgedächtnisses und
die aktive Informationsverarbeitung des Lerners im Gegensatz zu einer
passiven Wissensakkumulation. Man nimmt drei Bereiche des Gedächtnisses an (Sensorisches Gedächtnis/*sensory memory*, Arbeitsgedächtnis/*working memory*, Langzeitgedächtnis/*long-term memory*), in denen die in der
Abbildung 17 dargestellten Prozesse ablaufen.

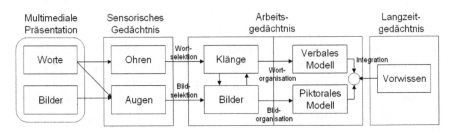

Abb. 17. *Cognitive Theory of Multimedia Learning* (nach Mayer 2001, Übers. aus
Zumbach 2007)

Multimedial präsentierte Information liegt bildhaft und auditiv vor und
wird über einen visuellen bzw. auditiven Kanal, also über Augen und Oh-
ren, aufgenommen und im Sensorischen Gedächtnis gespeichert. Aufmerk-
samkeitsprozesse steuern, was aufgenommen wird.

Wird nun eine Information über die Augen aufgenommen – z. B. in
Form von Illustrationen, Animationen, Videos oder geschriebenem Text –
beginnt die Informationsverarbeitung im visuellen Kanal. Analog dazu
werden gesprochener Text oder Sounds zuerst im auditiven Kanal verarbeitet. Bei Sprache ist daher je nach Präsentationsmodus sowohl eine visuelle wie auch auditive Verarbeitung möglich. Im Arbeitsgedächtnis gibt es
zwischen den beiden Verarbeitungssystemen (auditiver/verbaler und visu-
eller/piktoraler Kanal) eine enge Wechselwirkung. So kann eine piktoral
angebotene Information beim Lerner ein entsprechendes mentales Bild
hervorrufen und umgekehrt.

Die zentralen Informationsverarbeitungsprozesse finden im Arbeitsgedächtnis statt, das allerdings durch eine beschränkte Kapazität charakterisiert ist. Es kann gleichzeitig nur eine gewisse Menge an Informationen
bewältigen, nämlich Millers „magische 7" (1956). Danach können in etwa
7 +/- 2 Informationseinheiten gleichzeitig bearbeitet werden und nur etwa
2 bis 4 gleichzeitig miteinander in Beziehung gesetzt werden (z. B. durch
Kombinieren oder Kontrastieren). Ein Lerner mit umfangreichem Vorwissen kann mehr Informationen bewältigen, indem er einzelne übergeordnete

Einheiten bildet (= *Chunking*). Die Anzahl der *Chunks*, die gleichzeitig aktiv verarbeitet werden können, ist ihrerseits aber wiederum begrenzt auf etwa 7 +/- 2. Diese Grenzen des Arbeitsgedächtnisses stehen auch im Mittelpunkt der *Cognitive Load*-Theorie (s. u.).

Im Arbeitsgedächtnis finden nun nach Mayer (2001, 2005b) die folgenden Prozesse statt, die nicht an eine lineare Abfolge gebunden sind. Sie werden weniger auf die gesamte Botschaft einer multimedialen Präsentation angewendet als vielmehr auf einzelne Segmente. Ihr Gelingen besitzt für bedeutungsvolles Lernen höchste Relevanz. Es handelt sich dabei um folgende Prozesse:

- **Selektion relevanter Wörter und Bilder für die Verarbeitung im verbalen bzw. piktoralen Arbeitsgedächtnis:**
  Die begrenzte Verarbeitungskapazität des Arbeitsgedächtnisses zwingt uns zu einer Auswahl der Informationen, die in der Folge bearbeitet werden sollen. Da es nicht möglich ist, sich beispielsweise auf alle Teile einer komplexen Abbildung in einer Multimedia-Präsentation zu konzentrieren, wählen wir diejenigen aus, die uns am relevantesten erscheinen. Viele andere Details entgehen unserer Aufmerksamkeit.
- **Organisation der ausgewählten Wörter und Bilder:**
  Nun müssen Verbindungen zwischen den gewählten Wörtern hergestellt und kohärente verbale Modelle im Arbeitsgedächtnis erzeugt werden. Analog dazu werden auf der Bildebene piktorale Modelle gebildet. Auch hierbei besteht wiederum die Notwendigkeit der Auswahl einfacher, sinnstiftender Verbindungen (z. B. Ursache-Wirkung-Ketten).
- **Integration der wort- und bildbasierten Repräsentationen:**
  Der nächste, entscheidende Schritt in der Informationsverarbeitung wird in der Integration der verbalen und piktoralen Modelle einerseits und in der Verbindung des daraus resultierenden integrierten mentalen Modells mit dem Vorwissen aus dem Langzeitgedächtnis andererseits gesehen. Diese Prozesse erfordern höchste kognitive Kapazität und führen zur Konstruktion neuen Wissens, das wiederum im Langzeitgedächtnis (in Form von Schemata) abgespeichert wird.

Mayer (2001, 2005b) betont, dass diese Informationsverarbeitungsprozesse bei der Produktion von multimedialen Lernangeboten zu berücksichtigen sind und bedeutungsvolles Lernen eher stattfinden kann, wenn die „kognitive Architektur" der Lerner beachtet wird. Davon geht auch die *Cognitive Load*-Theorie aus, die im Folgenden skizziert wird.

13.2 *Cognitive Load*-Theorie

Während die Kapazität des Langzeitgedächtnisses als unbegrenzt gilt, sind im Arbeitsgedächtnis – wie bereits beschrieben – die Einschränkungen in der Verarbeitung neuer Informationen nicht zu leugnen. Sweller (2005) sieht darin einen Effektivitätsfaktor, da eine unbegrenzte Menge an Interaktionen im Arbeitsgedächtnis letztlich kontraproduktiv wäre.

Unter *Cognitive Load* wird die Belastung des Arbeitsgedächtnisses durch die Verarbeitung neuer Informationen verstanden (vgl. Chandler u. Sweller 1991; Sweller 1999). Es wird von drei Formen von *Cognitive Load* ausgegangen: *Intrinsic*, *Extraneous* und *Germane Load* (vgl. Sweller 2005; Paas et al. 2004).

Der *Intrinsic Load* ist abhängig vom jeweiligen Material, seinem Schwierigkeits- und Komplexitätsgrad, der sich im Wesentlichen aus der Interaktivität der Elemente ergibt. Eine hohe Interaktivität bedeutet simultane Verarbeitung der interagierenden Elemente und hat dadurch einen hohen *Intrinsic Load* zur Folge.

Während der *Intrinsic Load* nicht veränderbar ist, kann die Art der Informationspräsentation hingegen einen ineffektiven *Extraneous Load* erzeugen. Durch inadäquate Instruktionsdesigns wie zum Beispiel parallele und/oder überfrachtete Darbietung von Informationen wird das Arbeitsgedächtnis mit Aktivitäten blockiert, die mit den eigentlichen Verarbeitungsprozessen nichts zu tun haben. *Extraneous Load* behindert Lernen und führt zum so genannten *Cognitive Overload*, zur Überforderung des Lerners auf Grund der begrenzten Kapazität seines Arbeitsgedächtnisses. Die Vermeidung von *Extraneous Load* durch geeignete Instruktionsdesigns ist daher von zentraler Bedeutung und umso entscheidender, je größer der *Intrinsic Load* eines multimedialen Lernangebotes ist.

Der anzustrebende, effektive *Germane Load* wird hervorgerufen durch die Anstrengung des Lernens, die zu einem positiven Ergebnis, also zum Aufbau mentaler Modelle und Schemata führt. Dies setzt ein Instruktionsdesign voraus, das der Architektur des menschlichen Lernens gerecht wird (vgl. Prinzipien).

Intrinsic, *Extraneous* und *Germane Load* sind additiv. Lernangebote, insbesondere solche mit anspruchsvollem Inhalt, sollten so konzipiert sein, dass *Extraneous Load* weitgehend vermieden wird, um das Arbeitsgedächtnis für den *Germane Load* frei zu halten.

So plausibel diese Annahmen erscheinen, so schwierig ist es, *Cognitive Load* zu messen. Messinstrumente zur Erfassung von *Cognitive Load* zeigen Brünken et al. (2003).

13.3 Prinzipien des Multimedia-Lernens

Zahlreiche Forschungsergebnisse haben aufbauend auf diesen theoretischen Annahmen – zwei Verarbeitungskanäle, limitierte Kapazität des Arbeitsgedächtnisses, aktive Verarbeitungsprozesse, Problem des *Cognitive Overload* – zur Formulierung von Prinzipien geführt, die bei der Konstruktion von multimedialen Lernangeboten berücksichtigt werden sollten. Hier einige der basalen Prinzipien (Mayer 2001, 2005a; Mayer u. Moreno 2003):

Das **Multimedia-Prinzip** besagt, dass man mit Text und Bildern besser lernt als mit Text allein. Denn bei der Präsentation von Text und Bild haben die Lerner nach Mayer (2001) die Möglichkeit, mentale Modelle verbaler wie auch piktoraler Art zu bilden und diese zu verknüpfen. Jedoch bedarf diese Aussage einiger Ausschärfungen, denn nicht jede bildliche Darstellung erhöht den Lerneffekt. Nur sinnvolle Bild-Text-Kombinationen bringen Lernvorteile, die Bilder müssen erklärenden Inhalt haben und dürfen nicht nur „schmückendes Beiwerk" sein (vgl. Weidenmann 2001; Lewalter 1997).

Überdies muss nach Mayer (2001) auf eine räumliche und zeitliche Nähe der zusammengehörigen Textpassagen und Bilder geachtet werden, dem so genannten **Kontiguitätsprinzip**. Eine fehlende Koordination verursacht *Extraneous Load*, da kognitive Ressourcen für das Suchen der zusammengehörigen Elemente gebraucht werden. Dieses Teilen der Aufmerksamkeit zwischen mehreren Quellen von Information wird auch als der so genannte *Split-Attention*-**Effekt** beschrieben (vgl. Chandler u. Sweller 1992; Ayres u. Sweller 2005). Demnach sollte eine Abbildung nahe der dazugehörigen Textpassage positioniert werden, oder noch besser, die zentralen Sätze sollten in die Abbildung integriert werden.

Das **Modalitätsprinzip** empfiehlt eine ausgewogene Balance bei der Beanspruchung der Verarbeitungskanäle anzustreben. So fördert es den Lernprozess, wenn beispielsweise eine Animation durch einen gesprochenen und nicht durch einen geschriebenen Text kommentiert wird. Letzteres würde den visuellen/piktoralen Kanal doppelt belasten, der auditive/verbale Kanal hingegen würde gar nicht beansprucht. Animation und Text auf dem Bildschirm stünden sozusagen in Konkurrenz zueinander. Das Modalitätsprinzip ist vorwiegend bei Lernangeboten mit einem hohen *Intrinsic Load* zu beachten. Bei wenig komplexen Informationen oder bei hohem Vorwissen, das seinerseits zu *Chunking* führt und durch diese Bildung übergeordneter Einheiten den *Intrinsic Load* reduziert, lassen sich Verringerungen der Lernleistung durch eine ausschließlich visuelle Präsentation nicht feststellen.

Dass eine gesprochene Erklärung zu einer Animation nicht gleichzeitig als geschriebener Text dargeboten werden sollte, besagt das **Redundanzprinzip**. Es widerspricht der Meinung, dass man dieselbe Information sowohl visuell als auch akustisch anbieten sollte, damit sich die Lerner je nach Lerntyp („Visualisierer" oder „Verbalisierer") die ihnen am besten entsprechende Modalität auswählen könnten. Nach Mayer (2001) wird damit aber *Extraneous Load* erzeugt. Überdies finden sich nach Weidenmann (2001) kaum aussagekräftige Ergebnisse, die derartige, ausgeprägte Lerntypen bestätigen würden (→ 12 Looß).

Gegen Überfrachtung einer multimedialen Einheit mit zwar interessanter, aber nicht wirklich nötiger Information (z. B. zusätzliche Bilder oder Texte, Hintergrundmusik) wird im **Kohärenzprinzip** empfohlen, sich auf diejenigen Informationen zu beschränken, die für den intendierten Lernprozess unerlässlich sind, alle anderen hingegen wegzulassen. Nach dem Motto „Weniger ist mehr" empfehlen Mayer u. Moreno (2003) zum Beispiel Strategien wie Bereinigen (*Weeding* = Jäten) und Lenkung (*Signaling* = Signalisieren). Damit soll einerseits die jeweilige Information so präzise wie möglich angeboten werden und andererseits die Lerner Hinweise erhalten, worauf sie sich in welcher Abfolge konzentrieren sollten.

Im Sinne dieser Prinzipien gelungenes oder weniger gelungenes Multimedia-Design wirkt sich nach Mayer (2001) bei Lernern mit wenig Vorwissen stärker aus als bei so genannten Experten. Letztere können schlechtes Design mittels ihres Vorwissens kompensieren. Dies gilt auch für Lerner mit einem guten räumlichen Vorstellungsvermögen. Allerdings zeigen Untersuchungen (vgl. Kalyuga et al. 2003; Ayres u. Sweller 2005), dass verarbeitungsanregende Designs, die bei Lernern mit geringem themenspezifischem Vorwissen *Cognitive Load* reduzieren, diesen bei erfahrenen Lernern (Experten) erhöhen können und sich damit sogar kontraproduktiv auswirken. Dieser *expertise reversal effect*, also dieser sich bei Experten verkehrende Effekt, lässt sich nach Kalyuga (2005) nur vermeiden, indem Instruktionsdesigns bzw. Lernumgebungen stärker auf das Niveau der intendierten Lerner abgestimmt werden. Schnotz u. Bannert (1999) weisen auch darauf hin, dass Visualisierungen besonders für Lerner mit geringem Vorwissen und für schlechte Leser hilfreich sind. Gute Leser mit höherem Vorwissen können durch Hinzufügen einer nicht anforderungsadäquaten Visualisierung zu einem Text bei der Konstruktion eines mentalen Modells aber auch gestört werden.

Interessante Daten liegen auch zur sozialen „Atmosphäre" vor, die in bzw. durch (Lern-) Software aufgebaut werden kann. Zahlreiche Untersuchungen zeigen, dass eine direkte Ansprache des Lerners positive Auswirkungen auf dessen Motivation hat, sich mit dem multimedialen Inhalt auseinander zu setzen (vgl. Moreno u. Mayer 2000). Eine persönliche (An-) Sprechweise – die Verwendung von „du" und „ich" – und eine direkte Rückmeldung an den Lerner erweisen sich deutlich lernfördernder als eine computergenerierte Stimme und/oder formale Ansprache. Dafür werden häufig so genannte **pädagogische Agenten** eingesetzt, die in unterschiedlichem Grad animiert werden. Wie Untersuchungen zeigen, muss für eine derartige Personalisierung der pädagogische Agent aber nicht unbedingt auf dem Bildschirm präsentiert werden (vgl. Mayer 2005c; Moreno 2005).

Weitere Forschungsergebnisse sind bei Mayer (2005a) nachzulesen und betreffen etwa Fragen der Navigation und Übersichtlichkeit eines Lernangebots, das altersadäquate Design, Anregungen zur aktiven Informationsverarbeitung oder zur Kooperation in multimedialen Lernumgebungen (vgl. auch Zumbach 2007).

13.4 Anwendungsbereiche

Die Anwendung der Prinzipien bei Software-Produktionen im Bereich der Biologie empfiehlt sich von selbst. (Lern-) Software wird in der Regel eher weniger lerntheoretisch fundiert als vielmehr „intuitiv" konzipiert, wobei die unkomplizierte technische Umsetzung und die finanziellen Rahmenbedingungen eine dominierende Rolle spielen. Fachdidaktische Untersuchungen aber bestätigen, dass es Sinn macht, die kognitive „Architektur" der Benutzer von Lernsoftware zu berücksichtigen. So zeigt eine Untersuchung von Unterbruner u. Unterbruner (2005) die lernfördernde Wirkung verarbeitungsfördernder multimedialer Programmgestaltung auf den Lernprozess von 10- bis 12-Jährigen. Aufbauend auf der Theorie zum Multimedia-Lernen nach Mayer (2001), der *Cognitive Load*-Theorie und dem moderaten Konstruktivismus (→ 6 Riemeier) wurde ein multimediales Forschungsmodul (Vögel des Waldes) konzipiert und auf seine Lernwirksamkeit untersucht. Bei der Gestaltung des Moduls wurden die Mayer'schen Prinzipien berücksichtigt. So wurden Text und Abbildungen in räumlicher und zeitlicher Nähe präsentiert (Kontiguitätsprinzip), Informationen auch akustisch angeboten (Modalitätsprinzip), und es erfolgte eine Konzentration auf die zentralen Inhalte (Kohärenzsprinzip). Zur Intensivierung der Informationsverarbeitung dienten ferner eine Portionierung der Informationen (*Segmenting,* Mayer u. Moreno 2003), Erklärungen des pädagogischen Agenten im Sinne des ***Modelling*** (d. h. er erklärt, was er macht und was er sich dabei denkt) und Freiräume durch individuelle Bearbeitungszeit. Mit diesem stärker verarbeitungsfördernden Design erzielten die Kinder der Versuchsgruppe signifikant höhere Lernzuwächse.

Auch aus der Chemiedidaktik liegen bestätigende Arbeiten vor, so zum Beispiel das Lernprogramm *SMV:Chem* (Russell et al. 2000), das Experimente zur Illustration zentraler chemischer Konzepte mittels Animationen, Grafiken, Molekülmodellen und Gleichungen zeigt. Die Autoren beziehen sich explizit auf das Multimedia-, Kontiguitäts- und Modalitätsprinzip sowie eine klare Lenkung durch das Programm (*Signaling*) mit gleichzeitigen Freiräumen für die Benutzer hinsichtlich individueller Reihenfolge und Bearbeitungszeit. Im Gegensatz zu den bisher genannten Untersuchungen wurde dieses Lernprogramm im unterrichtlichen Kontext getestet. Die College-Studenten, die mit diesem Programm arbeiteten, erwarben ein konsistenteres Verständnis des chemischen Basiskonzepts „Gleichgewicht", gängige, fachlich nicht angemessene Alltagsvorstellungen konnten reduziert werden. Studenten, die die Software über einen längeren Zeitraum für die Bearbeitung von Hausaufgaben verwendeten, hatten signifikant höhere Lernzuwächse als diejenigen, bei deren Unterricht das Programm lediglich zur Demonstration eingesetzt worden war (vgl. Kozma u. Russell 2005).

Auch bei der Erstellung und Präsentation von Informationen via Power-Point ergeben sich aus dem Multimedia-Lernen und der *Cognitive Load*-Theorie wertvolle und praktikable Richtlinien zur Vermeidung von *Cognitive Overload*. So können Präsentationen optimiert werden und negative Effekte, wie zum Beispiel der *Split-Attention*-Effekt (Vortrag ist nicht mit PowerPoint-Folien abgestimmt; vgl. Kontiguitätsprinzip), treten gar nicht erst auf. Auch werden Irritationen vermieden, die entstehen, wenn Vortragende den Text ihrer PowerPoint-Folien vorlesen (vgl. Redundanzprinzip).

Schließlich wenden Clark u. Mayer (2003) die Prinzipien für Multimedia-Lernen auch im Bereich *e-Learning* an. Sie zeigen an mehreren Beispielen aus Programmen zur beruflichen Weiterbildung, wie die Anwendung der Prinzipien auch zur Professionalisierung von *e-Learning*-Angeboten beitragen kann.

13.5 Weiterführende Forschungsfragen

Aus fachdidaktischer Sicht ergeben sich neben der Anwendung der Ergebnisse der Multimedia- und *Cognitive Load*-Forschung auch interessante, weiterführende Forschungsfragen – vor allem unter dem Aspekt einer höheren Komplexität der Inhalte. Mayer und Mitarbeiter beispielsweise verwendeten mehrere einfache physikalische Beschreibungen zur Funktion einer Radpumpe, Wirkung einer Bremse, zur Entstehung eines Gewitters (Mayer 2001) oder eine einminütige Animation zur Atmung (Mayer et al.

2004). Zur Erforschung der Vorgänge in unserem Arbeitsgedächtnis ist dies zielführend, zur Generierung und Konsolidierung von Multimedia-Prinzipien ebenfalls. Was dabei aber zu kurz kommt, sind komplexere, fachlich anspruchsvollere Fragestellungen in Lehr- und Lern-Kontexten. Die Kombination von Multimedia-Forschung, *Cognitive Load*-Theorie und fachdidaktischer Forschung wirft Forschungsfragen auf. Hierzu einige Beispiele:

- **Zur Gestaltung multimedialer Lernprogramme:**
  - *Intrinsic Load* ist zwar an sich nicht veränderbar, ein jeweiliger Inhalt kann aber unterschiedlich dargestellt werden. Kann ein multimediales Lernangebot mit hohem *Intrinsic Load* – gekennzeichnet durch eine hohe Interaktivität der Informationselemente im Arbeitsgedächtnis – eventuell „entschärft" und damit lernfördernder gestaltet werden, indem aus der Vorstellungsforschung bekannte Denkmuster den Lernern quasi als „Andockstelle" und Hilfe für *Chunking*-Prozesse angeboten werden?
  - In wie weit können pädagogische Agenten wesentliche Impulse zur effektiveren Informationsverarbeitung liefern, indem sie Denkmuster kontrastierend oder integrierend einbringen? (vgl. Kattmann 2005; → 11 Harms). In welchen Phasen des Lernprozesses ist ein entsprechendes *Signaling* oder *Modelling* zielführend?
  - Können problembasierte Aufgabenstellungen (z. B. Zumbach 2003) in Multimedia-Programmen die Intensität der Informationsverarbeitung positiv beeinflussen?
  - Geringes Vorwissen ist ein limitierender Faktor. Wie können multimediale Lernangebote daher gezielter auf das jeweilige Vorwissen der Lerner abgestimmt werden? Was sind geeignete Indikatoren, um Lernern das adäquate Niveau eines Programms anzubieten – zum Beispiel nach einem kurzen Eingangstest zur Erfassung bzw. Einstufung ihres Vorwissens?
  - Bei welchen Inhalten lohnt es sich aber tatsächlich einen großen – finanziellen und konzeptionellen – Aufwand zu treiben und multimediale Lernangebote in unterschiedlichen Levels anzulegen?

- **Zum Kontext von Schule und Erwachsenenbildung:**
  Es kann wohl davon ausgegangen werden, dass multimediale Lernangebote, die entsprechend den theoretischen Überlegungen und empirischen Befunden optimiert worden sind, ihre lernfördernde Wirkung auch im Kontext von Schule und/oder Erwachsenenbildung entfalten. Dennoch kommen im Vergleich zur Laborsituation zusätzliche motivationale und soziale Faktoren ins Spiel, die das Lernen wesentlich beeinflussen. Wie auch Kozma u. Russell (2005) in ihrem Überblick über chemiedidakti-

sche Multimedia-Forschung betonen, lässt sich im Klassenraum nicht nach dem klassischen Versuchs-/Kontrollgruppen-Design vorgehen. Das jeweilige multimediale Lernangebot ist eingebettet in eine inhaltliche Vor- und Nachbereitung. Kommunikation über seine Inhalte kann auf unterschiedlichste Weise geführt werden, insbesondere auch dann, wenn eine intensive Bearbeitung durch die Lerner intendiert ist (wie entdeckendes Lernen, problem- und handlungsorientiertes Lernen; vgl. Meyer 2002).

So drängt sich doch die Frage auf, ob sich Befunde aus der Laborsituation uneingeschränkt auf das Lernen in Klassenzimmern übertragen lassen. Oder müssen zusätzliche Kriterien zur Beurteilung der Effektivität multimedialer Programme in unterrichtlichen Situationen herangezogen werden? Welchen Einfluss hat ferner die didaktische „Dramaturgie" für einen effektiven Einsatz multimedialer Lernangebote, insbesondere auch dann, wenn anspruchsvolles Lernen intendiert wird, bei dem Anwendung des Wissens und Problemlösung im Vordergrund stehen?

Eine Verschränkung von Multimedia-Forschung, *Cognitive Load*-Theorie und fachdidaktischer Forschung lässt spannende Ergebnisse erwarten.

Literatur

Ayres P, Sweller J (2005) The split attention principle in multimedia learning. In: Mayer R (ed) The Cambridge handbook of multimedia learning. Cambridge Univ Press, New York, pp 135–145

Baddeley AD (1999) Human memory. Allyn & Bacon, Boston

Brünken R, Plass J, Leutner D (2003) Direct measurement of cognitive load in multimedia learning. Educational Psychologist 38(1):53–61

Chandler P, Sweller J (1991) Cognitive load theory and the format of instruction. Cognition and Instruction 8:293–332

Chandler P, Sweller J (1992) The split-attention effect as a factor in the design of instruction. British Journal of Educational Psychology 62:233–246

Clark CC, Mayer R (2003) E-learning and the science of instruction. Proven guidelines for consumers and designers of multimedia learning. Pfeiffer, San Francisco

Kalyuga S (2005) Prior knowledge principle in multimedia learning. In: Mayer R (ed) The Cambridge handbook of multimedia learning. Cambridge Univ Press, New York, pp 325–337

Kalyuga S, Ayres P, Chandler P, Sweller J (2003) The expertise reversal effect. Educational Psychologist 38(1):23–32

Kattmann U (2005) Lernen mit anthropomorphen Vorstellungen? ZfDN 11:165–174

Kozma R, Russell J (2005) Multimedia learning of chemistry. In: Mayer R (ed) The Cambridge handbook of multimedia learning. Cambridge Univ Press, New York, pp 409–428

Lewalter D (1997) Lernen mit Bildern und Animationen. Studie zum Einfluss von Lernermerkmalen auf die Effektivität von Illustrationen. Waxmann, Münster

Mayer R (2001) Multimedia Learning. Cambridge Univ Press, New York

Mayer R (2005a) The Cambridge handbook of multimedia learning. Cambridge Univ Press, New York

Mayer R (2005b) Cognitive theory of multimedia learning. In: Mayer R (ed) The Cambridge handbook of multimedia learning. Cambridge Univ Press, New York, pp 31–48

Mayer R (2005c) Principles of multimedia learning based on social cues: personalization, voice, and image principles. In: Mayer R (ed) The Cambridge handbook of multimedia learning. Cambridge Univ Press, New York, pp 201–212

Mayer R, Moreno R (2003) Nine ways to reduce cognitive load in multimedia learning. Educational Psychologist 38(1):3–52

Mayer R, Fennell S, Farmer L, Campell J (2004) A personalization effect in multimedia learning: Students learn better when words are in conversational style rather than formal style. Journal of Educational Psychology 96:389–395

Meyer H (2002) Unterrichtsmethoden. Theorieband. Cornelsen, Berlin

Miller GA (1956) The magic number seven: plus or minus two: Some limits on our capacity for processing information. Psychological Review 63:81–97

Moreno R (2005) Multimedia learning with animated pedagogical agents. In: Mayer R (ed) The Cambridge handbook of multimedia learning. Cambridge Univ Press, New York, pp 507–523

Moreno R, Mayer R (2000) Engaging students in active learning: The case for personalized multimedia messages. Journal of Educational Psychology 92:724–733

Paas F, Renkl A, Sweller J (2004) Cognitive load theory: Instructional implications of the interaction between information structures and cognitive architectur. Instructional Science 32:1–8

Paivio A (1983) The empircal case for dual coding. In: Yuille JC (ed) Imagery, memory and cognition. Erlbaum, Hillsdale NJ, pp 307–332

Pfligersdorffer G (2006) Computerprogramme und Internet. In: Gropengießer H, Kattmann U (Hrsg) Fachdidaktik Biologie. Aulis, Köln, S 377–391

Russell J, Kozma R, Becker T, Susskind T (2000) SMV:Chem – Synchronized multiple visualizations in chemistry. John Wiley (Computer software), New York

Schnotz W, Bannert M (1999) Einflüsse der Visualisierungsform auf die Konstruktion mentaler Modelle beim Bild- und Textverstehen. Zeitschrift für experimentelle Psychologie 46:216–235

Sweller J (1999) Instructional design in technical areas. ACER, Melbourne

Sweller J (2005) Implications of cognitive load theory for multimedia learning. In: Mayer R (ed) The Cambridge handbook of multimedia learning. Cambridge Univ Press, New York, pp 19–30

Unterbruner U, Unterbruner G (2005) Wirkung verarbeitungsfördernder multimedialer Programmgestaltung auf den Lernprozess von 10- bis 12-Jährigen. In: Klee R, Sandmann A, Vogt H (Hrsg) Lehr- und Lernforschung in der Biologiedidaktik, Bd 2. Studienverlag, Innsbruck, S 181–194

Weidenmann B (2001) Lernen mit Medien. In: Krapp A, Weidenmann B (Hrsg) Pädagogische Psychologie. Ein Lehrbuch. BeltzPVU, Weinheim, S 415–465

Zumbach J (2003) Problembasiertes Lernen. Waxmann, Münster

Zumbach J (2007) Instruktionspsychologische Grundlagen zum Lernen mit Neuen Medien. Kohlhammer, Stuttgart

14 Das *Contextual Model of Learning* – ein Theorierahmen zur Erfassung von Lernprozessen in Museen

Matthias Wilde

Das *Contextual Model of Learning* von Falk u. Dierking (1992, 2000) stellt einen Theorierahmen dar, der versucht, das Lernen an außerschulischen Lernorten zu beschreiben, zu erklären und vorherzusagen. Dabei geht es in Falk u. Dierkings (2000) *Contextual Model of Learning* besonders um die Spezifika von Museumslernen, nicht um die Adaptation bekannter Theorien auf Museumsbesuche, z. B. des gemäßigten Konstruktivismus (Reinmann u. Mandl 2006) oder der Selbstbestimmungstheorie (Deci u. Ryan 1993, 2000; Bles 2002). Das *Contextual Model of Learning* (Falk u. Dierking 1992, 2000) bezieht sich vornehmlich auf selbstbestimmtes Lernen (*learning in free-choice-settings*; vgl. Falk 2006; Falk u. Storksdieck 2005a, 2005b), nicht in erster Linie auf Museumsbesuche mit expliziter Vermittlungsabsicht, wie bei Exkursionen von Schulklassen. Dieser Artikel skizziert die Theorie, setzt sich mit ihrer Verwendung in einer quantitativ ausgerichteten empirischen Untersuchung kritisch auseinander und schlägt vor, wie dieser Theorierahmen in biologiedidaktischen Studien verwendet werden kann.

Das Lernen an außerschulischen Lernorten, z. B. Zoos, Naturkundemuseen und Science Center, ist durch eine Fülle von Einflüssen gekennzeichnet (Falk u. Dierking 1992; Dierking 2005). Sich dort ereignendes Lernen ist von großer Authentizität geprägt und durch die Auseinandersetzung mit der Lebenswirklichkeit charakterisiert. Mit dem Ziel, der Komplexität dieser Lernvorgänge gerecht zu werden, außerschulisches Lernen zu beschreiben und besser zu verstehen, bieten Falk u. Dierking (2000) einen entsprechenden Theorierahmen an: das *Contextual Model of Learning*.

Einfache Definitionen können außerschulisches Lernen nicht hinreichend abbilden und zu einem generalisierbaren Modell führen (Falk u. Dierking 2000; Falk 2006). Falk u. Dierking (2000) schlagen einen Theorierahmen vor, der außerschulisches Lernen ganzheitlich zu erfassen sucht (*holistic picture*), gleichzeitig seine Besonderheiten und Details beachtet.

Angestrebt wird eine möglichst anschauliche Ebene. So wird das Modell primär auf Lernvorgänge in Museen bezogen. Selbstverständlich ist Falk u. Dierking (2000) bewusst, dass sich Lernen in Museen auf neurologischer Ebene wohl nicht von Lernen in anderen, wie z. B. schulischen Lernorten, unterscheidet. Dennoch halten sie es für erforderlich, in der Beschreibung des Modells möglichst konkret zu werden, insbesondere um der Situiertheit der Lernprozesse gerecht zu werden. Der Begriff „Museum" wird in Falk u. Dierkings (2000) Grundlagenwerk „*Learning from Museums*" (vgl. Krombass u. Harms 2006) weit gefasst: Einbezogen werden in pädagogischer Absicht geschaffene außerschulische Lernorte (vgl. Killermann et al. 2005), z. B. Naturkundemuseen, Aquarien, Zoos, Botanische Gärten, Science Center etc. Betont sei, dass Falk u. Dierking (2000) sowie Falk u. Storksdieck (2005a, 2005b) das *Contextual Model of Learning* nicht als reduktionistisch gedachtes Erklärungsmodell für Lernvorgänge sehen, sondern es als Denkrahmen verstehen (*model for thinking about learning*, Falk u. Dierking 2000; *framework*, Falk u. Storksdieck 2005a, 2005b). Bewusst wird dieser Denkrahmen als offen und optimierbar betrachtet (Falk u. Dierking 2000; Falk u. Storksdieck 2005a, 2005b; Dierking 2005). Biologiedidaktische Fragestellungen, die durch diese Theorie abgebildet werden, sind Fragen nach einzelnen Einflussfaktoren: **Welche Variable hat einen Einfluss auf das Lernen im Museum?** Gleichzeitig sind es Fragen, die eine Interpretation im Rahmen der Vielheit der Einflüsse des musealen Kontextes stellen: **Welchen Einfluss hat diese Einzelvariable im Gesamtzusammenhang aller berücksichtigten Variablen?** Aber auch Fragen nach der Vielheit selbst: **Welche Einflussfaktoren gibt es? Welchen Einfluss haben alle diese Faktoren auf das Museumslernen?**

14.1 Das *Contextual Model of Learning*

Lernen wird von den Autoren als ein Zwiegespräch zwischen Individuum und Umwelt begriffen mit dem Ziel, eine subjektive Wirklichkeit zu konstruieren, die eine erfolgreiche Lebensführung erlaubt (Falk u. Dierking 2000). Damit greifen Falk u. Dierking (2000) v. Glasersfelds Begriff der „Viabilität" auf (v. Glasersfeld 1993, vgl. Hansmann 1998). Ihr konstruktivistischer Ansatz wird hierbei besonders deutlich. Diese „Umwelt" des Museums bzw. des von Menschen geschaffenen außerschulischen Lernortes differenzieren Falk u. Dierking (2000) in einen **personalen**, einen **soziokulturellen** und einen **gegenständlichen Kontext**. Dabei interagieren die drei Kontexte miteinander (vgl. Falk u. Dierking 2006). Weiter differenzierend fächern Falk u. Dierking (2000) aufgrund empirischer Arbeiten die Kontexte in acht Faktoren auf, die sie für Lernerfahrungen in Museen für besonders bedeutsam halten:

I. Personaler Kontext
    1. Motivation und Erwartung
    2. Vorwissen, Interessen, Überzeugungen
    3. Selbst- und Fremdsteuerung

II. Soziokultureller Kontext
    4. Vermittler innerhalb der Lerngruppe
    5. Vermittler außerhalb der Lerngruppe

III. Gegenständlicher Kontext
    6. Strukturierungs- und Orientierungshilfen im Museum
    7. „Design" der Ausstellung
    8. Ereignisse und Erfahrungen außerhalb des Museums

Im Folgenden werden diese acht Faktoren des *Contextual Model of Learning*, eng orientiert an Falk u. Dierkings (2000) Vorlage, beschrieben (Abb. 18):

1. Faktor: Motivation und Erwartung
Menschen besuchen Museen aus mannigfaltigen Gründen und mit unterschiedlichen Erwartungen. Selbstverständlich spielen diese Bedingungen für die Gestaltung des Museumsaufenthalts und das Lernen im Museum eine gewichtige Rolle: Erfüllte Erwartungen erleichtern Lernprozesse, unerfüllte belasten das Lernen. Intrinsische Motivation führt zu „besserem Lernen" als extrinsische. Museen können am besten erfolgreiche Lernprozesse initiieren, wenn diese Vorbedingungen Beachtung finden (→ 1 Vogt).

2. Faktor: Vorwissen, Interessen und Überzeugungen
Vorwissen, Interessen und Überzeugungen beeinflussen maßgeblich die Subjektivität des Lernens im Museum, v. a. die Auswahl des zu besuchenden Museums und die Häufigkeit, mit der Exponate oder besondere Aspekte dieser Exponate betrachtet werden. Möglichkeiten und Beschränkungen von Prozessen bedeutungsvollen Lernens im Museum werden wesentlich durch diesen Faktor bestimmt (→ 1 Vogt, → 2 Upmeier zu Belzen; Schmitt-Scheersoi u. Vogt 2005).

3. Faktor: Selbst- und Fremdsteuerung
Können Lerner über Zeitpunkt und Inhalt des Lernens selbst entscheiden und haben sie die subjektiv empfundene Kontrolle über den Prozess, so fällt das Lernen besonders leicht. Museale Lernumgebungen bieten für Besucher reichlich Möglichkeiten entsprechender Selbststeuerung in Auswahl und Handhabung der Exponate.

4. Faktor: Vermittler innerhalb der Lerngruppe

Museumsbesuche finden meist in Gruppen statt (vgl. Schmitt-Scheersoi 2003). Das können Familiengruppen sein, in denen Eltern ihre Kinder beim Erfassen und Begreifen der neuen Erfahrungen unterstützen und zugleich die Kinder den Eltern neue Sichtweisen eröffnen, oder Gruppen von Gleichaltrigen (Peers), die durch das gemeinsame Erleben soziale Beziehungen aufbauen. Dabei profitieren die Mitglieder dieser Besuchergruppen gegenseitig voneinander, Exponate besser zu verstehen, sich gemeinsamer Überzeugungen zu versichern und wechselseitig ihr Lernen zu optimieren.

5. Faktor: Vermittler außerhalb der Lerngruppe

Mediatoren außerhalb dieser Besuchergruppe können besonders wirkungsvoll Lernprozesse beeinflussen. Solche Vermittler sind z. B. Museumsführer und Experten; es können aber auch andere Besucher sein, die vom Lerner als kompetent wahrgenommen werden. Vermittlungsprozesse dieser Art haben eine lange kulturelle (und evolutionäre) Vorgeschichte, denn diese Art der Wissensvermittlung dürfte so alt sein wie die Menschheit selbst. Die Vermittler können Lernen befördern oder behindern. Darum haben Ansprechpartner vor Ort, z. B. Museumspersonal, eine besonders wichtige Funktion.

6. Faktor: Strukturierungs- und Orientierungshilfen im Museum

Allein die Größe vieler Museen in Kombination mit einer Vielheit neuer Eindrücke kann zu Desorientierung und Unsicherheit bei Besuchern führen. Es fällt ihnen dann u. U. schwer, sich auf die Inhalte der Ausstellung zu konzentrieren. Menschen lernen besser, wenn sie sich subjektiv sicher fühlen. Räumliche Orientierung kann wesentlich dazu beitragen. Im Gefühl von Sicherheit in ihrer Umgebung befördert die Neuheit der Eindrücke des Museums Lernprozesse. Übersichtspläne (*conceptual advance organizers*) verbessern bedeutungsvolles Lernen signifikant.

7. Faktor: Design der Ausstellung

Außerschulisches Lernen in Museen ist besonders stark von der Auswahl der Exponate, ihrer Darstellung und Präsentation abhängig. Man erwartet hierbei in erster Linie nicht so sehr zweidimensionale Medien, Texte und Computerterminals, sondern die Präsentation originaler Objekte in angemessener, bedeutungsvoller Umgebung, z. B. in nachgeahmtem Wirklichkeitszusammenhang (vgl. Uhlig 1962).

8. Faktor: Ereignisse und Erfahrungen außerhalb des Museums

Lernprozesse erstrecken sich über längere Zeiträume. Unterschiedliche Informationsquellen und Erfahrungen werden einbezogen, so dass in einem kumulativen Prozess eine subjektive, sich immer weiter entwickelnde Wirklichkeit aufgebaut wird. Museumsbesucher erwerben zu ihrem Vorwissen im Museum weiteres – vielleicht noch lückenhaftes oder träges (vgl. Renkl 1996, 2006) – Wissen und werden diesem Wissen je nach Erfahrung und Anforderung Bedeutung verleihen und so ein vollständigeres Bild ihrer subjektiv konstruierten Wirklichkeit erhalten. Damit sind vorherige Erfahrungen außerhalb des Museums für das Lernen und Verstehen von Museumsinhalten von großer Bedeutung.

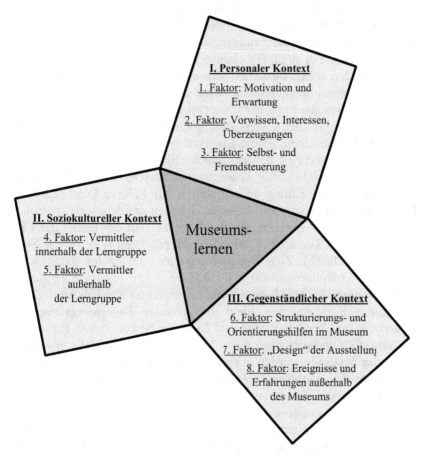

Abb. 18. Museumslernen wird im „Contextual Model of Learning" durch den personalen, den soziokulturellen und den gegenständlichen Kontext bedingt (verändert nach Falk u. Dierking 2000). Dabei interagieren die drei Kontexte miteinander (vgl. Falk u. Dierking 2006)

14.2 Umsetzung des *Contextual Model of Learning* in empirischen Untersuchungen

Das *Contextual Model of Learning* dient qualitativen und quantitativen Studien als zentrale Theorie. Beispiele qualitativer Untersuchungen finden sich bei Falk u. Dierking (2000; vgl. Falk 2006) und Chauvin (2005); für quantitative Studien sind es Falk u. Adelmann (2003) sowie Falk u. Storksdieck (2005a, 2005b). Auch Krombass u. Harms (2006) entlehnen zentrale Theorieelemente den Ausführungen von Falk u. Dierking (z. B. Dierking et al. 2003; Rennie et al. 2003); ebenso Wilde u. Bätz (2006).

Im Folgenden sollen bezüglich jedweder Umsetzung und theoretischer Überlegung ausschließlich quantitative Ansätze betrachtet werden. Zur ausführlichen Beschreibung der Umsetzung des *Contextual Model of Learning* in einer empirischen Untersuchung wurde die von Falk u. Storksdieck (2005a, 2005b) berichtete Studie ausgewählt.

Zentrales Ziel von Falk u. Storksdieck (2005a, 2005b) ist, die Tauglichkeit des *Contextual Model of Learning* nachzuweisen. Dafür beziehen sie sich in ihrer Untersuchung ausschließlich auf Falk u. Dierkings (2000) **Theorie** und stützen sich auf die beschriebenen drei Kontexte: personaler, soziokultureller und gegenständlicher Kontext. Auf der Ebene der Faktoren wurde Falk u. Dierkings (2000) Version präzisiert (vgl. Falk u. Storksdieck 2005a, 2005b). Zum Beispiel erweitern sie Faktor 6 „Strukturierungs- und Orientierungshilfen im Museum" zu *Advance Organizers*, „Orientierungshilfen im Museum" und „Architektur und Umgebung".

In beiden Berichten behandeln die zentralen **Forschungsfragen** den Einfluss der im *Contextual Model of Learning* beschriebenen Faktoren auf den Lernerfolg und gleichzeitig die Tauglichkeit des Modells an sich. Bezüglich der **Methode** wurden in einem *Pre-Posttest*-Design 217 erwachsene Besucher des „*Californian Science Center's World of Life Exhibition*" mittels Fragebögen, Interviews und Verhaltensbeobachtungen in Hinblick auf kognitive Konzepte und alle im *Contextual Model of Learning* beschriebenen Faktoren getestet. Pro Faktor wurden ein bis fünf Messungen durchgeführt. Beispielsweise wurde Wissen auf unterschiedlichen kognitiven Anforderungsstufen durch (weitgehend) identische Vor- und Nachtests mit *Multiple-Choice-Items*, offenen Items und *Personal Meaning Mapping* (*PMM*), einem dem *Concept Mapping* verwandten Verfahren, erhoben. Als zentrales **Ergebnis** berichten Falk u. Storksdieck (2005a, 2005b) Auswirkungen jedes einzelnen der beschriebenen Faktoren auf den Lernerfolg des Museumsbesuchs. Folglich gelten alle Faktoren als relevant. Darum sollten – so Falk u. Storksdieck (2005b) – in jeder empirischen Untersuchung alle

Faktoren des *Contextual Model of Learning* für das Verstehen von Museumslernen erhoben werden.

14.3 Kritische Betrachtung zu Falk und Dierkings Theorie bzw. zu Falk und Storksdiecks Studie

Falk u. Storksdiecks (2005a, 2005b) Nachweis der Lernwirksamkeit jedes Faktors stützt die Theorie des *Contextual Model of Learning*. Aus der Perspektive quantitativer empirischer Ansätze der Biologiedidaktik sind Falk u. Dierkings (2000) Ansatz und Falk u. Storksdiecks (2005a, 2005b) Untersuchung und die sich nach ihrer Ansicht daraus ergebenden Schlussfolgerungen durchaus kritisch zu sehen.

Das *Contextual Model of Learning* (Falk u. Dierking 2000) beschreibt eine Vielheit von Einflüssen, fasst diese jedoch in „nur" acht Faktoren. Für eine Evaluierung, die differenziert Museumslernen beschreiben soll, könnte dies zu holzschnittartig sein. Beispielsweise lautet in Falk u. Dierkings (2000) *Contextual Model of Learning* ein Faktor des personalen Kontexts Vorwissen, Interessen und Erwartung. Schon Falk u. Storksdiecks (2005a, 2005b) Studie erforderte für die Operationalisierung eine Präzisierung dieses Faktors. Eines der nun erhobenen Konstrukte aus diesem Faktor war Vorinteresse (*prior interest*). Selbst diese Verengung des Konstrukts war für eine umfassende Evaluierung desselben nicht ganz hinreichend: Im Durchschnitt dauerte der Vortest, der alle Faktoren abbilden sollte, 17 Minuten. Das Vorinteresse wurde im Rahmen dieses Tests durch nur zwei Items gemessen und als kombinierter Wert berichtet (*combined prior interest scales: interest in biology* und *interest in watching a documentary on child development*; vgl. Falk u. Storksdieck 2005b). Für ein so komplexes Konstrukt wie Interesse (vgl. z. B. Krapp 1992a, 1992b; → 1 Vogt) kann diese Messung nicht erschöpfend sein. Eine weit umfangreichere Messung oder eine klarere Präzisierung des zu erhebenden Konstrukts wäre erforderlich.

Gleichwohl ist Falk u. Dierkings *Contextual Model of Learning* (2000) für biologiedidaktische Untersuchungen an außerschulischen Lernorten von großem Wert. Ein zentrales Element dieses Theorierahmens besteht in der Festlegung und Beschreibung nachweislich relevanter Faktoren für Museumslernen. Implizit enthält das *Contextual Model of Learning* eine Vielzahl von Hypothesen. Falk u. Dierking (2000) gehen davon aus, dass ihre Faktoren für das Lernen im Museum bedeutsam sind. Die theoretischen Überlegungen lassen also das Aufstellen von Hypothesen zu. Ebenso entscheidend ist die Dimension, die durch den Begriff *contextual* ausgedrückt wird. Das Anliegen, ein möglichst vollständiges Bild des Ge-samtkontextes berücksichtigen zu können und den Prozess des Museums-lernens nicht auf den eigentlichen Museumsbesuch oder sogar nur be-stimmte Merkmale des Museumsbesuchs zu verkürzen, sondern im Kontext aller musealen und außer-musealen Einflussfaktoren zu sehen, ist für ein Verstehen des Lerngeschehens förderlich. Obgleich die Faktoren für spezifische Forschungsfragen zu holzschnittartig formuliert sein mö-gen, umreißen die im *Contextual Model of Learning* beschriebenen Fakto-ren wesentliche Einflüsse für Lernprozesse in Museen. Je nach Intention einer Studie wird es erforderlich sein, diese Faktoren zu präzisieren und in begrifflicher Engführung zu definieren, um sie einer didaktischen Opera-tionalisierung bzw. einer Evaluierung zugänglich zu machen. Die in der Theorie bereitgestellte Basis bietet hierfür eine tragfähige Grundlage, so dass das *Contextual Model of Learning* tatsächlich einen sehr guten ersten Schritt darstellt, die Komplexität des Museumslernens zu erfassen (Falk u. Storksdieck 2005b; vgl. Falk 2006).

Schließlich kann die Perspektive des *Contextual Model of Learning*, Falks (2004) Forderung des situierten Lernens im Museum, die Aufwei-tung der Sichtweise von der Fokussierung auf die reinen Vorgänge im Mu-seum hin zu einer Betrachtung des Museumsbesuchs als Teil einer Ent-wicklung, ein Vorher und ein Nachher einbeziehend (vgl. Falk u. Dierking 2006), dem Verstehen der tatsächlichen Prozesse des Museumslernens nur nützen.

14.4 Vorschlag zur Anwendung des *Contextual Model of Learning* im Rahmen biologiedidaktischer Forschung

Für quantitative Studien auch in der Biologiedidaktik sollte man einzelne, klar beschreibbare Variablen auf der Ebene der Faktoren des Modells, viel-leicht sogar noch differenzierter – wie es ja Falk u. Storksdieck (2005a, 2005b; vgl. Falk u. Dierking 2006) durch die Auffächerung der ursprüngli-chen Faktoren schon andeuten – gemäß des Kritischen Rationalismus (Popper 1984) hypothesengeleitet evaluieren. In der Untersuchung von Wilde u. Bätz (2006) wurde in der Versuchsgruppe vor dem Besuch des Berliner Naturkundemuseums das „Vorwissen" (personaler Kontext) der Probanden durch kontrollierte Ereignisse außerhalb des Museums (gegen-ständlicher Kontext) beeinflusst. Das geschah eine Woche vor dem Muse-umsbesuch durch konzeptionell vorbereitenden Unterricht. Die Kontroll-gruppe erhielt diese Intervention nicht. Es folgten für Versuchs- und Kontrollgruppe gleiche (konstruktivistisch orientierte, dennoch gelenkte)

Gänge ins Museum. Die Hypothesen der Studie beziehen sich auf die Auswirkung der unterrichtlichen Intervention vor dem Museumsbesuch auf den Lernerfolg nach dem Museumsbesuch. Neben der Frage, ob bestimmte Einflussfaktoren für das Lernen im Museum wichtig sind, sollte man die Frage, in welchem Ausmaß sie den Prozess beeinflussen, berücksichtigen. Denn diese als Effektstärke bezeichnete Größe erlaubt, die pädagogische Bedeutsamkeit eines Einflusses abzuschätzen (vgl. Häußler et al. 1998; vgl. Wilde u. Bätz 2006). Insbesondere im Rahmen der Erfassung von Einzelvariablen ist diese Einschätzung besonders wichtig. Eine Einflussgröße, die zwar statistisch signifikant das Lernen im Museum beeinflusst, aber nur 3 % der Varianz des Lernerfolgs erklären kann, wird besonders vor dem Hintergrund des *Contextual Model of Learning* anders zu bewerten sein als eine Einflussgröße, die 30 % der Varianz des Lernerfolgs erklären kann. Gleichzeitig sollte man nicht davor zurückschrecken, die Untersuchung hinreichend zu kontrollieren, z. B. indem man bestimmte Stichproben auswählt, um so eine Vielzahl von Zufälligkeiten, die ja auch Falk u. Storksdieck (2005a, 2005b) einräumen, auszuschalten. Sicher ist es für Museumslernen von Belang, ob eine Person einzeln oder in einer Gruppe ein Museum besucht, wie groß diese Lerngruppe ist, wie sich Altersstruktur, Geschlechterzusammensetzung, Verwandtschaftsbeziehungen etc. gestalten. Faktoren wie diese sollten kontrolliert werden, z. B. durch bewusste Auswahl der Stichprobe. In der Studie von Wilde u. Bätz (2006) rekrutierten sich die Probanden aus vier Klassen der fünften Jahrgangsstufe eines Berliner Gymnasiums. Dabei ist es kaum relevant, ob eine Studie als quasi-experimentelle Untersuchung gilt, weil eine bestimmte Stichprobenauswahl getroffen wurde oder ob die Stichprobe scheinbar randomisiert wird. Denn bereits beim Befragen von Museumsbesuchern wird eine bestimmte Auswahl getroffen: Es können eben nur Museumsbesucher (und keine Nichtbesucher) ausgewählt werden und hier nur die, die bereit sind, sich befragen zu lassen. Erst nach hypothesengeleiteter und kontrollierter Gewinnung von Ergebnissen zu bestimmten Variablen sollten diese rückbezogen werden auf den gesamten Kontext des Museumsbesuches und aller vorherigen und nachfolgenden Ereignisse, die für den Prozess des Museumslernens bedeutsam sein können. Das *Contextual Model of Learning* stellt hierfür einen umfassenden und brauchbaren Interpretationshintergrund dar.

Literatur

Bles P (2002) Die Selbstbestimmungstheorie von Deci und Ryan. In: Frey D, Irle M (Hrsg) Theorien der Sozialpsychologie. Motivations-, Selbst-und Informationsverarbeitungstheorien, Bd 3. Huber, Berlin, S 234–253

Chauvin BA (2005) How a museum exhibit functions as a literacy event for viewers. Dissertation, New Orleans

Deci EL, Ryan RM (1993) Die Selbstbestimmungstheorie der Motivation und ihre Bedeutung für die Pädagogik. Zeitschrift für Pädagogik 39:223–238

Deci EL, Ryan RM (2000) The "What" and "Why" of Goal Pursuits: Human Needs and the Self-Determination of Behavior. Psychological Inquiry 11(4):227–268

Dierking LD (2005) Lessons without limit: how free-choice learning is transforming science and technology education. História, Ciêcias, Saúde-Manguinhos 12:145–160

Falk J (2004) The Director's Cut: Toward an improved understanding of learning from museums. Science Education 88(1):83–96

Falk JH (2006) An identity-centered approach to understanding museum learning. Curator, NY 49(2):151–166

Falk J, Adelmann L (2003) Investigating the impact of prior knowledge and interest on aquarium visitor learning. Journal of Research in Science Teaching 40:163–176

Falk J, Dierking L (1992) The Museum Experience. Whalesback Books, Washington DC

Falk J, Dierking L (2000) Learning from Museums. Alta Mira, Walnut Creek

Falk J, Dierking L (2006) Contextual Model of Learning. http://www.ilinet.org/contextualmodel.html (14.12.2006)

Falk J, Storksdieck M (2005a) Learning science from museums. História, Ciêcias, Saúde-Manguinhos 12:117–143

Falk J, Storksdieck M (2005b) Using the contextual model of learning to understand visitor learning from a science center exhibition. Science Education 89(5):744–778

Hansmann O (1998) Operative Pädagogik. Anlässe zur Reflexion für die Lehrberufe. Studienverlag, Weinheim

Häußler P, Bünder W, Duit R, Gräber W, Mayer J (1998) Naturwissenschaftsdidaktische Forschung. Perspektiven für die Unterrichtspraxis. IPN, Kiel

Killermann W, Hiering P, Starosta B (2005) Biologieunterricht heute – Eine moderne Fachdidaktik. Auer, Donauwörth

Krapp A (1992a) Das Interessenkonstrukt. Bestimmungsmerkmale der Interessenhandlung und des individuellen Interesses aus der Sicht einer Person – Gegenstands – Konzeption. In: Krapp A, Prenzel M (Hrsg) Interesse, Lernen, Leistung. Aschendorff, Münster, S 297–329

Krapp A (1992b) Konzepte und Forschungsansätze zur Analyse des Zusammenhangs von Interesse, Lernen und Leistung. In: Krapp A, Prenzel M (Hrsg) Interesse, Lernen, Leistung. Aschendorff, Münster, S 9–52

Krombass A, Harms U (2006) Ein computergestütztes Informationssystem zur Biodiversität als motivierende und lernförderliche Ergänzung der Exponate eines Naturkundemuseums. ZfDN 12:8–22

Popper KR (1984) Logik der Forschung. Mohr, Tübingen

Reinmann G, Mandl H (2006) Unterrichten und Lernumgebungen gestalten. In: Krapp A, Weidenmann B (Hrsg) Pädagogische Psychologie. BeltzPVU, Weinheim Basel, S 613–658

Renkl A (1996) Träges Wissen: Wenn Erlerntes nicht genutzt wird. Psychologische Rundschau 47:78–92

Renkl A (2006) Träges Wissen. In: Rost D H (Hrsg) Handwörterbuch Pädagogische Psychologie. BeltzPVU, Weinheim Basel Berlin, S 778–782

Rennie LJ, Feher E, Dierking LD, Falk JH (2003) Toward an agenda for advancing research on science learning in out-of-school settings. Journal of Research in Science Teaching 40(2):112–120

Schmitt-Scheersoi A (2003) „Spielregeln der Natur" (Prinzipien der Ökologie) Entwicklung eines fachdidaktischen Konzepts für eine moderne Ökologieausstellung unter besonderer Berücksichtigung Neuer Medien. Dissertation, Bonn

Schmitt-Scheersoi A, Vogt H (2005) Das Naturkundemuseum als interessefördernder Lernort – Besucherstudie in einer naturkundlichen Ausstellung. In: Klee R, Sandmann A, Vogt H (Hrsg) Lehr- und Lernforschung in der Biologiedidaktik, Bd 2. Studienverlag, Innsbruck, S 87–99

Uhlig A (1962) Didaktik des Biologieunterrichts. VEB, Berlin

von Glasersfeld E (1993) Questions and answers about radical constructivism. In: Tobin K (ed) The practice of constructivism in science education. Erlbaum, Hillsdale New Jersey, pp 23–38

Wilde M, Bätz K (2006) Einfluss unterrichtlicher Vorbereitung auf das Lernen im Naturkundemuseum. ZfDN 12:77–89

15 Erkenntnisgewinnung als wissenschaftliches Problemlösen

Jürgen Mayer

Inhalte und Kompetenzen naturwissenschaftlicher Erkenntnisgewinnung gehören zum Kern naturwissenschaftlicher Bildung. Sie werden international als *Scientific Inquiry* und *Nature of Science,* in Deutschland als wissenschaftliche Denk- und Arbeitsweisen, Wissenschaftspropädeutik oder als Erkenntnisgewinnung bezeichnet. Schüler sollen demnach Lernen, wie naturwissenschaftliche Erkenntnisse gewonnen werden und was naturwissenschaftliche Methodik und Aussagen charakterisiert.

Als Rahmenmodell für den Kompetenzbereich Erkenntnisgewinnung dienen drei zentrale Dimensionen: Praktische Arbeitstechniken (*practical work*), wissenschaftliche Erkenntnismethoden (*scientific inquiry*) sowie Charakteristika der Naturwissenschaften (*nature of science*) (vgl. Abb. 19).

Diese Dimensionen können mittels drei kognitionspsychologischer Konstrukte modelliert und systematisch in Beziehung gesetzt werden: nämlich manuelle Fertigkeiten (*practical skills*), wissenschaftliches Denken (*scientific reasoning*) (Kuhn et al. 1988; Klahr 2000) und Wissenschaftsverständnis (*epistemological beliefs*) (Hofer u. Pintrich 1997; Ledermann et al. 2002).

Im Mittelpunkt des Beitrages steht die Kompetenz des wissenschaftlichen Denkens, die innerhalb der Forschung unterschiedlich konzeptionalisiert wird. Innerhalb der Kognitions- und Entwicklungspsychologie als *Scientific reasoning* (Kuhn et al. 1988; Koslowski 1996; Klahr 2000); innerhalb der naturwissenschaftsdidaktischen Forschung als *Procedural understanding* und *Concepts of evidence* (Gott u. Duggan 1995), sowie in der naturwissenschaftsdidaktischen Diagnostik als *process skills* oder *inquiry skills* (Burns et al. 1985).

Bei allen Differenzen der unterschiedlichen Ansätze im Detail, ist ihnen gemeinsam, dass sie letztlich den Prozess des wissenschaftlichen Vorgehens als Problemlöseprozess beschreiben (Helgeson 1993; Mayer et al. 2003; → 16 Hammann). Die diesbezügliche naturwissenschaftsdidaktische Forschung kann damit an eine der basalen Theorien kognitiver Informationsverarbeitung sowie des Lernens anschließen (Mietzel 1998; Funke 2003, 2006).

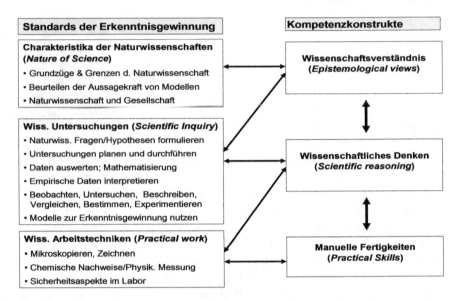

Abb. 19. Rahmenkonzept wissenschaftsmethodischer Kompetenzen

15.1 Theorie des Problemlösens

Problemlösen ist definiert als die Überwindung einer Diskrepanz zwischen einem Ausgangszustand und einem angezielten Endzustand mittels logischer Operationen (Dörner 1979; Funke 2003). Problemlösen wird dabei als zielorientiertes Denken und Handeln in Situationen verstanden, für deren Bewältigung keine routinierten Vorgehensweisen verfügbar sind. Die Theorie des Problemlösens bezieht sich damit weniger auf Wissensstrukturen (z. B. Konzepte) oder Wissenserwerbsprozesse, sondern vielmehr auf die Anwendung von Wissen und Fähigkeiten in bestimmten Situationen.

Innerhalb der Problemlöseforschung existieren verschiedene Theorien, auf deren Basis ein großer Fundus an empirischen Befunden hervorgebracht wurde. Einen guten Überblick gibt Funke (2003, 2006). Ausgehend von der Tatsache, dass für Leistungen im Problemlösen Merkmale des Problems, der Person sowie der Problemlösesituation relevant sind, werden zentrale Forschungsbefunde zu diesen Bereichen im Folgenden referiert.

Die **Merkmale eines Problems** lassen sich durch die Art und Bekanntheit der zentralen Elemente eines Problems – Ausgangszustand, Ziel, Mittel und Mitteleinsatz – charakterisieren. So unterscheidet man in der Regel:

- gut definierte versus schlecht definierte Probleme,
- bereichsübergreifende und domänenspezifische Probleme, sowie
- wissensarme versus wissensreiche Problembereiche.

In letzterem kann man weiter nach Inhaltsbereichen z. B. technisches Problemlösen, mathematisches Problemlösen, komplexes Problemlösen oder wissenschaftliches Problemlösen unterscheiden (Klieme et al. 2005).

Jeder Problembereich stellt spezifische Anforderungen an den Problemlöser bezüglich des Einsatzes von Prozeduren/Operationen, um das Problem zu lösen. Insofern lassen sich zahlreiche Prozeduren wie kausales Denken, Deduktion und Induktion, Urteilen unter Unsicherheit sowie die Steuerung dynamischer Systeme als Elemente des Problemlöseprozesses beschreiben (Übersicht in Funke 2006). Gemeinsame Basis des Problemlöseparadigma ist, dass der Problemlöseprozess einer systematischen Abfolge von Prozeduren folgt, z. B. interne Repräsentation des Problems, Generieren eines Lösungsplans, Anwendung der Methode, Evaluation des Ergebnisses.

Ein zweites Merkmal bestimmendes Element eines Problems ist dessen semantischer Kontext. Innerhalb der Problemlöseforschung geht man davon aus, dass semantisch eingekleidete Probleme – im Unterschied zu rein formalen – die Möglichkeit bieten, vorhandenes Wissen über den Kontext zur Problemlösung einzusetzen und somit kontextualisierte Probleme einfacher zu lösen sind. Diese Annahme konnte z. B. Hesse (1982) bestätigen. Mit der Konstruktion komplexer, realistischer und alltagsnaher Szenarien, in die Problemstellungen eingebunden werden, soll die Anwendung des Gelernten im Alltag leichter erfolgen, insbesondere wenn diese Kontexte variiert werden, wodurch eine Flexibilisierung des Wissens erwartet wird. Bestätigt wurde diese Annahme durch Stark et al. (1995). Allerdings zeigte sich eine Dissoziation des Kontexteinflusses insofern, als er positiv auf die Steuerungsleistung des komplexen Systems, jedoch negativ auf den Erwerb von Strukturwissen über das System wirkt. Erklärt wird dieser Sachverhalt durch die Annahme, dass der Kontext kognitive Ressourcen bindet, die somit zum Erwerb von Strukturwissen nicht zur Verfügung stehen.

Als **Merkmale der Person**, welche die Güte der Problembearbeitung bestimmen, gelten deklaratives Wissen (Konzeptwissen), prozedurales Wissen (Problemlösestrategie), Metakognition (→ 11 Harms) und kognitive Fähigkeiten (Intelligenz). Im Fokus früherer kognitionspsychologischer Problemlöseforschung, die sich zunächst auf allgemeine, logische Probleme konzentrierte, stand vor allem die Intelligenz. Im Zusammenhang mit komplexem Problemlösen konnte jedoch in empirischen Untersuchungen bislang kein konsistentes Beziehungsmuster zwischen Intelligenztestleistungen und der Lösungsgüte komplexer Probleme nachgewiesen werden. Einige Autoren fanden zwar signifikante positive Zusammenhänge, oftmals ergaben sich jedoch nur geringe oder negative Korrelationen. Im Zuge der Problemlöseforschung innerhalb der Experten/Novizen-Paradigmas konnte jedoch vielfach gezeigt werden, dass die Problemlösekompetenz vor allem von bereichsspezifischem Wissen und Strategien abhängt.

Letztlich scheint der Einfluss von Intelligenz und Wissen in Abhängigkeit vom jeweiligen System bzw. Problem zu variieren. So konnten Hesse (1982) und Strohschneider (1991) zeigen, dass die Problemlöseleistungen bei semantisch eingekleideten Problemen in keinem, bei rein formalen Problemen dagegen in deutlichem Zusammenhang zu Intelligenztestleistungen stehen.

Merkmale von Situationen sind z. B. die Art der Aufgabenstellung sowie der Informationsdarbietung (Text, Graphik, Zahlen, dynamisches System) oder individuelles versus Gruppen-Problemlösen (Funke 2003).

Hinsichtlich der Informationsdarbietung konnte in zahlreichen Studien der Einfluss bestimmter Darbietungs- bzw. Bearbeitungsformen des Problems belegt werden. Insbesondere die Problempräsentation mittels Computer, die besonders geeignet ist, um komplexe und offene Probleme darzubieten, stellt eine Situation dar, die einen deutlichen Einfluss auf die Problemlöseleistung der Probanden hat. Hierbei haben nämlich Computervorerfahrungen einen Einfluss auf das Problemlösen (Klieme et al. 2005).

Gruppenprozesse werden durch Kommunikations- und Führungsstrukturen (Rollenverteilung, Kooperation, Aufgabenverteilung), Interaktionsmuster sowie Gruppenklima bestimmt. Neben den Merkmalen der Gruppenmitglieder (Wissen, Problemlösen) schlagen sich letztlich auch Prozessverluste (mangelhafte Koordination, Motivationseinbußen) beim kooperativen Problemlösen nieder. Dennoch belegen einige Studien bessere Problemlöseleistungen von Gruppen im Vergleich zu Einzelpersonen (Okada u. Simon 1997; Kunter et al. 2003). Darüber, inwieweit die gezielt leistungsgemischte Gruppenzusammensetzung einen Einfluss zeigt, liegen keine eindeutigen Befunde vor (Gayford 1992; Kunter et al. 2003).

15.2 Wissenschaftliches Problemlösen im Biologieunterricht

Im Anschluss an die Problemlöseforschung kann der Prozess naturwissenschaftlicher Erkenntnisgewinnung als relativ komplexer, kognitiver, wissensbasierter Problemlöseprozess verstanden werden, der durch spezifische Prozeduren charakterisiert ist. Die Güte der Problemlösung wird von der Qualität dieser Prozeduren sowie von Personenvariablen und Situationsvariablen beeinflusst (Abb. 20).

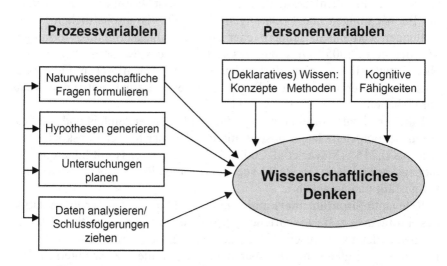

Abb. 20. Strukturmodell zum Wissenschaftlichen Denken (*Scientific reasoning*)

Zur Bestätigung des Modells ist es notwendig, die charakteristischen Prozeduren des wissenschaftlichen Problemlösens als eigenständige Konstrukte zu operationalisieren. Zahlreiche Arbeiten weisen darauf hin, dass Fragen formulieren, Hypothesen generieren, Planung eines Experiments, Deutung von Befunden als zentrale Konstrukte formuliert werden können (Koslowski 1996; Klahr 2000; Mayer et al. 2003; Hammann 2004; Grube et al. 2007). Dabei korrelieren die Teilkompetenzen untereinander mehr oder weniger stark. Innerhalb jeder der Teilkompetenzen lassen sich spezifische Probleme der Lernenden identifizieren (vgl. → 16 Hammann). Diese Probleme werden z. B. von Carey et. al. (1989), Gott und Duggan (1995), Duggan et al. (1996) als unangemessene konzeptuelle Vorstellungen (*concepts of evidence*) interpretiert. Andere Autoren interpretieren die Defizite der Problemlöser als eine mangelnde Koordination von Theorie (einschließlich Hypothesen) und *Evidence* (d. h. den empirischen Befunden) (Kuhn et al. 1988; Koslowski 1996). Klahr (2000) erklärt die Problemlösung auf der Basis zweier Suchräume (Hypothesenraum und Experimentierraum) (→ 16 Hammann).

Neben den spezifischen Prozeduren sind **Personenmerkmale** bedeutsame Prädiktoren für die Problemlösegüte. Hinsichtlich kognitiver Variablen wurde in zahlreichen Studien ein signifikanter Zusammenhang zwischen konzeptuellem Vorwissen und Problemlösung belegt (z. B. Kuhn et al. 1988; Mayer et al. 2007). In authentischen Experimentiersituationen erweist sich jedoch problemrelevantes biologisches Wissen als träge, d. h. es ist in der Problemlösesituation nicht verfügbar. Darüber hinaus werden die Beobachtungen und Erklärungen nicht mit wissenschaftlichen Fragestellungen verbunden, sondern eher aus der Alltagserfahrung formuliert (Ziemek et al. 2005). Dies kann als eine Form des deklarativen Vereinfachens interpretiert werden; dies bedeutet, dass Problemlöser im Falle einer kognitiven Überlastung in der Regel im Bereich des deklarativen Wissens vereinfachen.

Darüber hinaus korrelieren auch das Methodenverständnis und die Problemlösekompetenz leicht positiv miteinander; der Korrelationskoeffizient liegt bei 0,21** (Mayer et al. 2007). Das bedeutet, dass mit höherem Methodenverständnis in der Regel auch die Problemlösekompetenz etwas höher ausfällt und umgekehrt.

Relevante **Situationsmerkmale** sind vor allem die Art der Präsentation des Problems, z. B. als offene schriftliche Aufgabe, *multiple choice*-Aufgabe oder als praktische Experimentieraufgabe. Variiert man Aufgaben im Format bei gleichem Aufgabeninhalt, zeigen diese zwar unterschiedliche Schwierigkeitsindices, prinzipiell jedoch die gleichen Befunde (Mayer et al. 2007). Deutlichere Unterschiede zeigen sich bei praktischen Experimentieraufgaben in einer möglichst offenen, kollaborativen Testsituation. Dabei stellen die gleichzeitig zu bewältigenden Anforderungen von praktischem Arbeiten, systematisch wissensbasiertem Vorgehen sowie Gruppenprozesse die Probanden vor erhebliche Probleme. Gestaltet man die Problemlösesituation sehr offen, zeigt sich, dass das problemorientierte, systematische Vorgehen beim Experimentieren bei Schülern nur gering ausgeprägt ist. Beobachtungen und Vermutungen ziehen nur selten experimentelle Fragestellungen und Versuchsplanungen nach sich. Wie Videoanalysen zeigen, versuchen die Schüler kurze, pragmatische Lösungen zu entwickeln, wobei oft nach Versuch und Irrtum vorgegangen wird (Ziemek et al. 2005).

Der soziale Kontext der Wissensgemeinschaft beeinflusst dabei die Ausprägung und die Komplexität der Beiträge des einzelnen Schülers sowie die Gesamtleistung der Gruppe. Obwohl höhere Leistungen im kollaborativen Problemlösen nachgewiesen werden können (Okada u. Simon 1997), kann aber auch die soziale Dynamik den Erkenntnisprozess der Gruppe überlagern (Ziemek et al. 2005).

15.3 Forschungsmethodik und Instrumente

Im Bereich des wissenschaftlichen Problemlösens, seiner Teilkompetenzen und zugrunde liegender Konzepte, wird eine breite Palette an Forschungsmethodik angewandt: Laborexperimente (Klahr 2000), Klassenraumstudien (Duggan et al. 1996), Interviews (Carey et al. 1989), *Large-scale-assessment* (Stebler et al. 1998; Klieme et al. 2005) u. a.

Hinsichtlich der Instrumente werden vor allem schriftliche Tests (Grube et al. 2007), computergestütztes Testen (Klahr 2000; Klieme et al. 2005) sowie praktisches Experimentieren (*performance assessment*) eingesetzt (Shavelson 1999 u. Ruiz-Primo; Roberts u. Gott 2004; Ziemek et al. 2005).

Für schriftliche Tests liegen zahlreiche Instrumente (*Process tests*) vor (z. B. Tamir et al. 1982; Burns et al. 1985; German 1989), deren Items z. T. in deutsche Studien einbezogen wurden (vgl. Mayer et al. 2007). Bei schriftlichen, insbesondere *multiple choice*-Tests, stellt sich jedoch die Frage, inwieweit mit diesen Tests Problemlösen oder nicht letztlich konzeptuelles und methodisches Wissen erhoben wird. Neuere Instrumente zeichnen sich durch die Bemühung um eine authentische Prüfungskultur aus, d. h. die Einbettung von Aufgaben in einen lebensnahen Kontext. Die Annahme ist, dass die Einbettung von Aufgaben in einen schülerrelevanten Kontext Leistungsmaße ergibt, die näher an angezielten Kompetenzen liegen (Ruiz-Primo u. Shavelson 1996; Stebler et al. 1998; Shavelson u. Ruiz-Primo 1999; White u. Gunstone 1999).

Dennoch können die mit *paper and pencil*-Tests erhobenen Daten nur bedingt mit den Leistungen im tatsächlichen Experimentieren korrelieren, worauf in verschiedenen Arbeiten hingewiesen wird (z. B. Roberts u. Gott 2004). Aus diesem Grund schlagen zahlreiche Autoren praktische Experimentieraufgaben (*practical assessment*) vor (Shavelson u. Ruiz-Primo 1999; White u. Gunstone 1999).

15.4 Schlussbemerkung

Die Theorie des Problemlösens bildet eine fundierte und empirisch ertragreiche Basis für die Erforschung anspruchsvoller kognitiver Prozesse, die ihren Fokus auf das Anwenden von Wissen und Prozeduren in unterschiedlichen Situationen legen. Sie eignet sich daher in besonderem Maße für die theoriebezogene Modellierung von Kompetenzen. Innerhalb der naturwissenschaftsdidaktischen Forschung herrscht ein breiter Konsens, dass der naturwissenschaftliche Erkenntnisprozess als eine Form des Problemlösens verstanden werden kann. Auf dieser Basis können einzelne Prozeduren differenziert, von Konzept- und Methodenwissen abgegrenzt und mit Personen- und Situationsmerkmalen in Beziehung gesetzt werden. Die breite Anschlussfähigkeit der Problemlöseforschung an die Kognitionspsychologie, Lern- und Bildungsforschung sowie fachdidaktische Forschung trägt zur theoretischen Fundierung fachdidaktischer Forschung mit Rückgriff auf einen großen Fundus an empirischen Befunden bei.

Literatur

Burns JC, Okey JR, Wise KC (1985) Development of an Integrated Process Skill Test: TIPS II. Journal of Research in Science Teaching 22(2):169–177

Carey S, Evans R, Honda M, Jay E, Unger C (1989) 'An experiment is when you try it and see if it works': a study of grade 7 students' understanding of the construction of scientific knowledge. International Journal of Science Education 11:514–529

Chinn CA, Brewer WF (2001) Models of data: A theory of how people evaluate data. Cognition and Instruction 19(3):323–393

Dörner D (1979) Problemlösen als Informationsverarbeitung. Kohlhammer, Stuttgart

Dörner D (1984) Denken, Problemlösen und Intelligenz. Psychologische Rundschau 35(1):10–20

Duggan S, Johnson P, Gott R (1996) A Critical Point in Investigative Work: Defining Variables. Journal of Research in Science Teaching 33(5):461–474

Funke J (2003) Problemlösendes Denken. Kohlhammer, Stuttgart

Funke J (2006) Denken und Problemlösen. Enzyklopädie der Psychologie. Hogrefe, Göttingen

Gayford C (1992). Patterns of group behavior in open-ended problem solving in science classes of 15-year-old students in England. In: International Journal of Science Education 14(1):41–49

German PJ (1989) The processes of biological investigation test. Journal of Research in Science Teaching 26(7):609–625

Gott R, Duggan S (1995) Investigative Work in Science Curriculum. Open Univ Press, Buckingham

Grube C, Möller A, Mayer J (2007, in Druck) Wissenschaftsmethodische Kompetenzen im Biologieunterricht. In: Ausbildung und Professionalisierung von Lehrkräften. Internationale Tagung der Sektion Biologiedidaktik, Duisburg Essen

Hammann M (2004) Kompetenzentwicklungsmodelle. Merkmale und ihre Bedeutung – dargestellt anhand von Kompetenzen beim Experimentieren. Der mathematische und naturwissenschaftliche Unterricht 57(4):196–203

Helgeson SL (1993) Research on Problem Solving: Middle School. In: Gabel D
(ed) Handbook of Research on Science Teaching and Learning. NSTA, pp
248-268

Hesse FW (1982) Effekte des semantischen Kontexts auf die Bearbeitung komplexer Probleme. In: Zeitschrift für Experimentelle und Angewandte Psychologie 29:62–91

Hofer BK, Pintrich PR (1997) The development of epistemological theories: Beliefs about knowledge and knowing and their relation to learning. Review of
Educational Research 67:88–140

Klahr D (2000) Exploring Science. The Cognition and Development of Discovery
Processes. MIT, Cambridge

Klieme E, Leutner D, Wirth J (2005) Problemlösekompetenz von Schülerinnen
und Schülern. Diagnostische Ansätze, theoretische Grundlagen und empirische Befunde der deutschen PISA-2000-Studie. VS, Wiesbaden

Koslowski B (1996) Theory and Evidence. The development of scientific reasoning. MIT, Massachusetts

Kuhn D, Amsel E, O'Loughlin (1988) The Development of Scientific Thinking
Skills. Academic Press, San Diego

Kunter M, Stanat P, Klieme E (2003) Kooperatives Problemlösen bei Schülerinnen und Schülern: Die Rolle von individuellen Eingangsvoraussetzungen und
Gruppenmerkmalen bei einer Kooperativen Problemlöseaufgabe. In: Brunner
EJ, Noack P, Scholz G, Scholl I (Hrsg) Diagnose und Intervention in schulischen Handlungsfeldern. Waxmann, Münster, S 89–110

Ledermann NG, Abd-El-Kahlick F, Bell RL, Schwartz RS (2002) Views of Nature
of Science Questionaire: Toward valid and meaningful assessment of learners'
conceptions of nature of science. Journal of Research in Science Teaching
39:497–521

Mayer J, Keiner K, Ziemek HP (2003) Naturwissenschaftliche Problemlösekompetenz im Biologieunterricht. In: Bauer A et. al. (Hrsg) Entwicklung von Wissen und Kompetenzen im Biologieunterricht. IPN, Berlin Kiel, S 21–24

Mayer J, Teichert B, Brümmer F (2007, in Druck) Kompetenzen der Erkenntnisgewinnung. ZfDN

Mietzel G (1998) Pädagogische Psychologie des Lernens und Lehrens. Hogrefe,
Göttingen

Okada T, Simon HA (1997) Collaborative Discovery in a Scientific Domain.
Cognitive Science 21(2):109–146

Roberts R (2001) Procedural understanding in biology: the 'thinking behind the
doing'. Journal of Biological Education 35(3):113–117

Roberts R (2004) Using different types of practical within a problem-solving
model of science. School Science Review 85(312):113–119

Roberts R, Gott R (2004) A written test for procedural understanding: a way for-
ward for assessment in the UK science curriculum? Research in Science &
Technological Education 22(1):5–21

Ruiz-Primo MA, Shavelson RJ (1996) Rhetoric and Reality in Science Performance Assessments: An Update. Journal of Research in Science Teaching 33(10):1045–1063

Schauble L (1996) The development of scientific reasoning in knowledge-rich contexts. Developmental Psychology 32:102–119

Schauble L, Glaser R, Raghavan K, Reiner M (1992) The Integration of Knowledge and Experimentation Strategies in Understanding a Physical System. Applied Cognitive Psychology 6:321–343

Shavelson RJ, Ruiz-Primo MA (1999) Leistungsbewertung im naturwissenschaftlichen Unterricht. Unterrichtswissenschaft 27(2):102–127

Stark R, Graf M, Renkl A, Gruber H, Mandl H (1995) Förderung von Handlungskompetenz durch geleitetes Problemlösen und multiple Lernkontexte. Zeitschrift für Entwicklungspsychologie und Pädagogische Psychologie 27(4): 289–312

Stebler R, Reusser K, Ramseier E (1998) Praktische Anwendungsaufgaben zur integrierten Förderung formaler und materialer Kompetenzen. Erträge aus dem TIMSS-Experimentiertest. Bildungsforschung und Bildungspraxis 20(1):28–53

Strohschneider S (1991) Problemlösen und Intelligenz: Über die Effekte der Konkretisierung komplexer Probleme. Diagnostica 37(4):353–371

Tamir P, Doran RL, Chye YE (1992) Practical Skills Testing in Science. Studies in Educational Evaluation 18:263–275

Tamir P, Nussinovitz R, Friedler Y (1982) The design and use of a Practical Tests Assessment Inventory. Journal of Biological Education 16(1):42–50

White R, Gunstone R (1999) Alternativen zur Erfassung von Verstehensprozessen. Unterrichtswissenschaft 27(2):128–134

Ziemek HP, Keiner K, Mayer J (2005) Problemlöseprozesse von Schülern der Biologie im naturwissenschaftlichen Unterricht – Ergebnisse quantitativer und qualitativer Studien. In: Klee R, Sandmann A, Vogt H (Hrsg) Lehr- und Lernforschung in der Biologiedidaktik, Bd 2. Studienverlag, Innsbruck, S 29–40

16 Das *Scientific Discovery as Dual Search-*Modell

Marcus Hammann

Erkenntnisprozesse beim Experimentieren lassen sich aus kognitionspsychologischer Perspektive modellieren. So widmeten sich David Klahr, Professor für Psychologie an der Carnegie Mellon Universität, und seine Mitarbeiter dem Forschungsgebiet *psychology of scientific discovery* und entwickelten das *Scientific Discovery as Dual Search*-Modell (*SDDS*-Modell), das auf einer Reihe konsekutiver Datensätze beruht, und dessen grundlegende Zielstellung darin besteht, *„empirical and theoretical aspects of scientific thinking and discovery"* zu untersuchen und präzise zu formulieren (Klahr 2000). Die Erträge dieses Forschungsansatzes wurden jüngst in einer Monographie zusammengefasst, die den Titel *„Exploring Science: The Cognition and Development of Discovery Processes"* (Klahr 2000) trägt und eine gute Einführung in das *SDDS*-Modell darstellt. Erste Beschreibungen des Modells sind von Klahr u. Dunbar (1988) und Dunbar u. Klahr (1989).

Das *SDDS*-Modell leistet einen Beitrag zum Verständnis der Psychologie des naturwissenschaftlichen Erkenntnisprozesses durch Beantwortung dreier grundsätzlicher Fragen:

- Welche Komponenten besitzt der naturwissenschaftliche Erkenntnisprozess?
- Unterscheiden sich Erkenntnisprozesse in den Naturwissenschaften (*scientific discovery*) und im Alltag?
- Welche Unterschiede bestehen zwischen Kindern, Jugendlichen und Erwachsenen beim naturwissenschaftlichen Erkenntnisprozess?

Der methodische Zugang zur Beantwortung dieser Fragen besteht unter anderem darin, die Vorgehensweisen von Versuchspersonen bei der Lösung von Problemen mit naturwissenschaftlichen Kontexten – sogenannte *discovery tasks* – zu untersuchen und diese mit den Vorgehensweisen von Naturwissenschaftlern beim Lösen naturwissenschaftlicher Probleme zu vergleichen. Dabei werden wichtige Ergebnisse der Problemlöseforschung auf Erkenntnisprozesse beim naturwissenschaftlichen Problemlösen ange-wendet. Das *SDDS*-Modell berücksichtigt sowohl die Bedeutung des Vor-wissens über Inhalte als auch die kognitiven Operationen, die für den Er-kenntnisgewinn wichtig sind und verbindet damit *content-based* und *process-based approaches.*

16.1 Beschreibung des *SDDS* -Modells

Das *SDDS*-Modell erhebt den Anspruch eines *„general framework within which to interpret human behavior in any scientific reasoning task"* (Klahr 2000), das bedeutet also, dass allgemeingültige Aussagen über alle Formen des naturwissenschaftlichen Erkenntnisprozesses gewonnen werden sollen. Dabei werden die Prozesse des naturwissenschaftlichen Erkenntnisge-winns (*scientific discovery*) aus der Perspektive der Problemlöseforschung (→ 15 Mayer) betrachtet. Besonderes Anliegen des *SDDS*-Modells ist da-bei die evidenzbasierte Beschreibung aller Aspekte des naturwissenschaft-lichen Erkenntnisgewinns von der anfänglichen Hypothesenbildung über die folgende experimentelle Gewinnung von Evidenzen zum Zwecke der Überprüfung von Hypothesen bis zur Entscheidung darüber, ob ausrei-chend Evidenzen vorliegen, um die Hypothese zu überprüfen. Die Gewin-nung naturwissenschaftlicher Erkenntnisse wird wie bei Simon (1981) als Lösen komplexer Probleme betrachtet, wobei sich die Problemlösung auf die Suche in zwei Problemräumen zurückführen lässt, nämlich die Suche im Hypothesen-Raum und die Suche im Experiment-Raum. Diese beiden Problemräume sind namensgebend für das *SDDS*-Modell, dessen Titel die duale Suche zum Zwecke des Erkenntnisgewinns betont.

Der Begriff **Problemraum** entstammt der Problemlöseliteratur, in des-sen gedanklicher und begrifflicher Tradition das *SDDS*-Modell steht. Zent-rale Begriffe sollen zunächst definiert werden (vgl. Simon 1999): **Prob-lemlösen** bezeichnet das Finden und Beschreiten eines Weges von einem Ausgangszustand zu einem Zielzustand. Im Gegensatz zu einer **Aufgabe** ist bei einem **Problem** der Weg vom Ausgangs- zum Zielzustand nicht im Vorhinein bekannt. **Problemlöseheuristiken** dienen dem Suchen und Fin-den eines Weges vom Anfangs- zum Zielzustand. Eine der bekanntesten Problemlöseheuristiken ist die **Mittel-Ziel-Analyse**. Hierbei werden der vorliegende Zustand und der Zielzustand verglichen und Unterschiede er-mittelt. Anschließend wird nach einem **Operator** gesucht, um die Unter-schiede zwischen dem vorliegenden Zustand und dem Zielzustand zu ver-ringern. **Operatoren** sind Handlungen, die einen Zustand in einen anderen transformieren, beispielsweise einen Ausgangszustand in einen Zwischenzustand. Der Begriff **Problemraum** ist definiert als die Darstellung aller möglichen Problemzustände (Anfangszustand bis Zielzustand), die bei Anwendung aller jeweils anwendbaren Operatoren entstehen.

16.2 Hauptkomponenten des *SDDS*-Modells

Hauptkomponenten des *SDDS*-Modells sind die **Suche im Hypothesen-Raum**, das **Testen von Hypothesen** und die **Analyse von Evidenzen** (s. Abb. 21). Mit der **Suche im Hypothesen-Raum**, einem der beiden Problemräume des *SDDS*-Modells, beginnt der naturwissenschaftliche Erkenntnisprozess. Hypothesenbildung wird als eine Form des Problemlösens beschrieben, bei dem der Ausgangszustand darin besteht, dass – zumeist eingeschränktes – domänespezifisches Wissen über ein zu erklärendes Phänomen vorliegt. Zielzustand ist eine überprüfbare Hypothese, mit der sich das zu erklärende Phänomen zumindest mit einer gewissen Plausibilität erklären lässt. Anschließend beginnt das **Testen von Hypothesen**. *Output* dieser Komponente ist eine Beschreibung derjenigen Evidenzen, welche für bzw. gegen die vorliegende Hypothese sprechen. Wichtiger Teilaspekt der Komponente **Testen von Hypothesen** ist die **Suche im Experiment-Raum**, denn aus dem Experiment-Suchraum stammen die experimentellen Ergebnisse, welche benötigt werden, um jene Vorhersagen zu überprüfen, welche anhand der eingangs gebildeten Hypothesen getroffen werden können. Schließlich folgt die **Analyse von Evidenzen**, wo entschieden wird, ob die vorliegende Hypothese akzeptiert, zurückgewiesen oder weiter geprüft werden muss.

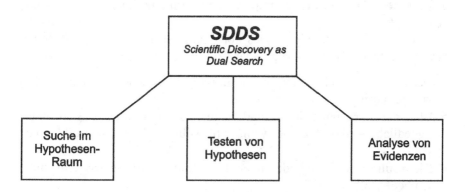

Abb. 21. Die drei übergeordneten (*top-level*) Komponenten des *SDDS*-Modells

Die detaillierte Unterstruktur der drei Komponenten des *SDDS*-Modells wird in Klahr (2000) näher beschrieben. An dieser Stelle soll betont werden, dass es sich bei dem *SDDS*-Modell um eine kognitionspsychologische Modellierung der drei Komponenten des naturwissenschaftlichen Erkenntnisprozesses handelt: Es werden Aussagen über Zielstrukturen getroffen, indem die Denkprozesse und Vorgehensweisen von Personen beim naturwissenschaftlichen Erkenntnisprozess untersucht werden. Deshalb werden sowohl das Forschungsdesign des *SDDS*-Modells als auch ausgewählte Forschungsergebnisse in den folgenden Teilen näher dargestellt.

16.3 Konsequenzen für das Forschungsdesign

An das Forschungsdesign zum *SDDS*-Modell werden die Anforderungen gestellt, dass sowohl Aussagen über die Suche im Hypothesen-Raum und im Experiment-Raum getroffen werden müssen, als auch über den Vergleich der Ergebnisse der beiden Suchräume miteinander (*mapping*). Um diese Aussagen treffen zu können, müssen Situationen geschaffen werden, in denen Versuchspersonen die Aufgabe gestellt wird, die Regel zu ergründen, die einem komplexen System zugrunde liegt. Klahr (2000) nennt diese Situationen *discovery contexts* und verwendete insbesondere einen programmierbaren Micro-Roboter namens *Big-Trak*, über dessen Funktionen die Versuchspersonen zunächst Hypothesen bilden, um diese anschließend durch verschiedene Programmier-Experimente zu testen. Beispielsweise wurde den Versuchspersonen in einer Studie die Aufgabe gestellt, die Funktion der Wiederhol-Taste zu ergründen, wobei die Schwierigkeit darin bestand, experimentell herauszufinden, ob sich die Wiederhol-Taste auf das gesamte Programm oder bestimmte Teile des Programms bezog.

Allgemeine Eigenschaften eines Forschungsdesigns zum *SDDS*-Modell lassen sich hieraus ableiten (vgl. Klahr 2000):

- Der zu untersuchende Gegenstand muss verschiedene veränderbare Parameter besitzen.
- Über die Wirkungen der veränderbaren Parameter müssen sich unterschiedliche – plausible und weniger plausible – Hypothesen bilden lassen.
- Die resultierenden Veränderungen des zu untersuchenden Systems müssen beobachtbar sein.
- In dem *discovery context* müssen eigene Experimente geplant und durchgeführt werden können.

- Anhand der Veränderungen des Systems muss abgeleitet werden können, welche Ursache-Wirkungs-Beziehungen das System steuern.
- Der zu untersuchende Gegenstand muss eine gewisse Komplexität besitzen, damit Hypothesen und Experimente nicht der gleichen zugrundeliegenden Repräsentation entstammen und getrennt erfassbar sind.

16.4 Ausgewählte Forschungsergebnisse zum *SDDS*-Modell

Dunbar u. Klahr (1989) ermittelten anhand des programmierbaren Mikro-Robottors *Big-Trak* typische Herangehensweisen beim Experimentieren (Studie a), die kompensatorische Wirkung des Experiment-Raums beim Hypothesenbilden (Studie b) und entwicklungsbedingte Unterschiede bei der koordinierten Suche im Hypothesen-Raum und im Experiment-Raum (Studie c). Diese sollen näher betrachtet werden.

16.4.1 Studie a: Experimentatoren und Theoretiker

Personen unterscheiden sich beim Experimentieren hinsichtlich des Problemraums, der zur Hypothesenbildung genutzt wird (Dunbar u. Klahr 1989). Die sogenannten „Experimentatoren" generieren zunächst Hypothesen aus dem Hypothesen-Raum und führen dann Experimente aus, um diese zu überprüfen. Wenn sich die ursprünglichen Hypothesen nicht bestätigen, durchsuchen die „Experimentatoren" den Experiment-Raum ohne explizit formulierte Hypothesen und können aufgrund der erzielten Daten schließlich eine zutreffende Hypothese gewinnen. Sie nutzen den Experiment-Raum, um Hypothesen zu generieren. Hierin liegt ein wesentlicher Unterschied zur wissenschaftsmethodisch akzeptierten Vorgehensweise beim Experimentieren.

Die sogenannten „Theoretiker" führen im Gegensatz zu den „Experimentatoren" weniger Experimente durch, um ein bestimmtes Problem experimentell zu lösen. Sie nutzen dabei nur Teile des Experiment-Raums, während „Experimentatoren" sehr viel größere Bereiche des Experiment-Raums durchsuchen. Zudem sind die Experimente der „Theoretiker" immer durch explizit formulierte Hypothesen geleitet. Selbst wenn sich eine anfangs gebildete Hypothese aufgrund der durchgeführten Experimente nicht bestätigen lässt, bilden „Theoretiker" aufgrund ihres Vorwissens – also generiert durch den Hypothesen-Raum – neue und zutreffende Hypothesen. Als Ursache für Unterschiede zwischen „Theoretikern" und „Experimentatoren" wird der Umfang des Vorwissens über das zu erklärende

Phänomen diskutiert, so dass es sich bei den beiden Vorgehensweisen nicht um stabile Persönlichkeitsmerkmale handelt (Klahr 2000).

16.4.2 Studie b: Kompensatorische Wirkung des Experiment-Raums

Die Beschreibung unterschiedlicher Strategien bei der Hypothesenbildung veranlassten Dunbar u. Klahr (1989) die weiterführende Hypothese zu testen, dass Versuchspersonen den Experiment-Raum nutzen, um Hypothesen zu generieren, wenn ihre Suche im Hypothesen-Raum erfolglos ist. Im Gegensatz zur bereits geschilderten Studie wurden die Versuchspersonen aufgefordert, möglichst viele verschiedene Hypothesen zu generieren. Diese sollten die Versuchspersonen anschließend testen. Es konnte gezeigt werden, dass sich Personen mit begrenztem Vorwissen nach dem Ausschöpfen des Hypothesen-Raums dem Experiment-Raum zuwendeten, um neue Hypothesen zu bilden. Sie verhielten sich wie „Experimentatoren" der oben beschriebenen Studie und nutzten den Experiment-Raum zum Generieren von Hypothesen, um die vergebliche Suche nach Hypothesen im Hypothesen-Raum zu kompensieren.

16.4.3 Studie c: Entwicklungsbedingte Unterschiede

Untersucht wurden drei Gruppen: Erwachsene sowie Kinder der Klassen 3 und 6. Zwischen ihnen bestehen entwicklungsbedingte Unterschiede, welche die aufeinander abgestimmte Suche im Hypothesen-Raum und Experiment-Raum betreffen. Insbesondere haben jüngere Kinder (Klasse 3) Schwierigkeiten, beim Experimentieren beide Problemräume gleichzeitig zu betrachten und effektiv aufeinander zu beziehen. Dies zeigte sich, als die Versuchspersonen zunächst mit einer unplausiblen Hypothese über ein zu erklärendes Phänomen konfrontiert wurden. Anschließend wurden sie aufgefordert, eine plausiblere Hypothese zu bilden und Experimente durchzuführen, um das Phänomen zu erklären (Klahr u. Dunbahr 1989; Klahr et al. 1993). Erwachsene und ältere Kinder (Klasse 6) reagierten auf eine vorgegebene unplausible Hypothese, indem sie Experimente planten, anhand derer eindeutige Aussagen sowohl über die vorgegebene unplausible Hypothese als auch über eine plausiblere Hypothese getroffen werden konnten, die selbstständig gebildet wurde. Somit nutzten diese Versuchspersonen den Experiment-Raum, um alternative Hypothesen zu testen und planten insbesondere diskriminierende Experimente, um Belege hervorzubringen, die notwendig sind, um entscheiden zu können, welche Hypothese zutreffend ist.

Im Gegensatz hierzu betrachteten jüngere Kinder (Klasse 3) sehr selten alternative Hypothesen gleichzeitig. Bei einer vorgegebenen unplausiblen Hypothese schlugen diese häufig eine alternative Hypothese vor, die ihnen plausibler erschien. Anschließend generierten sie aus eingeschränkten Bereichen des Experiment-Raums heraus Belege, die sie für eindeutig hielten, um diejenige Hypothese zu stützen, welche ihnen plausibler erschien. Dabei wurden allerdings häufig nicht-aussagekräftige Experimente geplant und nur ausgewählte experimentelle Ergebnisse betrachtet. Außerdem führten nicht-bestätigende Daten selten zur Zurückweisung der favorisierten Hypothese, sondern wurden als Fehler oder als missglückter Versuch angesehen, den gewünschten Effekt zu erzielen (vgl. Chinn u. Brewer 1986). Ausgewählte bestätigende Informationen aus dem Experiment-Raum wurden von jungen Kindern selbst dann als ausreichende Belege für die favorisierte Hypothese angesehen, wenn diese angesichts einer insgesamt lückenhaften und widersprüchlichen Beweislage wenig überzeugend waren.

Vor dem Hintergrund des *SDDS*-Modells lassen sich diese Befunde folgendermaßen diskutieren: Die Suche nach Problemlösungen in zwei Problemräumen stellt höhere kognitive Anforderungen als die Suche in lediglich einem Problemraum. In der geschilderten Studie (c) bestand die kognitive Anforderung darin, angesichts einer vorgegebenen unplausiblen Hypothese nach einer plausibleren Hypothese im Hypothesen-Raum zu suchen, und im Experiment-Raum nach diskriminierenden Experimenten zu suchen, anhand derer zwischen den beiden Hypothesen unterschieden werden kann. Die Tatsache, dass lediglich ältere Versuchspersonen in der Lage waren, die Suche in den beiden Suchräumen effektiv zu koordinieren, spricht für eine kognitive Überforderung junger Kinder, die sich in derartigen Situationen auf das Testen einfacher – und nicht alternativer – Hypothesen zurückzogen, indem die plausiblere Hypothese getestet und die unplausible außer Acht gelassen wurde. Ältere Versuchspersonen verfügen hingegen über ausreichende kognitive Ressourcen, um plausible und unplausible Hypothesen miteinander zu kontrastieren. Im Rahmen der Forschungen zum *SDDS*-Modell wurden zudem Hinweise darauf gefunden, dass die beschriebenen unschlüssigen Schlussfolgerungen jüngerer Kinder nicht auf mangelnde Merkfähigkeit oder auf fehlerhaftes logisches Denkvermögen zurückzuführen sind. Vielmehr sprechen die geschilderten Befunde für eine bei jungen Kindern noch nicht vollzogene Entwicklung der domäneübergreifenden Fähigkeit, beide Problemräume gleichzeitig zu betrachten und effektiv aufeinander zu beziehen.

16.5 Anwendungen des *SDDS*-Modells in der Biologie-didaktik

Die Anwendung des *SDDS*-Modells auf einen biologischen Forschungsge-genstand – das *lac*-Operon – wurde von Dunbar (1993) beschrieben. An-hand einer Computer-Simulation wurden Versuchspersonen vor die Auf-gabe gestellt, herauszufinden, wie *E. coli* den Abbau des Disaccharids Lactose steuert. Im Rahmen der Studie wurde den Versuchspersonen zu-nächst mitgeteilt, dass *E.coli* bei Anwesenheit von Lactose das Enzym β-Galactosidase produziert, das Lactose spaltet, und dass kein Enzym produ-ziert wird, wenn Lactose abwesend ist. Außerdem wurde ihnen mitgeteilt, dass unterschiedliche Gene möglicherweise an der Steuerung der β-Galac-tosidase-Produktion beteiligt sind. Dabei ist zu unterscheiden zwischen den β-Galactosidase produzierenden Genen und den Regulator-Genen (I-Gen, O-Gen und P-Gen), welche möglicherweise die β-Galactosidase pro-duzierenden Gene steuern.

In der *lac*-Operon Simulation konnten drei Variablen verändert werden, um den Mechanismus der Regulation der Enzym-Produktion aufzudecken: Einerseits konnte die Menge des Lactose-Inputs verändert werden (0, 100, 200, 300, 400 oder 500 Mikrogramm). Andererseits konnten Entscheidun-gen über Mutationen getroffen werden, wobei immer nur ein einziges Gen des *lac*-Operons mutiert und damit in seiner Wirkweise ausgeschaltet wer-den konnte (normal, I-Gen-Mutation, O-Gen-Mutation, P-Gen-Mutation). Schließlich konnte als dritte Variable verändert werden, ob *E. coli* als haploider oder diploider Organismus betrachtet wurde.

In der Lernphase des Experiments wurden die 20 Versuchsteilnehmer mit dem Programm vertraut gemacht, und sie wurden anhand eines ande-ren Beispiels an die aktivierende Wirkung von Regulator-Genen auf En-zym-produzierende Gene herangeführt. Als Konsequenz dieser Einführung begannen alle Versuchspersonen die anschließende *lac*-Operon-Simulation mit der Hypothese, dass eines der Gene (beispielsweise das P-Gen), die β-Galactosidase produzierenden Gene aktiviert. Die spezifische Schwie-rigkeit dieser Studie bestand allerdings darin, dass die Vorhersagen, die sich aus dieser Hypothese ableiten lassen, im Konflikt mit den Ergebnissen der anschließenden Experimentierphase standen, denn bei keinem Experi-ment ließ sich die Menge der β-Galactosidase-Produktion durch Mutation eines Genes auf 0 reduzieren (Tabelle 5). Selbst nach längeren Experimen-tierphasen hielten 13 Versuchsteilnehmer an ihrer ursprünglichen Hypo-these der aktivierenden Wirkung der Gene des *lac*-Operons fest, obwohl aus dem Experiment-Raum keine bestätigenden Befunde herangezogen werden konnten. Diese Gruppe verfolgte bei der Suche im Experiment-

Raum das Ziel, eine Konstellation zu finden, bei der keine β-Galactosidase produziert wurde, d. h. sie suchten in ihren Experimenten Bestätigung für ihre Hypothese. Diese Strategie bei der Suche im Experiment-Raum wurde bereits von anderen Autoren als „*positive test strategy*" beschrieben und wird auch als „Bestätigungs-Bias" bezeichnet (Klayman u. Ha 1987). Hierbei handelt es sich definitionsgemäß um die Neigung, Experimente auszuwählen, von denen vermutet wird, dass sie die eigenen Hypothesen bestätigen und nicht widerlegen.

Tabelle 5. Ergebnisse der Simulationen mit *E. coli* (nach Dunbar 1993)

Zelltyp	Mutiertes Gen	Lactose-*Input* [Mikrogramm]	β-Galactosidase-*Output* [Mikrogramm]
haploid	kein	100	50
haploid	P	200	100
haploid	I	200	876
haploid	O	200	527

Sieben Versuchsteilnehmer änderten allerdings ihre Hypothese. Sie verfolgten bei der Suche im Experiment-Raum das Ziel, herauszufinden, warum *E. coli* mit einem mutierten I-Gen oder einem mutierten O-Gen große Mengen an β-Galactosidase produzierten. Sie nutzen also die nichtbestätigenden Daten aus dem Experiment-Raum und bildeten die neue Hypothese, dass eine inhibierende Wirkung der Regulator-Gene auf die Enzym-produzierenden Gene vorliegen könnte. Ihre Vorgehensweise lässt sich im Rahmen des *SDDS*-Modells erklären, indem sie den Experiment-Suchraum nutzten, um eine zutreffende Hypothese zu generieren. Für die Unterrichtspraxis wurde hieraus die Schlussfolgerung abgeleitet, nicht nur das Testen von Hypothesen im Unterricht zu schulen, sondern insbesondere auch die Hypothesen-Revison angesichts nicht-bestätigender Daten (Mayer 1999).

Weiterhin wurde das *SDDS*-Modell in der Biologiedidaktik angewendet, um im Rahmen einer exemplarischen Darstellung von Kompetenzentwicklungsmodellen eine theoriegeleitete Definition der Teildimensionen beim Experimentieren vorzunehmen (Hammann 2004) und um Fehlertypen beim Experimentieren zu klassifizieren (Hammann et al. 2006). Außerdem dienten die drei Dimensionen des *SDDS*-Modells als theoretischer Hintergrund der Entwicklung eines *paper and pencil*-Tests zur Messung von Kompetenzen beim Experimentieren (Phan et al. 2006).

Literatur

Chinn C, Brewer W (1986) An Empirical Test of a Taxonomy of Responses to Anamolous Data in Science. Journal of Research in Science Teaching 35(6):623–654

Dunbar K (1993) Concept Discovery in a Scientific Domain. Cognitive Science 17:397–434

Dunbar K, Klahr D (1989) Developmental differences in scientific discovery strategies. In: Klahr D, Kotovsky K (eds) Complete Information Processing: The impact of Herbert A. Simon. Erlbaum, Hillsdale NJ, pp 109–143

Hammann M (2004) Kompetenzentwicklungsmodelle: Merkmale und ihre Bedeutung dargestellt anhand von Kompetenzen beim Experimentieren. Der mathematische und naturwissenschaftliche Unterricht 57(4):196–203

Hammann M, Phan TTH, Ehmer M, Bayrhuber H (2006) Fehlerfrei Experimentieren. Der mathematische und naturwissenschaftliche Unterricht 59(5):292–299

Klahr D (2000) Exploring Science: The Cognition and Development of Discovery Processes. MIT, Cambridge Mass., London

Klahr D, Dunbar K (1988) Dual space search during scientific reasoning. Cognitive Science 12:1–48

Klahr D, Fay AL, Dunbar K (1993) Heuristics for Scientific Experimentation: A Developmental Study. Cognitive Psychology 25:111–146

Klayman J, Ha Y (1987) Confirmation, disconfirmation and information in hypothesis testing. Psychological Review 94:211–228

Mayer RE (1999) The Promise of Educational Psychology: Learning in the Content Areas. Prentice Hall, London

Phan TTH, Hammann M, Bayrhuber H (2006) Testing levels of competencies in experimentation. (Vortrag auf der Tagung VIth Conference of European Researchers in Didactics of Biology, ERIDOB, 11.–15.9. 2006, London)

Simon HA (1981) Wissenschaftliche Entdeckung und die Psychologie des Problemlösens. In: Neber H (Hrsg) Entdeckendes Lernen, 3. Aufl. BeltzPVU, Weinheim, S 104–125

Simon HA (1999) Problem Solving. In: Wilson RA, Keil FC (eds) The MIT Encyclopedia of the Cognitive Sciences. MIT, Cambridge, pp 674–676

17 Theorien zur Entwicklung und Förderung moralischer Urteilsfähigkeit

Corinna Hößle

In den Grundrechten unserer Verfassung sind Grundwerte impliziert; sie bilden ein Wert- und Anspruchssystem. Das Grundgesetz versteht sich werterfüllt und hat sogar Werte absolut gesetzt wie in Artikel 1 GG, der die Würde des Menschen für unantastbar erklärt. Dieser Artikel nebst Artikel 20 GG, der die Staatsform betrifft, steht auch hinsichtlich sonst möglicher Grundgesetzänderungen nicht zur Disposition (Artikel 79,3 GG). Der Staat kann zwar die äußere Einhaltung dieser Rechtsnormen durchsetzen (Legalität), aber nicht die innere Motivation des Bürgers zum Guten (Moralität) erzwingen.

Vielmehr ist der Staat um der substantiellen Ausfüllung des rechtlichen Rahmens und der Konkretisierung der Grundwerte willen auf die lebendigen ethischen Kräfte der Gesellschaft und auf jene der Schule angewiesen. Der Erziehungsauftrag der Schule ist dabei so ausgelegt, dass er die Orientierungs- und Entwicklungsbedürfnisse der Kinder und Jugendlichen ebenso konstitutiv berücksichtigt wie die gesellschaftlichen Erfordernisse. „Das Ziel kann nur eine verantwortliche Mündigkeit sein, nicht einfach die Anpassung an die Gesellschaft" (Adam u. Schweitzer 1996). Der Aufbau moralischer Urteilsfähigkeit kann dabei nicht in den wenigen Wochenstunden eines einzelnen gesellschaftskundlichen Unterrichtsfaches geschehen, sondern fordert stets die Schule als Ganzes heraus. Welche Aufgabe kommt dabei explizit dem Biologieunterricht zu? Welche Theorien und Konzepte zur moralischen Entwicklung von Kindern und Jugendlichen können aus der Entwicklungspsychologie und der Philosophiedidaktik in die Biologiedidaktik übertragen und genutzt werden, um die moralische Urteilsfähigkeit zu erfassen und ihre Entwicklung zu stimulieren? Diese Fragen sollen in diesem Aufsatz aufgegriffen und Theorien und Konzepte zur Entwicklung, Förderung und Erfassung moralischer Urteilsfähigkeit vorgestellt werden.

17.1 Bildungsstandards fordern moralische Erziehung

Bewertungskompetenz stellt einen der vier durch die Bildungsstandards der KMK aufgestellten Kompetenzbereiche im Fach Biologie dar, neben den Bereichen Fachwissen, Erkenntnisgewinnung und Kommunikation. Damit wurde ein Meilenstein in Richtung moralischer Erziehung im naturwissenschaftlichen Unterricht gelegt. Noch nie zuvor ist dem moralischen Urteilen im naturwissenschaftlichen Unterricht eine derart große Bedeutung zugemessen worden wie jetzt durch die neuen Bildungsstandards. Nun gilt es, dem Anspruch auf Umsetzung und erfolgreiche Förderung nachzukommen. Das erscheint zunächst jedoch schwieriger als vorgesehen. Allein der Begriff „Bewertungskompetenz" sieht sich der Kritik ausgeliefert, dass im philosophischen Sinne das Bewerten als eine Teilkompetenz von Beurteilen gilt. Beurteilen wiederum stellt eine Teilkompetenz des alles umfassenden moralischen Urteils dar. Welche Definition wird dem Bewerten in den Bildungsstandards aber nun tatsächlich zugeschrieben? Bewerten umfasst:

- das Entwickeln von Wertschätzung für die Natur und die gesunde Lebensführung.
- Diskursfähigkeit, die befähigt, an kontroversen Diskursen teilzunehmen.
- ethische Urteilsbildung in Bezug auf Konflikte, die die eigene Person, andere Personen sowie die Umwelt betreffen.
- das Reflektieren der Grundsätze nachhaltiger Entwicklung und ethischer Denktraditionen.
- Fähigkeit zum Perspektivwechsel im Prozess der Urteilsbildung (Bildungsstandards 2005).

Diese Fähigkeiten sind allesamt Kennzeichen eines reflektierten moralischen Urteils, wie es in der klassischen Entwicklungspsychologie und der Philosophiedidaktik beschrieben wird (s. u.), und es ist zu diskutieren, ob der Begriff Bewerten, wie er in den Bildungsstandards verwendet wird, nicht synonym zum Begriff des moralischen Urteils benutzt werden kann.

Die Fachdidaktik und Lehrer der Biologie sehen sich dem weiteren Problem gegenüber stehen, dass es bislang an Kompetenzstrukturmodellen sowie an empirisch gesicherten Erkenntnissen über die Kompetenzentwicklung fehlt. Beides ist notwendig, um die Komplexität von Kompetenzen verstehen sowie systematisch lehren zu können. Es stellt sich die Frage, „wie man empirisch gestützte Kompetenzmodelle entwickeln kann, in denen komplexe Kompetenzen nach Dimensionen gegliedert und in Niveaus abgestuft werden." (Klieme 2004).

Wichtige Hinweise, wie ein zunächst theoretisch fundiertes Kompetenz-strukturmodell zur Bewertung aussehen könnte, liefern die bisherigen Untersuchungen aus der Entwicklungspsychologie zur Entwicklung moralischer Urteilsfähigkeit (s. u.). Des Weiteren geben philosophiedidaktische (s. 17.3.2) und biologiedidaktische Modelle (s. 17.3.3) Aufschluss darüber, in welche Teilkompetenzen das Bewerten untergliedert werden sollte. Sich an die theoretischen Vorarbeiten anschließende Interventionsstudien können dann überprüfen, wie sich die Bewertungskompetenz entwickelt und gezielt gefördert werden kann.

17.2 Theorien zur Entwicklung moralischer Urteilsfähigkeit – Von Piaget bis Kohlberg

„Niemand in den letzten zwei Jahrzehnten hat die theoretischen Überlegungen zur Moralerziehung und die praktischen pädagogischen Bemühungen um die Förderung des ethischen Handelns junger Menschen mehr beeinflusst als der Psychologe und Pädagoge Kohlberg." (Oser 2001).

Jean Piaget und in seiner theoretischen Spur der amerikanische Philosoph und Psychologe Lawrence Kohlberg (1927–1987) haben die Genese des moralischen Urteilens im Kontext der allgemeinen kognitiven Entwicklung intensiv studiert. Piaget (1983) postulierte einen Wandel von der heteronomen Moral des Kindes (Regeln und Normen werden durch Autoritäten festgelegt und Übertretungen durch sie bestraft) zur autonomen Moral des Jugendlichen und Erwachsenen.

Im Vergleich zu Piagets Forschungen beschäftigte sich Kohlberg (1974) weniger mit der Geltung und Einhaltung moralischer Normen beim heranwachsenden Kind, vielmehr konzentrierte er seine Arbeit auf die Entwicklung der Begründungen normativer Urteile, bei denen er in der Regel sechs Stufen unterschied (Tabelle 6). Diese sind keine Kategorien des Charakters oder des Verhaltens, sondern des Urteilens über eine gegebene Situation. Es gibt ein Gerechtigkeitsverständnis der jeweiligen Stufe, ohne dass der Gerechtigkeitsbegriff dabei explizit genannt wird.

Als Kriterien für eine solche Stufenentwicklung benennt Kohlberg (1974) die folgenden Merkmale:

- Deutlich voneinander unterscheidbare Entwicklungsfolgen, d. h., qualitative Unterschiede liegen vor.
- Die jeweils niedrigere Stufe wird in die nächste integriert, d. h., eine hierarchische Integration findet statt.
- Die Entwicklungsfolgen treten immer in einer invarianten Ordnung auf, d. h., Regressionen sind zwanglos nicht möglich (Garz 1989).

Tabelle 6. Stufen des moralischen Urteils (verändert nach Oser u. Althof 1997)

Präkonventionelle Ebene	1. Stufe urteilt nach Gesichtspunkten von Lohn und Strafe (Lohn- und Straf-Moral)
	2. Stufe urteilt nach dem Schema: Jedem das Seine (Auge um Auge-Moral)
Konventionelle Ebene	3. Stufe urteilt nach dem Prinzip der goldenen Regel: „Was du nicht willst, das man dir tu', das füg' auch keinem andern zu." (*Good boy-nice girl*-Moral)
	4. Stufe urteilt nach für alle in gleicher Weise gültigen gesellschaftlichen Rechten und Pflichten (Rechte- und Pflichten-Moral)
Postkonventionelle Ebene	5. Stufe urteilt aus der Perspektive eines rationalen Individuums, das sich der Rechte und Pflichten bewusst ist, die sozialen Bindungen und Verträgen vorgeordnet sind (Prinzipien- und Sozialvertrags-Moral)
	6. Stufe Universelle oder kommunikationsethisch fundierte Prinzipien-Moral (Moral im Sinne des Kategorischen Imperativs nach I. Kant)

Kohlbergs kognitiv-strukturtheoretisches Modell zur Moralentwicklung wurde zum Ausgangspunkt einer inzwischen unüberschaubaren Zahl von psychologischen und pädagogischen Forschungsarbeiten (u. a. Hößle 2001; Keller 1996; Nunner-Winkler 1998; Nunner-Winkler et al. 2006) und ist Anker einer Reihe von Schulreform-Projekten (Oser u. Althof 1997). Das Werk wurde von Philosophen, Soziologen, Rechtswissenschaftlern, Theologen aufgegriffen und kritisch beleuchtet. Von deutschsprachigen Autoren liegen aktuelle Diskussionsbeiträge insbesondere zur Frage nach der Angemessenheit der frühkindlichen Entwicklungsstufen vor, die an dieser Stelle nur kurz angesprochen werden sollen.

17.2.1 Exkurs LOGIK-Studie

Das LOGIK-Projekt wurde im Jahr 1984 unter der Leitung von F.E. Weinert mit 210 vierjährigen Kindern begonnen. Die Studie sollte wichtige Hinweise über die präzise Beschreibung von Entwicklungsverläufen unterschiedlicher kognitiver, sozialer und motorischer Kompetenzen, über die Entwicklung von Persönlichkeitsmerkmalen und schulischer Fertigkeiten liefern.

Nunner-Winkler (1998) widmet sich in dieser Studie ausschließlich der Frage, wie sich

- **moralisches Wissen** (Darf man das?) und

- **moralische Motivation** (Wie fühlt sich der Gegner?) von Kindern entwickeln.

Nunner-Winkler (1998) konnte im Rahmen der Logik-Studie nachwei-
sen, dass Kinder, entgegen der Meinung Piagets und Kohlbergs, in jungen
Jahren (ab 4. Lebensjahr) um die Geltung moralischer Normen verfügen
und somit moralisches Wissen frühzeitig entwickeln. In ihren Begründungen für die Gültigkeit vorgelegter einfacher moralischer Normen benennen
nur 12 % der 200 befragten Kinder Sanktionen, die dem Täter aus seinem
Tun erwachsen. Stattdessen wird von Kindern häufig auf die jeweilige ver-
pflichtende Norm verwiesen, oder eine negative Bewertung der Tat oder
des Täters abgegeben.

Die moralische Motivation, die durch die Zuschreibung von Emotionen
erfasst wurde, entwickelt sich im Gegensatz zum moralischen Wissen
langsamer. Erst mit zunehmendem Alter nimmt die moralische Motivation
zu, so dass nach Keller u. Edelstein (1993) nur noch 30 % der 8- bis 9-
Jährigen nicht in der Lage sind, die tatsächlichen Emotionen betroffener
Personen nachzuvollziehen.

Die Beobachtung, dass Moral in zwei getrennten Lernprozessen erworben wird, spricht dafür, dass unterschiedliche Lernmechanismen zugrunde
liegen. Nunner-Winkler et al. (2006) gehen davon aus, dass moralisches
Wissen einmal durch direkte Zuweisung erworben wird, und zum anderen
lesen Kinder moralische Normen an ihrer sozialen Umwelt ab.

Moralische Motivation wird wiederum in sozialen Arrangements erworben, wie z. B. in Rollenspielen, Dilemma-Diskussionen und Planspielen.
Aufgabe der Schule muss es demnach sein, Lernprozesse und Lernarrangements zu initiieren, die beides ansprechen, die Stimulation moralischen
Wissens und moralischer Motivation.

17.3 Modelle zur moralischen Erziehung

Vorschläge dazu, wie die Förderung moralischer Urteilsfähigkeit in der
Schule stattfinden kann, sind mit recht unterschiedlichen Zielvorstellungen
und Annahmen gemacht worden. Die Ansätze lassen sich der Entwicklungspsychologie (17.3.1), der Philosophiedidaktik (17.3.2) und der Biologiedidaktik (17.3.3) entnehmen. Sie sollen nun vorgestellt und diskutiert
werden.

17.3.1 Modell der Entwicklungspsychologie –
Konstruktivistischer, progressiver Ansatz Kohlbergs

„Einer der bedeutsamsten Fortschritte für die Theorie und für die Erforschung der moralischen Entwicklung bestand in der Entdeckung Jean Piagets und Lawrence Kohlbergs, dass sich die Moral nicht über die Weitergabe von Verhaltensstandards und Regeln von einer Generation zur nächsten vermittelt, sondern dass die Person diese selbst ‚konstruiert‘." (Schuster 2001). Diese Beobachtung widerspricht sowohl lerntheoretischen als auch psychoanalytischen Auffassungen, die moralisches Verhalten entweder als das Produkt gelungener Lern- und Behaltensprozesse oder als die Integrationsleistung von Verhaltensstandards in die Instanz des Über-Ichs verstehen. In beiden Erklärungsansätzen zur Entwicklung der Moral wird angenommen, dass die Person nach einem Modell vorgegebener Werte geprägt werden könnte.

Kohlberg (1974), als Vertreter der konstruktivistischen Lerntheorie, sieht die Person in moralischer Hinsicht nicht als passives Wesen, sondern als aktives Subjekt. Es genügt jedoch nicht, die Person sich selbst zu überlassen, vielmehr bedarf es der Konfrontation und Interaktion mit der Umwelt und den sich darin befindlichen Problemen, um Entwicklungsprozesse zu stimulieren.

Kohlberg geht davon aus, dass das Kind mit dem Lösen ganz konkreter ethischer Konflikte einen Lernprozess durchläuft, der auf die nächst höhere moralische Stufe der Entwicklung hinführt. Der interaktive und intensive Umgang mit der sich wandelnden Umwelt ermöglicht es, dass das Kind nach der beschreibenden Entwicklungssequenz immer reversibler, immer differenzierter und komplexer zu denken beginnt und seine Urteilskraft immer mehr nach universellen Prinzipien ausrichtet. Die Hauptaufgabe der Schule ist es danach, moralische Erfahrungs- und Verarbeitungsprozesse zu stimulieren und es dem Kind zu erleichtern, seine Entwicklung selbst voranzubringen. Die organisierende und entwickelnde Kraft des Kindes ist das aktive Denken, das vor allem durch die Erfahrung des Problematischen und des Konflikthaften herausgefordert wird. Die Auseinandersetzung mit Problemen, die beides herausfordern, die moralische Kognition und das moralische Gefühl, fördert die Entwicklung moralischer Urteilsfähigkeit.

Welche praktischen Konsequenzen hat dieses Modell? Weiterentwicklung kann nur erreicht werden, wenn das Kind oder der Jugendliche selbst erfährt, dass ein bestimmtes Denkmuster ungenügend ist, also durch das Erlebnis eines kognitiven Konfliktes. Der Schritt zur Weiterentwicklung kann vom Lehrer nur begünstigt, nicht dirigiert oder direkt vermittelt werden. Eine seiner Möglichkeiten besteht darin, Schüler mit Argumenten zu konfrontieren, die einer höheren Stufe als ihren eigenen angehören (Plus-eins-Konvention) oder ihnen kognitive Konflikte anzubieten, die das Über-denken des bisher Erlernten fordern. Forschungsarbeiten (zusammenge-fasst in Oser u. Althof 1997) haben gezeigt, dass solche Argumente auf Dauer das bisherige Denken verunsichern und Prozesse der Weiterent-wicklung begünstigen.

17.3.2 Modell der Philosophiedidaktik – Ethische Reflexionskompetenz nach Martens

Mittlerweile existiert eine Vielzahl von Modellen, die Schülern helfen sol-len, philosophische Konflikte reflektiert zu bewerten. Exemplarisch soll das Modell von Martens (2003) vorgestellt werden, das sich auch für Un-tersuchungen in der Biologiedidaktik als geeignet erwiesen hat, um All-tagsmythen von Schülern zu bioethischen Kontexten zu diskutieren und zu erheben (Gebhard et al. 2004).

Martens unterscheidet in seinem Ansatz fünf Schritte ethischer Reflexi-onskompetenz:

1. **Situations- oder Phänomenanalyse**
   Einführend sind zunächst die faktischen Merkmale deskriptiv nach Art einer Spurensicherung zu klären, zu denen etwa äußere Merkmale wie Ort und Zeit gehören. Außerdem sind die Wahrnehmungen, Empfin-dungen und Interessen der in eine bestimmte Situation verwickelten Personen und Institutionen zu klären.
2. **Wert- und Deutungsanalyse**
   In der Wert- und Deutungsanalyse sollen Schüler in hermeneutischer Arbeit die Werte und Deutungen herausarbeiten, die in der Phänomen-analyse stecken – zum einen als faktische Wertprämissen, zum anderen als allgemeine Deutungsmuster, die auch aus der philosophischen, lite-rarischen, religiösen, künstlerischen oder juristischen Tradition stammen können.
3. **Geltungsanalyse**
   Die Geltungsanalyse soll zur Überprüfung der Begriffe und Argumente, die in den Wertprämissen und Deutungsmustern enthalten sind, dienen, indem die vorgenommenen Wertungen und allgemeinen Auffassungen auf ihre Klarheit, Schlüssigkeit und Akzeptanz hin untersucht werden.
4. **Konfliktanalyse**
   In der Konfliktanalyse sind die unterschiedlichen, konfligierenden Wer-tungen und Urteils- und Erkenntnismöglichkeiten zuzuspitzen und ge-geneinander abzuwägen, indem man den vorhandenen Ermessensspiel-

raum auslotet, Präferenzen festhält, Präferenzregeln aufstellt und die verschiedenen Alternativen zuspitzt und diskutiert.

5. Urteile fällen und Einsichten formulieren
Schließlich sind nach eingehender Analyse und Diskussion gemeinsam oder einzeln möglichst gut begründete, nachvollziehbare Urteile zu fällen oder Einsichten zu formulieren.

17.3.3 Modelle der Biologiedidaktik

Aus der Vielzahl der vorhandenen Ansätze zur Behandlung ethischer Fragen im Unterricht wurden von Bögeholz et al. (2004) jene ausgewählt und zusammengefasst dargestellt, die für den Biologieunterricht entwickelt wurden bzw. sich leicht für diesen adaptieren lassen. Die fachdidaktischen Modelle erheben alle den Anspruch, zu einer systematischeren Bearbeitung ethischer Fragen im Biologieunterricht anzuleiten und die moralische Urteilsfähigkeit zu fördern.

Eine ausgewählte Methode soll nun genauer betrachtet werden, da sie hinsichtlich ihrer unterrichtlichen Wirksamkeit empirisch überprüft wurde.

17.4 Sechs Schritte moralischer Urteilsfähigkeit – Empirische Überprüfung des Modells

Im Rahmen einer mehrwöchigen Interventionsstudie zur Förderung moralischer Urteilsfähigkeit wurden Schüler der Sekundarstufe II wiederholt mit moralischen Dilemmata zum Bereich der Gentechnik konfrontiert, die eine hohe persönliche Betroffenheit erzeugten. Die Studie konnte deutlich machen, dass bei den Schülern eine Verbesserung moralischer Urteilsfähigkeit nach Intervention stattgefunden hat. Die Entwicklung bezieht sich dabei insbesondere auf die Fähigkeit, ethische Werte im Rahmen von Dilemmata zu erkennen und in der begründeten Urteilsfällung angemessen zu berücksichtigen sowie auf die soziale Komponente des Perspektivwechsels, die sich in der Berücksichtigung anderer Personen bei der Urteilsfällung ausdrückt (Hößle 2001).

Moralische Urteilsfähigkeit wurde in dieser Studie durch sechs Schritte definiert und operationalisiert (Tabelle 7). Die Wahl der Schritte erfolgte in Anlehnung an Untersuchungen aus der Entwicklungspsychologie (Kohlberg 1974; Keller 1996; Oser u. Althof 1997; Nunner-Winkler 1998) sowie in Anlehnung an Konzepte, die in der Biologie- und Philosophiedidaktik als pädagogische Unterrichtshilfen eingesetzt wurden. Die Schritte erfüllten eine doppelte Funktion: zum einen fungierten sie als Kriterien zur

Messung und zum anderen als Lehrziele zur unterrichtlichen Förderung moralischer Urteilsfähigkeit. Die Methode der sechs Schritte moralischer Urteilsfähigkeit hat sich als eine geeignete Unterrichtsmethode sowohl für die Sekundarstufen I (Hößle 2004; Hößle u. Bayrhuber 2006) und II (Hößle 2003) als auch für die Grundschule (Hößle 2006; Mittelsten-Scheid u. Hößle 2006) erwiesen.

Tabelle 7. Sechs Schritte moralischer Urteilsfindung

Schritt	Inhalt
1	Definieren des präsentierten Dilemmas
2	Nennen von Handlungsoptionen
3	Nennen von ethischen Werten
4	Systematisieren von Werten
5	Reflektierte Urteilsfällung unter Berücksichtigung andersartiger Urteile
6	Nennen von Folgen

17.5 Aktuelle Forschungsfragen und -ansätze

Nachdem dargestellt wurde, welche Theorien, Modelle und Konzepte zur Entwicklung und Förderung moralischer Urteilsfähigkeit grundlegend sind, sollen nun aktuelle Forschungsansätze und -fragen der Biologiedidaktik aufgezeigt werden.

Born u. Gebhard (2005) gehen in ihrem Ansatz über Kohlbergs Modell hinaus und betonen den intuitiven, vorbewussten Teil der moralischen Urteilsbildung. Der zentrale Gedanke dabei ist, dass die moralische Argumentation gewissermaßen nachträglich das intuitiv bereits gefällte Urteil rechtfertigt bzw. begründet. Vor diesem Hintergrund wird von Seiten Born u. Gebhards (2005) auch die Förderung einer ethischer Reflexionskompetenz in einem dualen Sinne betrachtet: Sie umfasst sowohl das klassische Training einer um Reflexion bemühten Informationsverarbeitung (Argumentation, Kommunikation, Perspektivenübernahme und Bewertung), aber auch die Auseinandersetzung mit weiterführenden Assoziationen, intuitiven Urteilen und emotionalen Reaktionen, die das Bewertungsverhalten einer Person beeinflussen können (Alltagsphantasien) (→ 10 Gebhard).

Einen anderen theoretischen Rahmen legt das Projekt Biologie im Kontext (BiK 2006) zugrunde. Aktuell zielt das Bundesländer übergreifende Projekt darauf, Hinweise über ein Kompetenzentwicklungsmodell zur „Bewertung" zu gewinnen. Dabei wird ein aus qualitativen und quantitativen Anteilen bestehendes Messinstrument entwickelt und überprüft, dessen

Aufgabe es sein soll, die Bewertungskompetenz von Schülern in Abhängigkeit von einem kontextorientierten Unterricht zu messen (Mittelsten-Scheid 2006). Ausgangspunkt für diese Untersuchung sind die Ergebnisse einer weiteren Studie, die sich der Beschreibung und Überprüfung eines Kompetenzstrukturmodells zur Bewertung widmet (Reitschert u. Hößle 2006). Reitschert führt auf der Grundlage qualitativer Sozialforschung Einzelinterviews zu einem beispielhaften bioethischen Thema mit ca. 25 Schülern der 10. Klassen von Realschulen durch. Anhand der Ergebnisse kann überprüft werden, inwieweit sich die vorab aus der Theorie abgeleiteten Dimensionen (Reitschert et al. 2007) in der Empirie wieder finden lassen und inwiefern das Modell modifiziert oder erweitert werden muss. Das Resultat liefert wertvolle Erkenntnisse zur Ausdifferenzierung der einzelnen Dimensionen von Bewertungskompetenz und zu einer möglichen Klassifizierung von qualitativen Typen beim Bewertungsprozess. Parallel zu diesen Vorhaben, die an der Universität Oldenburg angesiedelt sind, wird an der Universität Göttingen Bewertungskompetenz im Zusammenhang mit Gestaltungsaufgaben nachhaltiger Entwicklung erhoben (Eggert u. Bögeholz 2007; → 18 Bögeholz).

Eine weitere Forschungsarbeit widmet sich der Entwicklung von Aufgaben, anhand derer Lehrer ermitteln können, inwieweit Schüler die Regelstandards zur Bewertungskompetenz erreichen (Visser 2007).

Diesen Forschungsarbeiten müssen groß angelegte Längsschnittstudien folgen, die überprüfen, inwieweit die entstehenden Kompetenzstruktur- und Entwicklungsmodelle gültig sind. Ziel ist es, im Anschluss an diese Forschungsarbeiten verbindliche Regelstandards aufzustellen, die Lehrern Orientierungshilfen und Hinweise darüber bieten, zu welchem Zeitpunkt sie welche Ausprägung der ethischen Urteilskompetenz bei ihren Schülern erwarten und fördern können.

Literatur

Adam G (1996) Methoden ethischer Erziehung. In: Adam G, Schweitzer F (Hrsg) Ethisch erziehen in der Schule. Vandenhoeck & Ruprecht, Göttingen, S 110–127

Adam G, Schweitzer F (1996) Ethisch erziehen in der Schule. Vandenhoeck & Ruprecht, Göttingen

Bayrhuber H, Hößle C (2006) Sechs Schritte moralischer Urteilsfindung – Aktuelle Beispiele aus der Bioethikdebatte. Praxis der Naturwissenschaften 4(55):1–7

Bildungsstandards im Fach Biologie für den Mittleren Schulabschluss, Beschluss der Kultusministerkonferenz (KMK) vom 16.12.2004. Luchterhand, Neuwied

BiK (2006) www.bik.ipn.uni-kiel.de (Letzter Zugriff: 13.04.07)

Bögeholz S, Hößle C, Langlet J, Sander E, Schlüter K (2004) Bewerten-Urteilen-Entscheiden im biologischen Kontext: Modelle in der Biologiedidaktik. ZfDN 10:89–115

Born B, Gebhard U (2005) Intuitive Vorstellungen und explizite Reflexion – Zur Bedeutung von Alltagsphantasien bei Lernprozessen zur Bioethik. In: Schenk B (Hrsg) Bausteine einer Bildungsgangtheorie. Studien zur Bildungsgangforschung, Bd 6. VS, Wiesbaden, S 255–271

Eggert S, Bögeholz S (2007, in Druck) Göttinger Modell der Bewertungskompetenz-Schwerpunkt Prozessdimension „Bewerten, Entscheiden und Reflektieren im Kontext nachhaltiger Entwicklung. ZfDN

Garz D (1989) Sozialpsychologische Entwicklungstheorien. Von Mead, Piaget und Kohlberg bis zur Gegenwart. Westdeutscher Verlag, Opladen

Gebhard U, Martens E, Mielke R (2004) Ist Tugend lehrbar? Zum Zusammenspiel von Intuition und Relfexion beim moralischen Urteilen. In: Rohbeck J (Hrsg) Ethisch-philosophische Basiskompetenz. Jahrbuch für Didaktik der Philosophie und Ethik. Thelem, Dresden, S 131–165

Hößle C (2001) Moralische Urteilsfähigkeit. Eine Interventionsstudie zur moralischen Urteilsfähigkeit von Schülern zum Thema Gentechnik. Studienverlag, Innsbruck

Hößle C (2003) Modell moralischer Urteilsbildung am Beispiel der embryonalen Stammzelltherapie. Oldenburger VorDrucke, Bd 466. Didaktisches Zentrum, Oldenburg

Hößle C (2004) Ethische Herausforderungen in der Biologie. In: Bonnet A, Breitenbach S (Hrsg) Sammelband zur zweiten Bremer Tagung bilingualer Sachfachunterricht, S 123-132

Hößle C (2006): Reflexionen zur moralischen Urteilsbildung in der Grundschule. In: Pfeiffer S, Joest L (Hrsg) Neue Wege im Sachunterricht. Oldenburger Vordrucke, Bd 551. Didaktisches Zentrum, Oldenburg S 31–45

Hößle C (2007) Ethische Bewertungskompetenz im Biologieunterricht. In: Kiper H, Jahnke-Klein S (Hrsg) Gymnasium quo vadis? Zwischen Elitebildung und Förderung der Vielen. Schneider, Hohengehren, S 111–129

Hößle C, Bayrhuber H (2006) Sechs Schritte moralischer Urteilsfindung – Aktuelle Beispiele aus der Bioethikdebatte. Praxis der Naturwissenschaften 4(55):1–7

Hößle C, Reitschert K (2007) Fisch als Nahrungsmittel. Gentechnisch verändert? Praxis der Naturwissenschaften Biologie 1(56):25–35

Keller M (1996) Moralische Sensibilität. Entwicklung in Freundschaft und Familie. Beltz, Weinheim

Keller M, Edelstein W (1993) Die Entwicklung des moralischen Selbst von der Kindheit zur Adoleszenz. In: Edelstein W, Nunner-Winkler G, Noam G (Hrsg) Moral und Person. Suhrkamp, Frankfurt, S 307–335

Klieme E (2004) Zur Entwicklung nationaler Bildungsstandards. Eine Expertise. Bundesministerium für Bildung und Forschung, Bonn

Kohlberg L (1974) Zur kognitiven Entwicklung des Kindes. Suhrkamp, Frankfurt

Martens E (2003) Methodik des Ethik- und Philosophieunterrichts. Philosophieren als elementare Kulturtechnik. Siebert, Hannover

Mittelsten Scheid N, Hößle C (2006) Measuring students' competence of moral judgment. In: XII IOSTE Symposium, School of Educational Studies, Malaysia Penang (abstract)

Mittelsten-Scheid N, Hößle C (2006) Die Angola-Giraffe in Herkunftsland und Tierpark: Ethische Reflektionen zur Zootierhaltung im Sachunterricht der Grundschule. In: Pfeiffer S, Leopold J (Hrsg) Phänomene im Sachunterricht. Natur und Landschaft als Themen im mehrperspektivischen Sachunterricht. Oldenburger Vordrucke, Bd 544. Didaktisches Zentrum, Oldenburg

Mittelsten Scheid N, Hößle C (2007) Untersuchung zu einem Kompetenzentwicklungsmodell zur Bewertungskompetenz – wie Schüler moralische Relevanz wahrnehmen und bioethische Dilemmata bewerten. In: 9. Frühjahrsschule in Bielefeld (abstract)

Nunner-Winkler G (1998) Zum Verständnis von Moralentwicklung in der Kindheit. In: Weinert FE (Hrsg) Entwicklung im Kindesalter. BeltzPVU, Weinheim, S 133–152

Nunner-Winkler G, Meyer-Nikele M, Wohlrab D (2006) Integration durch Moral. Moralische Motivation und Ziviltugenden Jugendlicher. VS, Wiesbaden

Oser F (2001) Acht Strategien der Wert- und Moralerziehung. In: Edelstein W, Oser F, Schuster P (Hrsg) Moralische Erziehung in der Schule. VS, Weinheim, S 63–93

Oser F (2006) Moralentwicklung und Moralförderung. In: Rost DH (Hrsg) Handwörterbuch Pädagogische Psychologie. BeltzPVU, Weinheim, S 502–510

Oser F, Althof W (1997) Moralische Selbstbestimmung. Modell der Entwicklung und Erziehung im Wertebereich. Klett, Stuttgart

Piaget J (1983) Das moralische Urteil beim Kinde. Klett, Stuttgart

Reitschert K, Hößle C (2006) Die Struktur von Bewertungskompetenz – Ein Beitrag zur Dimensionierung eines Kompetenzmodells im Bereich der Bioethik. In: Vogt H, Krüger D, Marsch S (Hrsg) Erkenntnisweg Biologiedidaktik. 8. Frühjahrsschule in Berlin. Universitätsdruckerei Kassel, S 87–102

Reitschert K, Langlet J, Hößle C, Mittelsten-Scheid N, Schlüter K (2007, in Druck) Dimensionen von Bewertungskompetenz. In: Der mathematisch-naturwissenschaftliche Unterricht 60(1)

Schuster P (2001) Von der Theorie zur Praxis – Wege zur unterrichtspraktischen Umsetzung des Ansatzes von Kohlberg. In: Edelstein W, Oser F, Schuster P (Hrsg) Moralische Erziehung in der Schule. Beltz, Weinheim, S 177–213

Terhart E (1989) Moralerziehung in der Schule. Positionen und Probleme eines schulpädagogischen Programms. Neue Sammlung 29:376–394

Visser E (2006) Messung von Bewertungskompetenz im Biologieunterricht durch Leistungsaufgaben. (Internes Papier zur Anmeldung zur VdBiol-Tagung 2007)

18 Bewertungskompetenz für systematisches Entscheiden in komplexen Gestaltungssituationen Nachhaltiger Entwicklung

Susanne Bögeholz

Was befähigt Personen in komplexen Situationen im Sinne Nachhaltiger Entwicklung, systematisch und begründet zu entscheiden? Dies ist eine zentrale Frage im Rahmen der Umsetzung des Kompetenzbereichs Bewertung der nationalen Bildungsstandards für das Fach Biologie (KMK 2005). Eine Antwort dazu gibt das Göttinger Modell der Bewertungskompetenz (Eggert u. Bögeholz 2006), das in diesem Artikel vorgestellt wird.

18.1 Bewertungskompetenz im Kontext Nachhaltiger Entwicklung

Fragen zu einer Gestaltung unserer Umwelt, wie sie im Rahmen von angewandter Biologie originär zum Biologieunterricht gehören, sind nicht zuletzt in der UN-Dekade Bildung für Nachhaltige Entwicklung (2005–2014, Deutscher Bundestag 2005) unter Berücksichtigung des 1992 in Rio verabschiedeten Leitbildes der Nachhaltigen Entwicklung zu beantworten (KMK 2005; KMK-BMZ 2006). Dabei spielt Bewerten und Entscheiden eine zentrale Rolle. Bewertungskompetenz im Kontext Nachhaltiger Entwicklung bezeichnet die Fähigkeit, sich in komplexen Problemsituationen begründet und systematisch bei unterschiedlichen Handlungsoptionen zu entscheiden, um kompetent am gesellschaftlichen Diskurs um die Gestaltung von Nachhaltiger Entwicklung teilhaben zu können (vgl. z. B. Bögeholz u. Barkmann 2002, 2005; Bögeholz et al. 2004; Rost et al. 2005; Eggert u. Hößle 2006; Bayrhuber et al. 2007).

Im Rahmen des Göttinger Ansatzes zur Bewertungskompetenz werden (Teil-) Kompetenzen als „kontextspezifische kognitive Leistungsdispositionen, die sich funktional auf bestimmte Klassen von Situationen und Anforderungen beziehen" (Hartig u. Klieme 2006), verstanden. Ein zentrales Anliegen von Bildung für Nachhaltige Entwicklung ist, an gesellschaftlichen Entscheidungsprozessen kompetent mitwirken zu können (de Haan u. Harenberg 1999).

Bei Nachhaltiger Entwicklung geht es im Kern um

- eine Orientierung an den (Grund-) Bedürfnissen von Menschen,
- Gerechtigkeit zwischen allen lebenden Menschen (intragenerationell) als auch Gerechtigkeit zwischen den jetzt lebenden Menschen und künftigen Generationen (intergenerationell) sowie
- eine gleichzeitige Berücksichtigung von ökologischen und ökonomischen Erfordernissen sowie sozialen Zielen (vgl. Gesamtvernetzung von Ökologie, Ökonomie und Sozialem oder „Retinität" s. WCED 1987; SRU 1994).

Gestaltungssituationen Nachhaltiger Entwicklung sind oftmals durch in Konflikt stehende Werthaltungen beispielsweise in Nutzungskonflikten gekennzeichnet (Bögeholz et al. 2006). Zur Lösung derartiger Gestaltungsaufgaben wird ein Verständnis von Nachhaltiger Entwicklung als „Such- und Optimierungsprozess" (Reißmann 2000) bzw. als „regulative Idee des Umwelt- und Entwicklungsdiskurses" (Enquete-Kommission 1998) angestrebt. Das heißt das Leitbild der Nachhaltigen Entwicklung gibt ein (Fern-) Ziel auf abstrakter Ebene vor, woraufhin letztlich alle Bestrebungen ausgerichtet sein sollen. Aus dem Leitbild lassen sich aber nicht immer eindeutig und unmittelbar die zu berücksichtigenden entscheidungsrelevanten Werte und Normen bzw. die Wege ableiten, um zu nachhaltigen Entwicklungen unseres Planeten beizutragen (vgl. Bögeholz u. Barkmann 2005). Wohl aber sind mit dem Konzept der Nachhaltigen Entwicklung Orientierungshilfen verbunden – wie z. B. (Grund-) Bedürfnisorientierung – anhand derer geprüft werden kann, inwiefern entworfene Wege nach dem vorliegenden Kenntnisstand geeignet sind.

Bislang ist ein umfassendes Verständnis des gesellschaftlichen Leitbildes der Nachhaltigen Entwicklung noch nicht weit verbreitet (z. B. Kuckartz u. Rheinganz-Heintze 2004; Summers et al. 2005; Brämer 2006). Beispielsweise nennen gerade mal 30 % der befragten Lehramtsstudierenden in den Naturwissenschaften globale Gerechtigkeit und (Grund-) Bedürfnisorientierung und nur 15 % die Bedürfnisse und Rechte zukünftiger Generationen im Zusammenhang mit Nachhaltiger Entwicklung (Summers et al. 2005).

Ein Generieren von tragfähigen Lösungen für Gestaltungsaufgaben Nachhaltiger Entwicklung stellt spezifische Anforderungen an erfolgreiches Bewerten und Entscheiden:

Beispielsweise ist es erforderlich,

- das gesellschaftliche Leitbild der Nachhaltigen Entwicklung zu verstehen und ein Bewusstsein für die Bedeutung von Werten und Normen bei Fragestellungen Nachhaltiger Entwicklung zu entwickeln (Rost et al. 2003; Bögeholz et al. 2006).

- relevante ökologische, ökonomische und soziale Sachinformationen (faktische Komplexität) sowie persönlich, gemeinschaftlich und gesellschaftlich – zum Teil in Konflikt stehende – relevante Werte und Normen (ethische Unsicherheit bzw. ethische Komplexität) berücksichtigen zu können (vgl. Rost et al. 2005; Bögeholz u. Barkmann 2005, Bögeholz 2006).

- in Bewertungs- und Entscheidungssituationen Sachinformation systematisch so auf Werte und Normen beziehen zu können, dass umwelt- und sozialgerechte sowie wirtschaftlich tragfähige Entwicklungen ermöglicht werden (Barkmann u. Bögeholz 2003; Bögeholz et al. 2006).

Rost et al. (2003) entwickelten im Rahmen von Bildung für Nachhaltige Entwicklung einen Ansatz von Bewertungskompetenz, der auf die Fähigkeit zielt, eigene Werte zu erkennen und diese zu reflektieren. Weiterhin thematisiert der Ansatz die Spannung zwischen hochrangigen universellen Werten wie Gerechtigkeit oder Solidarität und der Erfüllung subjektiver kurzfristiger Bedürfnisse nach Bequemlichkeit oder Luxus (vgl. Rost 2005). Ein Ignorieren derart ethischer Fragestellungen im naturwissenschaftlichen Unterricht schirmt derzeit jedoch Schüler von einem wichtigen Teil der real existierenden Komplexität wissenschaftlich-technischer Probleme ab (vgl. Sadler et al. 2006). Entsprechend fordert Dubs (2002), dass Menschen entscheidungsrelevante Werte erkennen, um ein Bewusstsein für den normativen Gehalt von Entscheidungen zu erlangen.

Die Bewältigung von Anforderungen bei Gestaltungsaufgaben Nachhaltiger Entwicklung erfordert somit einen reflektierten Umgang mit doppelter Komplexität (Bögeholz u. Barkmann 2005). Zentral im Rahmen von Bewertungskompetenz für den Kontext Nachhaltiger Entwicklung sind folglich

- Anforderungen der Situation: Faktische und ethische Komplexität von Gestaltungsaufgaben Nachhaltiger Entwicklung und
- Fähigkeiten der Person: Bewältigung von Situationsanforderungen Nachhaltiger Entwicklung, d. h. ein systematischer Umgang mit doppelter Komplexität.

Während der deutsche bildungspolitische und bildungswissenschaftliche Diskurs die Begriffe Bewerten, Bewertung, Bewertungskompetenz als Erfordernis für eine Bewältigung von Bewertungs- und Entscheidungsfragen verwendet (Harms et al. 2004; KMK 2005; Rost et al. 2005; KMK-BMZ

2006) wird international von *decision-making competence* gesprochen
(z. B. Ratcliffe 1997; Sadler u. Zeidler 2005). Vergleichbar wird in der
psychologischen Forschung Bewerten und Entscheiden unter Entschei-
dungstheorie behandelt.

18.2 Theoretische Herleitung des Modells

Im Folgenden werden theoretisch und empirisch begründete Modelle angesprochen, die grundlegend für die Entwicklung des Göttinger Modells
der Bewertungskompetenz (Eggert u. Bögeholz 2006) sind. Aus der Ent-
scheidungstheorie ist ein Metamodell der Entscheidungsfindung nach
Betsch u. Haberstroh (2005) zentral (Tabelle 8).

Tabelle 8. Modell der Entscheidungsfindung nach Betsch u. Haberstroh (2005)

Präselektionale Phase	– Identifikation eines Entscheidungsproblems
	– Generierung von Optionen
	– Informationssuche und -verarbeitung
Selektionale Phase	– Bewertung und Entscheidung
Postselektionale Phase	– Implementation der Handlungsintention

Dem kognitiv orientierten Kompetenzkonzept nach Hartig u. Klieme
(2006) folgend sind für das Göttinger Modell die präselektionale und selektionale Phase relevant. Ergebnis der präselektionalen Phase ist eine anhand von relevanten Optionen und Kriterien aufgearbeitete Entschei-
dungssituation (vgl. Jungermann et al. 1998). Die selektionale Phase fasst
den folgenden Weg bis zur Entscheidung. Bei der Entscheidungsfindung
können verschiedene Strategien angewendet werden: Mit einer kompensa-
torischen Vorgehensweise ist ein Abwägen von Informationen zwischen
verschiedenen Optionen verbunden, d. h. eine vergleichsweise negative
Ausprägung einer Option in einem Kriterium kann durch eine (vergleichsweise) positive Ausprägung in einem anderen Kriterium aufgewogen werden. Eine non-kompensatorische Vorgehensweise zeichnet sich hingegen
v. a. durch ein Ansetzen von Schwellenwerten für den Ausschluss von Optionen aus. Ein Abwägen erfolgt hier nicht. Empirisch zeigen sich aber
auch Kombinationen dieser beiden Strategien (vgl. Jungermann et al.
1998). Neben dem (meist bewussten) Anwenden derart elaborierter Strategien kommt es in der Praxis oft zu (unreflektierten) intuitiven und rechtfertigenden Entscheidungen (Haidt 2001). Intuitive Entscheidungen sind un-

begründete Entscheidungen und entbehren wie auch rechtfertigende Entscheidungen eines systematischen Entscheidungsprozesses. Rechtfertigende Entscheidungen basieren auf Gründen – aber ohne Abwägen über Auswahloptionen und -kriterien hinweg oder einen Verweis auf Schwellenwerte für den Ausschluss von Optionen. Im Bildungskontext wird die Befähigung zur Verwendung elaborierter Entscheidungsstrategien – jenseits intuitiven und rechtfertigenden Entscheidens – angestrebt (vgl. KMK 2005).

Weiterhin sind für die Entwicklung eines Modells der Bewertungskompetenz Kompetenzmodelle aus den Bereichen Naturwissenschaften (*Scientific Literacy*, Erkenntnisgewinnung durch Experimentieren) und *Decision Making in Socio-Scientific Issues* zentrale Bezugspunkte. Das *Scientific Literacy* Modell (aufbauend auf Bybee 1997; Deutsches PISA-Konsortium 2001) besteht aus Teilkompetenzen (Dimensionen)[1] mit konzeptuellen und prozeduralen Aspekten. Jede Teilkompetenz ist in Kompetenzniveaus[2] unterteilt. Das Kompetenzmodell ist allgemein für den Bereich Naturwissenschaften formuliert. Strukturell vergleichbar aufgebaut – jedoch stärker spezifiziert – ist das Kompetenzmodell zur Erkenntnisgewinnung durch Experimentieren (Hammann 2004). Die Graduierungen beider Modelle lassen sich durch zentrale Entwicklungslinien beschreiben: Mit ansteigendem Niveau steigt der Elaborationsgrad, mit dem naturwissenschaftliche Fragestellungen bearbeitet werden sowie der Grad an Systematisierung. Mit einem Modell für den Bereich *Decision Making in Socio-Scientific Issues*, das im Rahmen von *SEPUP* (*Science Education for Public Understanding Project*, Wilson u. Sloane 2000) zum Einsatz kam, werden weitere relevante Strukturen aufgezeigt: Bedeutsam für das Göttinger Modell sind die Teilkompetenzen[3] *Understanding Concepts*, *Designing and Conducting Investigations* und *Evidence and Tradeoffs*. Die Teilkompetenz *Evidence and Tradeoffs* fokussiert beispielsweise auf einen Einbezug relevanter Perspektiven bzw. Optionen, eine Berücksichtigung relevanter Fakten bei Begründungen, ein Vergleichen bzw. Abwägen zwischen Perspektiven bzw. Optionen und ein kritisches Hinterfragen von naturwissenschaftlichen Erkenntnissen. Kennzeichnend für die Progression in der Anlage der Kompetenzniveaus ist – neben dem Grad an Elaboration und Systematisierung – die Reflexion. Für detaillierte Ausführungen zu

---

[1] Teilkompetenzen liegen eine Ebene unter der Ebene der Kompetenz.

[2] Angelehnt an Hartig u. Klieme (2006) werden Graduierungen einer (Teil-) Kompetenz als Kompetenzniveaus bezeichnet, die synonym zu den Kompetenzstufen in den PISA-Studien zu sehen sind.

[3] Im Original als *variables* bezeichnet.

diesen Modellen und deren Bedeutung für das Göttinger Modell siehe Eggert u. Bögeholz (2006).

18.3 Göttinger Modell der Bewertungskompetenz

Aufbauend auf den Konstruktionsprinzipien der vorgestellten Kompetenzmodelle und dem Metamodell der Entscheidungsfindung wurde das Göttinger Modell der Bewertungskompetenz (Eggert u. Bögeholz 2006) entwickelt (Abb. 22).

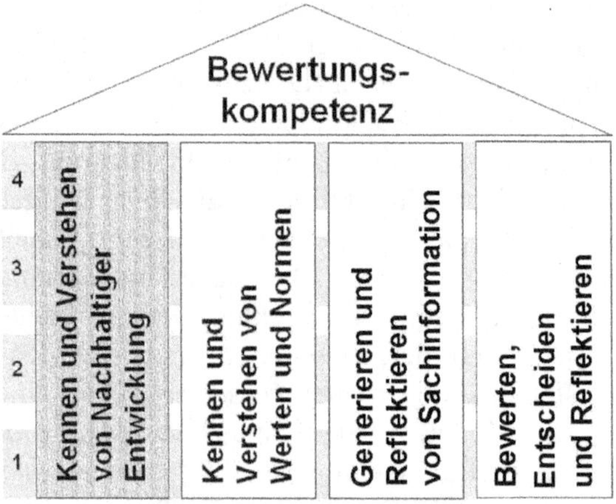

Abb. 22. Göttinger Modell der Bewertungskompetenz – Teilkompetenzen (angedeutet: Graduierung der Teilkompetenzen in vier Kompetenzniveaus)

Das Modell besteht aus vier Teilkompetenzen. Für jede Teilkompetenz wurden *a priori* Kompetenzniveaus formuliert (Tabelle 9 und 10). Im Folgenden werden die Graduierungen kurz umrissen.

Die Teilkompetenz „Kennen und Verstehen von Nachhaltiger Entwicklung" (Spalte „Nachhaltige Entwicklung" in Tabelle 9) graduiert das Verstehen des Leitbildes der Nachhaltigen Entwicklung. Angestrebt wird beispielsweise ein Verständnis des Leitbildes als „regulative Idee" (Enquete-Kommission 1998). Die Teilkompetenz „Kennen und Verstehen von Werten und Normen" (Spalte „Werte und Normen" in Tabelle 9) fokussiert auf einen reflektierten Einbezug von ethischem Basiswissen in die Lösung von Gestaltungssituationen Nachhaltiger Entwicklung. Mit den Niveaus steigt die Elaboriertheit und Reflexionsfähigkeit. Diese beiden schwerpunktmäßig konzeptuellen Teilkompetenzen bedürfen – bezogen auf die höheren Niveaus – der Fähigkeit zum Denken jenseits von Gesetzen und Beziehungen zu Personen (vgl. postkonventionelles Denken (Kohlberg 1976) und Fähigkeit zum transpersonalen Argumentieren (Eckensberger et al. 1999)).

Tabelle 9. Graduierungen der Teilkompetenzen „Kennen und Verstehen von Nachhaltiger Entwicklung", „Kennen und Verstehen von Werten und Normen" sowie „Generieren und Reflektieren von Sachinformation

Niveau	Nachhaltige Entwicklung	Werte und Normen	Sachinformation
1	Verbinden Begriff mit alltagsweltlichen Vorstellungen	Verbinden Begriffe mit alltagsweltlichen Vorstellungen	Bilden mit Alltagswissen Sachproblem in Aspekten ab
2	Benennen alle drei Sphären Nachhaltiger Entwicklung	Definieren Begriffe, Werte und Normen	Bilden zentrale Aspekte einzelner Sphären richtig ab
3	Erkennen Zusammenhänge und (Ziel)-Konflikte zwischen drei Sphären	Erkennen Werte und Normen und verwenden die Begriffe sachgerecht	Bilden zentrale Aspekte aller drei Sphären richtig ab
	Erkennen Bedeutung des Konzeptes Nachhaltiger Entwicklung für reale Gestaltungsaufgaben	Unterscheiden Werte und Normen sicher von Fakten, Einstellungen, Emotionen und Meinungen	Stellen sinnvolle Verbindung(en) zwischen Aspekten verschiedener Sphären her
		Hinterfragen eigene Werte und Werte anderer	
4	Rekurrieren in Situationen Nachhaltiger Entwicklung auf Wertehierarchien unter Einbezug universeller Werte	Beziehen universelle Werte in Entscheidungen ein	Hinterfragen begründet Aussagekraft der zusammengestellten Sachinformationen für Entscheidungssituation
	Bringen Überlegungen zu (Grund-) Bedürfnisorientierung und Gerechtigkeit jenseits von Gesetzen ein	Hinterfragen begründet möglichen Werterelativismus	Binden über vorhandene Informationen hinaus weitere relevante ein
	Verstehen Leitbild der Nachhaltigen Entwicklung als „regulative Idee"	Hinterfragen Normen	

Tabelle 10. Graduierung der Teilkompetenz „Bewerten, Entscheiden und Reflektieren" (in Anlehnung an Eggert u. Bögeholz 2006)

Niveau	Schüler
1	• bewerten und entscheiden intuitiv bzw. rechtfertigend ohne Anwendung einer Entscheidungsstrategie • wählen eine Option auf der Basis von Alltagsvorstellungen aus und/oder berücksichtigen dabei maximal ein Kriterium
2	• bewerten und entscheiden unter Berücksichtigung von mindestens zwei relevanten Kriterien • vergleichen gegebene Optionen teilweise im Hinblick auf die Kriterien und dokumentieren Entscheidungsprozess unvollständig • entscheiden v. a. non-kompensatorisch
3	• bewerten und entscheiden unter Berücksichtigung von mindestens drei relevanten Kriterien • vergleichen gegebene Optionen vollständig im Hinblick auf die Kriterien und dokumentieren vollständig • entscheiden angemessen – je nach Klasse der Situation – kombiniert non-kompensatorisch/kompensatorisch oder kompensatorisch • reflektieren zentrale normative Teilentscheidungen im Bewertungsprozess
4	• bewerten und entscheiden unter Berücksichtigung von mindestens drei relevanten Kriterien • vergleichen gegebene Optionen vollständig im Hinblick auf die Kriterien und dokumentieren vollständig • entscheiden angemessen – je nach Klasse der Situation – kombiniert non-kompensatorisch/kompensatorisch oder kompensatorisch • reflektieren zentrale normative Entscheidungen im Bewertungsprozess und können die Grenzen der Anwendung von Entscheidungsstrategien erkennen

Die Teilkompetenz „Generieren und Reflektieren von Sachinformation" wurde aus der präselektionalen Phase und die Teilkompetenz „Bewerten, Entscheiden und Reflektieren" aus der selektionalen Phase des Modells der Entscheidungsfindung (Betsch u. Haberstroh 2005) hergeleitet. Für die Graduierung der beiden schwerpunktmäßig prozeduralen Teilkompetenzen des Göttinger Modells ist zudem die Teilkompetenz *Evidence and Trade-offs* des *SEPUP*-Programms wegweisend. Die Teilkompetenz „Generieren und Reflektieren von Sachinformation" (Spalte „Sachinformation" in Tabelle 9) zielt auf eine (möglichst angemessene) Zusammenstellung entscheidungsrelevanter ökologischer, ökonomischer und sozialer Sachinformation und deren Hinterfragung. Ein höheres Niveau setzt bei diesem Ansatz theoretisch – wie auch bei den anderen in Tabelle 9 dargestellten Teilkompetenzen – jeweils Fähigkeiten auf einem niedrigeren Niveau voraus.

Die Teilkompetenz „Bewerten, Entscheiden und Reflektieren" graduiert v. a. nach einem Durchführen bzw. Nichtdurchführen systematischer Entscheidungsprozesse und deren Reflexion. Auf höheren Kompetenzniveaus werden – je nach Klasse der Situation – unterschiedliche (Kombinationen von) Entscheidungsstrategien postuliert. Entscheidend für einen kompetenten Umgang mit verschiedenen Klassen von Entscheidungssituationen ist die Frage, inwiefern sind alle Optionen akzeptabel? Müssen ggf. Optionen faktisch vor dem Vergleichen akzeptabler Alternativ-Optionen ausgeschlossen werden? Eine detaillierte Beschreibung dieser Teilkompetenz liefert Tabelle 10. Für die elaborierten Kompetenzniveaus der postulierten Teilkompetenzen wird entwicklungspsychologisch Metakognition (→ 11 Harms) vorausgesetzt.

18.4 Relevanz des Modells für Forschung und Praxis

Das Göttinger Modell der Bewertungskompetenz fasst Teilkompetenzen, von denen angenommen wird, dass sie durch Erfahrungen – z. B. mit spezifischen Trainings zur Bewältigung der Situationsanforderungen Nachhaltiger Entwicklung – lernbar sind (vgl. Hartig u. Klieme 2006). Zunächst wurde das Modell kontextualisiert für Gestaltungsaufgaben Nachhaltiger Entwicklung. Der Ansatz des Modells ermöglicht eine Kontextualisierung für weitere Situationen und Anforderungen, z. B. bio- und medizinethische Fragestellungen. Eine derartige inhaltliche Anpassung würde die Erkenntnisse zur ethischen Urteilskompetenz im Bereich Bio- und Medizinethik von Reitschert et al. (2007) reflektieren.

Das Göttinger Modell der Bewertungskompetenz ist zunächst – bis auf erste empirische Voruntersuchungen – ein theoretisch begründetes Modell. Die Vorgehensweise bei der Aufgabenentwicklung und Messung der Teilkompetenz „Bewerten, Entscheiden und Reflektieren" ist im Detail in Eggert u. Bögeholz (2006) ausgeführt. Weiteres Ziel ist es, das formulierte Modell empirisch abzusichern. Erforderlich ist somit eine psychometrische Modellierung von Bewertungskompetenz (samt Teilkompetenzen und Indikatoren[4]) und deren Validierung sowie eine Entwicklung entsprechender Messverfahren. Eine Kernfrage lautet: Wie kann Bewertungskompetenz

---

[4] Eine Teilkompetenz ist empirisch abbildbar über einen (oder mehrere) Indikator(en).

im Kontext Nachhaltiger Entwicklung auf der Basis validierter Teilkompetenzen (und/bzw. Indikatoren) angemessen kognitiv diagnostisch modelliert werden (vgl. Rupp et al. 2006)?

Kompetenzmodelle wie das Göttinger Modell ermöglichen die Passung
zwischen curricularen Vorgaben, kumulativ angelegtem Unterricht und
Wirkungsüberprüfung zu optimieren (vgl. Wilson u. Sloane 2000). Durch
eine empirische Aufdeckung der Kompetenzstrukturen von Bewertungskompetenz werden schließlich Schülerleistungen auf Individualebene als
auch Leistungen von Schülergruppen diagnostizierbar (vgl. Rupp et al.
2006). Die Erkenntnisse bieten in der Folge eine Basis für systematische –
theoretisch und empirisch begründete – adressatengerechte Förderung.

Danksagung

Ganz besonderer Dank gilt Sabina Eggert für die kritisch konstruktiven
Diskussionen auf dem gemeinsamen Weg bei der Entwicklung des Göttinger Modells der Bewertungskompetenz im Rahmen von Biologie im Kontext (bik).

Literatur

Barkmann J, Bögeholz S (2003) Kompetent gestalten, wenn es komplexer wird:
    Eine kurze Einführung zur ökologischen Bewertungs- und Urteilskompetenz.
    Zeitschrift 21(3):49–52
Bayrhuber H, Bögeholz S, Elster D, Hößle C, Lücken M, Mayer J, Nerdel C,
    Neuhaus B, Prechtl H, Sandmann A (2007, in Druck) Biologie im Kontext –
    Ein Programm zur Kompetenzförderung durch Kontextorientierung im Bio-
    logieunterricht und zur Unterstützung von Lehrerprofessionalisierung. MNU
    60(5):280–285
Betsch T, Haberstroh S (2005) The routines of decision making. Erlbaum, Mah-
    wah NJ
Bögeholz S (2006) Explizit Bewerten und Urteilen – Beispielkontext Streuobst-
    wiese. Praxis der Naturwissenschaften – Biologie in der Schule 55(1):17–24
Bögeholz S, Barkmann J (2002) Natur erleben – Umwelt gestalten: Von den
    Stimmen der Bäume zu den Stimmen im Gemeinderat. NaturErleben 2:10–13
Bögeholz S, Barkmann J (2005) Rational choice and beyond: Handlungsorientie-
    rende Kompetenzen für den Umgang mit faktischer und ethischer Komplexi-
    tät. In: Klee R, Sandmann A, Vogt H (Hrsg) Lehr- und Lernforschung in der
    Biologiedidaktik, Bd 2. Studienverlag, Innsbruck, S 211–224
Bögeholz S, Bittner A, Knolle F (2006) Nationalpark Harz als Bildungsort – Vom
    Naturerleben zur Bildung für nachhaltige Entwicklung. GAIA 15(2):135–143

Bögeholz S, Hößle C, Langlet J, Sander E, Schlüter K (2004) Bewerten – Urteilen – Entscheiden im biologischen Kontext: Modelle in der Biologiedidaktik. ZfDN 10:89–115

Brämer R (2006) Natur obscur. Wie Jugendliche heute Natur erfahren. Oekom, München

Bybee R (1997) Achieving Scientific Literacy. Heinemann, Portsmouth NH

Deutscher Bundestag (2005) Bericht der Bundesregierung zur Bildung für eine nachhaltige Entwicklung für den Zeitraum 2002–2005. Drucksache 15/6012 vom 04.10.2005 (www.dekade.org/sites/bfne.htm, Abrufdatum 15.11.2006)

Deutsches PISA-Konsortium (2001) PISA 2000. Basiskompetenzen von Schülerinnen und Schülern im internationalen Vergleich. Leske & Budrich, Opladen

Dubs R (2002) Science Literacy: Eine Herausforderung für die Pädagogik. In: Gräber W, Nentwig P, Kobolla T, Evans R (Hrsg) Scientific Literacy – Der Beitrag der Naturwissenschaften zur Allgemeinen Bildung. Leske & Budrich, Opladen, S 69–82

Eckensberger L, Breit H, Döring T (1999) Ethik und Barriere in umweltbezogenen Entscheidungen: Eine entwicklungspsychologische Perspektive. In: Linneweber V, Kals E (Hrsg) Umweltgerechtes Handeln – Barrieren und Brücken. Springer, Berlin Heidelberg New York Tokyo, S 165–189

Eggert S, Bögeholz S (2006) Göttinger Modell der Bewertungskompetenz – Teilkompetenz „Bewerten, Entscheiden und Reflektieren" für Gestaltungsaufgaben Nachhaltiger Entwicklung. ZfDN 12:177–196

Eggert S, Hößle C (2006) Bewertungskompetenz im Biologieunterricht. Ein Überblick. Praxis der Naturwissenschaften – Biologie in der Schule 55(1):1–10

Enquete-Kommission (1998) Konzept Nachhaltigkeit – Vom Leitbild zur Umsetzung. Abschlussbericht der Enquete-Kommission des Deutschen Bundestages „Schutz des Menschen und der Umwelt". Deutscher Bundestag, Bonn

Haan G de, Harenberg D (1999) Expertise „Förderprogramm Bildung für nachhaltige Entwicklung". Verfasst für die Projektgruppe „Innovation im Bildungswesen" der BLK im Auftrag des Bundesministeriums für Bildung, Wissenschaft, Forschung und Technologie. Freie Universität Berlin

Haidt J (2001) The Emotional Dog and Its Rational Tail: A Social Intuitionist Approach to Moral Judgment. Psychological Review 108(4):814–834

Hammann M (2004) Kompetenzentwicklungsmodelle. MNU 57(4):196–203

Harms U, Mayer J, Hammann M, Bayrhuber H, Kattmann U (2004) Kerncurriculum und Standards für den Biologieunterricht in der gymnasialen Oberstufe. In: Tenorth HE (Hrsg) Kerncurriculum Oberstufe 2 – Biologie, Chemie, Physik, Geschichte, Politik. Beltz, Weinheim Basel, S 22–85

Hartig J, Klieme E (2006) Kompetenz und Kompetenzdiagnostik. In: Schweizer K (Hrsg) Leistung und Leistungsdiagnostik. Springer, Berlin Heidelberg New York Tokyo, S 127–143

Jungermann H, Pfister HR, Fischer K (1998) Die Psychologie der Entscheidung. Spektrum, Heidelberg Berlin

KMK (2005) Bildungsstandards im Fach Biologie für den Mittleren Schulabschluss (Jahrgangsstufe 10). Beschluss vom 16.12.2004. Wolters Kluwer, München

KMK-BMZ (2006) Entwurf Referenzcurriculum Globale Entwicklung – Ein Beitrag zur Bildung für nachhaltige Entwicklung. Vorgelegt anlässlich der 4. KMK-BMZ-Fachtagung für entwicklungspolitische Bildung an Schulen am 29. und 30. Juni 2006 in Bonn

Kohlberg L (1976) Moralstufen und Moralerwerb: Der kognitiv – entwicklungstheoretische Ansatz. In: Althof W, Noam G, Oser F (Hrsg) (1997) Kohlberg L – Die Psychologie der Moralentwicklung, 2. Aufl. Suhrkamp, Frankfurt am Main, S 123–174

Kuckartz U, Rheinganz-Heintze A (2004) Umweltbewusstsein in Deutschland 2004. BMU (Bundesministerium für Umwelt, Naturschutz und Reaktorsicherheit) (Hrsg). Köllen Druck, Bonn

Ratcliffe M (1997) Pupils' decision making about socio-scientific issues within the science curriculum. International Journal of Science Education 19(2):167–182

Reißmann J (2000) Nachhaltige, umweltgerechte Entwicklung: Chancen für eine Neuorientierung der (Umwelt-) Bildung. In: Beyer A (Hrsg) Nachhaltigkeit und Umweltbildung, 2. Aufl. Krämer, Hamburg, S 57–100

Reitschert K, Langlet J, Hößle C, Mittelsten-Scheid N, Schlüter, K (2007) Dimensionen Ethischer Urteilskompetenz–Dimensionierung und Niveaukonkretisierung. MNU 60(1):43–51

Rost J (2005) Messung von Kompetenzen Globalen Lernens. ZEP 28(2):14–18

Rost J, Lauströer A, Raack N (2003) Kompetenzmodelle einer Bildung für Nachhaltigkeit. Praxis der Naturwissenschaften – Chemie in der Schule 52(8):10–15

Rost J, Walter O, Carstensen CH, Senkbeil M, Prenzel M (2005) Der nationale Naturwissenschaftstest PISA 2003. MNU 58(4):196–204

Rupp A, Leucht M, Hartung R (2006) Die Kompetenzbrille aufsetzen. Verfahren zur multiplen Klassifikation von Lernenden für Kompetenzdiagnostik im Unterricht und Testung. Unterrichtswissenschaft 34(3):195–219

Sadler TD, Amirshokoohi A, Kazempour M, Allspaw KM (2006) Socioscience and Ethics in Science Classrooms: Teacher Perspectives and Strategies. Journal of Research in Science 43(4):353–376

Sadler TD, Zeidler DL (2005) Patterns of Informal Reasoning in the Context of Socioscientific Decision Making. Journal of Research in Science 42(1):112–138

SRU (Der Rat von Sachverständigen für Umweltfragen) (1994) Umweltgutachten 1994. Metzler-Poeschel, Stuttgart

Summers M, Childs A, Corney G (2005) Education for sustainable development in initial teacher training: issues for interdisciplinary collaboration. EER 11(5):623–647

WCED (World Commission on Environment and Development) (1987) Our common future. Oxford Univ Press, Oxford UK

Wilson M, Sloane K (2000) From Principles to Practice: An Embedded Assessment System. Applied Measurement in Education 13(2):181–208

19 Einstellungen und Werte im empirischen Konstrukt des jugendlichen Natur- und Umweltschutzbewusstseins

Franz X. Bogner

Natur- und Umweltschutzbewusstsein ist nicht in einfache Theorierahmen zu fassen, vor allem nicht in solche, die auch operationalisierbar und damit empirisch messbar sein sollen. Empirisches Messen bedarf eines adäquaten und standardisierten Messinstruments. Dies gilt nicht nur für das Messen von „harten" (kognitiven) Variablen wie Lernleistungen, sondern vor allem auch für das Erfassen so genannter „weicher" Variablen wie Einstellungen und Werten. Als ein gutes Beispiel für letzteres kann jugendliches Umweltbewusstsein angesehen werden, das sich angesichts seines komplexen Charakters denn auch sehr lange einer soliden empirischen Messung entzogen hat: Es gab so viele Skalen wie Forscher/Forschergruppen sich des Themas annahmen, obwohl bei manchen Ansätzen mangels sicher gestellter Dimensionalität nicht einmal von Skalen gesprochen werden konnte. Erste Meta-Analysen in den 1980er Jahren zogen eine niederschmetternde Bilanz (Hines et al. 1987; Leeming et al. 1993, 1995), aus dem deutschen Sprachraum erreichte überhaupt keine Studie die engere Auswahl. Waren die Jahrzehnte bis in die 1990er Jahre in empirischer Hinsicht nicht erfolgreich, waren sie doch nicht verloren, führten sie schließlich erfolgreich hin zur Klärung theoriegeleiteter Konstrukte:

- Das *DSP*-Paradigma (*Dominant Social Paradigm*: Dunlap u. van Liere 1984) beschrieb vor allem anthropozentrische Einstellungen bezüglich der Natur und Umwelt.
- Das *NEP*-Paradigma (*New Environmental Paradigm*: Dunlap u. van Liere 1978; Arcury1986; Catton u. Dunlap 1978) benannte die „neue Sicht" der Umwelt, vor allem aus der Sicht der 1970er und 1980er Jahre; mit anfangs 12 Items wurden drei Primärfaktoren beschrieben: Grenzen des Wachstums, Mensch über der Natur und Gleichgewicht der Natur. Die *NEP*-Skala wurde in den Folgejahren zu einer wichtigen Referenz bei allen einschlägigen Studien, gleichzeitig ist sie neben der

bereits genannten *DSP*-Skala die einzige Skala in der Umweltbewusst-
seinsforschung, der ein „wissenschaftliches Leben" zuteil wurde, sprich,
die von der Fachwelt kritisch diskutiert und schließlich auch weiterentwickelt wurde.

- Das „Einstellungskonstrukt" (Urban 1986), das „individuelle Umweltbewusstsein" (Schahn u. Holzer 1990) und „das persönliche Umweltverhalten" (Diekmann u. Preissendörfer 1992) setzte sich aus reiner
  Psychologensicht mit der empirischen Messbarkeit des Konstrukts des
  Umweltbewusstseins auseinander.

- Schließlich versuchte das *EWV*-Paradigma (*Ecological World View*:
  Blaikie 1992) die Bereiche Umwelt und Ökologie zusammenzufassen,
  kam jedoch über eine einzige Studie nicht hinaus. Grob gesagt, erfassen
  alle genannten Modelle essentielle Aspekte des Umweltbewusstseins,
  schließen in aller Regel anthropozentrische oder ökozentrische Sichtweisen der Umgebung und Umwelt ein und arbeiten psychometrisch
  korrekt einzelne Primärfaktoren heraus. Keine der Skalen konnte sich
  aus verschiedensten Gründen allgemein anerkannt durchsetzen.

Auch die Persönlichkeitsforschung hatte zwischen den 1950er und
1970er Jahren mit einem ähnlichen Dilemma einer allgemein anerkannten
Messbarkeit zu kämpfen, da auch hierbei ein sehr komplexes (und vermeintlich nicht messbares) Konstrukt vorzuliegen schien. Über Jahrzehnte
hinweg wurde entweder eine Messbarkeit der Persönlichkeit gänzlich ver-
neint oder man versuchte sich nur an ausgesuchten engen Teilaspekten.
Wenigstens machte man in der Persönlichkeitsforschung keine handwerk-
lichen Fehler, sondern man arbeitete von Anfang an immer faktorenanalytische Strukturen heraus, sprich, man stellte einmal formulierte Hypothesen konsequent der akribischen Analyse empirischer Datensätze. Über die
Jahrzehnte intensiver Versuche kristallisierten sich schließlich einige Modelle heraus, die mit vergleichsweise wenigen Items auskamen und dennoch den Anspruch einer Messung individueller Persönlichkeit gerecht
wurden (z. B. Cattell 1946; Eysenck 1960). Das Geheimnis dieses letzt-
endlichen Erfolges lag in der Tatsache begründet, dass man schließlich
nach Faktoren höherer Ordnung suchte, statt sich mit Primärfaktoren zu-
frieden zu geben. Eysencks Strukturmodell baute beispielsweise auf gerade
mal drei grundsätzlichen Säulen auf, nämlich der Extraversion (E), des
Neurotizismus (N) und des Psychotizismus (P). Eysenck und Eysenck
(1968) erhoben jedoch den Anspruch, das gesamte komplexe Konstrukt
„Persönlichkeit" empirisch erfassen zu können: Extraversion umfasst dabei
nach außen gewandte Haltungen, Neurotizismus setzt sich mit dem System
individueller Labilität-Stabilität-Variablen auseinander und Psychotizismus mit Merkmalen der Aggressivität, Gefühlskälte, Egozentrik und/oder

Impulsivität. Obwohl Eysencks Ansatz in den Folgejahren der strikten Einfachheit wegen heftig attackiert wurde, setzte er sich schließlich durch; sein über die Jahrzehnte entwickelter *Personality Questionnaire* ist heute in allen einschlägigen Lehrbüchern zu finden.

Bei der Entwicklung der *2-MEV*-Skala wurden anfangs viele Fehler der oben angesprochenen Skalenbildungsansätze wiederholt. Das Kürzel *2-MEV* steht dabei für *2-Major Environmental Values*; gemeint ist damit, dass in Anlehnung an den Eysenckschen Weg zwei höhere Ordnungsfaktoren als Messbatterie ausreichend sind, um jugendliches Natur- und Umweltschutzbewusstsein empirisch zu messen (Bogner u. Wiseman 2006). Zunächst soll jedoch der Validierungsweg des Messinstruments im Groben dargestellt werden. Mitte der 1990er Jahren gab es kein valides Instrument zur empirischen Messung jugendlichen Umweltbewusstseins (vgl. Hines et al. 1987; Leeming et al. 1993, 1995). Zwei Studien (Bogner u. Wiseman 1996; Bogner u. Wilhelm 1996) unternahmen daher zunächst in der Tradition des Primärfaktoren-Denkens einen ersten Versuch, möglichst viele wichtige Facetten des jugendlichen Umweltbewusstseins mit diversen geeigneten Item-Sets zu erfassen. Ausgehend von knapp 80 Items über Einstellungen zum Schutz und zur Nutzung der Natur und der Umwelt wurden in einer Reihe von Studien mit jeweils unterschiedlichen Schüler-Stichproben diese sukzessive reduziert (Itembeispiele Tabelle 11). Eines der wichtigsten Kriterien der Item-Beurteilungen war das richtige und möglichst hohe Ladungsverhalten der Items in den Antwortmustern von ausreichend großen Schülerpopulationen (N immer größer als 500). Desgleichen waren hohe Reliabilitätswerte (möglichst über 0.8) ein Auswahlkriterium.

Die empirischen Erhebungen zu den jugendlichen Umweltbewusstseinseinstellungen folgten zunächst allesamt dem Primärfaktoren-Denken, das heißt, es wurde mit einem Set von faktorenanalytischen Skalen versucht, ein theoretisches Konstrukt möglichst umfassend abzubilden und zwar auch dann, wenn sehr unterschiedliche Stichproben gezogen werden. Bogner u. Wiseman (1999) bauten schließlich zunächst auf fünf Primärfaktoren, basierend auf 20 Items: Schutz von Ressourcen (*Care with Resources*), verbale Handlungsbereitschaft (*Intent of Support*), Genießen der Natur (*Enjoyment of Nature*), menschliche Dominanz (*Human Dominance*) sowie Ändern der Natur (*Altering Nature*). Dieses Set von Primärfaktoren konnte in verschiedenen Studien immer wieder mit einer klaren Struktur extrahiert werden, unabhängig vom Hintergrund der einzelnen Stichproben. Das entsprechende lineare Strukturmodell (*LISREL*) kam nahezu ohne jede Korrektur aus (Abb. 23) und bestätigte hervorragend die Gültigkeit des Modells. Die Primärfaktoren zeigten untereinander eine hohe Konsistenz (Bogner u. Wiseman 1999).

Tabelle 11. Die Ladungsstruktur von 20 Items zeigt eine klare Dichotomie beider Faktoren der höheren Ordnung: Naturschutz- (*Preservation*) [*PRE*] und Naturnutzungs-Präferenz (*Utilisation*) [*UTL*]. Beide Spalten geben die Ladungswerte der Hauptkomponentenanalyse wieder, es gab keine Kreuzladungen über 0,20). Alle 20 Items wurden innerhalb einer 5-stufigen Likert-Skala (von starker Zustimmung bis starker Ablehnung) beantwortet

PRE	*UTL*	
0,72		Um Abfall in der Natur aufzusammeln, würde ich meine Freizeit opfern.
0,71		Ich versuche häufig, andere davon zu überzeugen, dass Umweltschutz wichtig ist.
0,65		Umweltschutz kostet viel Geld. Ich bin bereit, bei einer Sammlung mitzuhelfen.
0,65		Wenn ich älter bin, werde ich aktiv in einer Naturschutzgruppe mitmachen.
0,65		Wenn ich einmal Extra-Taschengeld bekomme, werde ich einen Teil an Umweltorganisationen spenden.
0,64		Es macht mir großen Spaß, selbst ins Grüne (Wald, Wiese) hinauszugehen.
0,60		Ich sitze gerne am Rande eines Weihers und beobachte dabei zum Beispiel Libellen.
0,59		Ich würde gerne wissen, welche Tiere im Wasser leben.
0,59		Ich spare Wasser und dusche anstatt ein Vollbad zu nehmen.
0,59		Ich fühle mich wohl in der Stille der Natur.
	0,59	Der Mensch wurde erschaffen, um über den Rest der Natur zu herrschen.
	0,55	Die Menschen machen sich über die Umweltverschmutzung zu viele Gedanken.
	0,55	Wir müssen Wälder abholzen, um möglichst viele Getreidefelder anzulegen.
	0,54	Wir sollten nur nützliche Tiere und Pflanzen schützen.
	0,53	Der Umweltschutz hält oft den Fortschritt auf.
	0,52	Menschen sind wichtiger als die anderen Lebewesen.
	0,52	Tiere und Pflanzen existieren in erster Linie zum Nutzen der Menschen.
	0,52	Wir müssen Straßen bauen, um in die Natur hinausfahren zu können
	0,52	Man darf gerne eine geschützte Blume pflücken, wenn viele davon auf einer Stelle wachsen.
	0,47	Der Mensch braucht sich nicht der Natur anzupassen, sondern kann sie für seine Bedürfnisse ändern.

Alle zunächst fünf Primärfaktoren ordnen sich unter den zwei Domänen höherer Ordnung an, der „Naturschutz-Präferenz" (*PRE*) und der „Naturnutzungs-Präferenz" (*UTL*). Der Regressionskoeffizient zwischen den beiden Domänen war erwartungsgemäß negativ und hoch signifikant.

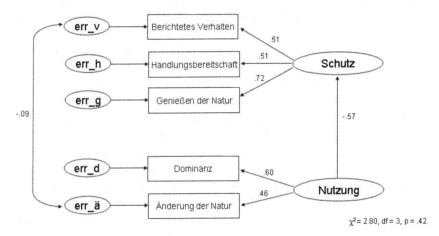

Abb. 23. *LISREL*-Analyse eines Vorläufer-Modells des *2-MEV*-Ansatzes: *LISREL* steht für *LInear-Structural-RELationships* und vereinigt die statistischen Vorteile der Faktoren- und der Pfadanalyse. Die Methode gilt als eines der schärfsten Analyseverfahren für einen empirischen Theorievergleich. Die Abbildung stammt aus Bogner u. Wiseman (1999); der Analyse liegen 20 Einzel-Items zugrunde, jeweils vier pro Primärfaktor. Später wurden noch die 12 Items der drei Faktoren des *New Environmental Paradigm* zugefügt und mit dem Modell vereinigt (Bogner u. Wiseman 2002) (*err* steht für Meßfehlervarianz)

Diese Stufe des Messansatzes wurde in zweierlei Hinsicht verwendet, einerseits zur Übertragung auf andere, meist internationale Schülerpopulationen, andererseits um das empirische Instrument zur Evaluation von mehrtägigem Freilandunterricht einzusetzen. Um mit dem erstgenannten Punkt zu beginnen: Eine Reihe nachfolgender Erhebungs-Studien nutzte das ursprüngliche bzw. revidierte Item-Set mit ausgewählten Populationen; jedes Mal wurde eine eigene Stichprobe erhoben, so dass letztendlich auf die Antwortmuster mehrerer tausend Schüler zurückgegriffen werden konnte:

• Eine Studie mit rund 3500 Schüler beispielsweise versuchte das in der Literatur immer wieder berichtete Stadt-Land-Gefälle abzubilden (Bogner u. Wiseman 1997). Dabei konnte zwar die dichotome Struktur des Fragebogens bestätigt werden, jedoch nicht der in der Literatur mehrfach beschriebene Unterschied, dass städtische Stichproben eher zum Schutz der Umwelt neigen, in ländlichen Einzugsgebieten eher eine Nutzungstendenz favorisiert würde. Bei Bogner und Wiseman (1997)

waren die festgestellten Antwortmuster jedoch unabhängig vom Ein-
zugsgebiet bis auf wenige Ausnahmen erstaunlich homogen!

• Fünf binationale Studien innerhalb des europäischen Raums suchten die
Gültigkeit der vorgestellten dichotomen Skala in verschiedenen Sprach-
räumen zu bestätigen und dabei die Items mit einer europäischen Gültigkeit (also jenseits von Sprach- und Kulturbarrieren) zu extrahieren
(Bogner u. Wiseman 1996 [N = 742], deutsch-dänischer Vergleich;
Bogner u. Wiseman 1998 [N = 711], deutsch-schweizer Vergleich; Bogner 1998 [N = 924], deutsch-irischer Vergleich; Bogner 2000 [N = 694]:
deutsch-italienischer Vergleich; Bogner u. Wiseman 2002 [N = 901],
deutsch-französischer Vergleich). Diese Vergleichsstudien wurden zwar
auch gemacht, um jeweils Schülerpopulationen vergleichen zu können,
jedoch setzte sie immer eine erneute Bestätigung der Faktorenstruktur
voraus, um überhaupt Vergleiche anstellen zu können. Erst mit einer
solchen Gewährleistung wurde die *2-MEV*-Skala zur Evaluierung entsprechender Schulprogramme außerschulischer Lernorte zu Hause und
im Ausland eingesetzt. Es wurden immer mehrtägige Unterrichtseinheiten untersucht, in denen eine Interaktion mit langfristigen Einstellungen
und Werten erwartet werden konnte (Bogner 1998, 1999, 2002, 2004;
Bogner u. Wiseman 2004; Bogner u. Beyer 2006). Jeder Schüler wurde
dabei vor und nach der Intervention befragt und die Unterschiede in den
beiden Domänen analysiert. Immer wurde mit Hilfe des *2-MEV*-Modells
ein positiver Einfluss auf die Sensibilisierung gegenüber Naturnutzung
und für Naturschutz gefunden.

• Schließlich halfen zwei Kreuzvalidierungsstudien für weitere Sicherheit
im Messansatz. Bogner et al. (2000) [N = 713] untersuchten den Einbezug von Risikoverhalten, einer Messskala aus der damaligen MPI-
Arbeitsgruppe Brengelmann, und fanden eine starke Bestätigung des
Vorhandenseins von nur zwei Unterskalen der höheren Ordnung: Insbesondere die „Nutzer" (*UTL*) scheuten unvorhersehbare Risiken, reagierten mit Wut, wenn ein Risiko eingegangen und nicht aufgegangen war
und zeigten wenig Kontrolle über das eigene Risikoverhalten; die
„Schützer" (*PRE*) dagegen präsentierten sich als gut kontrollierte, vor
allem aber vorsichtige Spieler. Wiseman u. Bogner (2003) [N = 803]
brachten in einer zweiten Kreuzvalidierung das oben schon angespro-
chene Eysenck'sche Persönlichkeitsmodell ins Spiel: Hohe P-Werte
(Psychotizismus), beispielsweise abgebildet durch Egozentrismus und
Agressivität, korrelierten stark mit hohen *UTL*-Werten, also einer anthropozentrischen Sichtweise, hohe N-Werte (Neurotizismus) korrelierten
stark mit hohen *PRE*-Werten, also einer ökozentrischen Präferenz. Da
die Eysenck'sche Skala als eine der bestuntersuchten innerhalb der Psy-

chologie gelten kann, wurde diese Studie gleichzeitig eine wichtige Stütze für das *2-MEV* Modell.

Das *2-MEV*-Modell ist also ein dichotomes Modell, das für zwei Stets von Einstellungen einen theoretischen und psychometrischen Rahmen bietet, den anthropozentrischen Ansatz und den ökozentrischen. Aufbauend auf Rokeach (1968) wurden die involvierten Primärfaktoren als Einstellungen (*attitudes*) benannt und die Faktoren der höheren Ordnung als Werte (*values*), also als ein Set konsistenter Einstellungen definiert (Wiseman u. Bogner 2003): Letztere wurden im Falle von Naturnutzungspräferenzen (*UTIL*) mit einer Tendenz zu *immediate self-orientated gratification* umschrieben, im Falle von Naturschutzpräferenzen (*PRE*) mit *delayed other-oriented gratification*. Im ersten Fall wird die Natur als ausbeutbare Ressource gesehen, die zu unserem ausschließlichen Nutzen verwendet werden kann und deren mögliche Endlichkeit nicht anerkannt wird; im zweiten Fall wird die Natur als Wert an sich angesehen, dessen Schutz über dem Nutzungsgedanken stattfinden muss. Sowohl den Präferenzen für Naturschutz als auch für Natur(aus)nutzung liegen Einstellungen zugrunde, die mit einem anthropozentrischen und ökozentrischen Denken umschrieben werden können. Wie bereits angesprochen, wurden wichtige Aspekte der beiden Einstellungen früher bereits bei Erwachsenen konzeptionalisiert (z. B. Catton u. Dunlap 1978). Anthropozentrisches Denken (also *Preservation*; Tabelle 11 und Abb. 23) wurde beispielsweise mit der *Dominant Western World View*, dem *Human Exemptionalism Paradigm* oder dem *Dominant Social Paradigm* beschrieben und sieht in seinen basalen Wertauffassungen die Natur als nutz- und ausnutzbare Ressource an (Dunlap u. van Liere 1978); Naturnutzungs-Einstellungen spiegeln dabei durchaus traditionelle Werte unserer Gesellschaft wider, in deren Sichtweise die Natur eine unerschöpfliche Quelle menschlichen Nutzens ist; Nutzung und Ausnutzung natürlicher Ressourcen zu unseren Gunsten wird dabei favorisiert und in Konsequenz unsere Dominanz über die Natur legitimiert. Ökozentrisches Denken, zum Beispiel im *New Environmental Paradigm* oder im *New Ecological Paradigm* beschrieben, basiert demgegenüber auf Harmonie mit der Anwaltschaft für die Natur, und es setzt auf konsequenten Naturschutz (Catton u. Dunlap 1978; Cotgrove u. Duff 1981; Blaikie 1992). Natur hat darin einen Eigenwert, der alles miteinander verknüpft, in dem das Ganze durchaus mehr ist als die Summe der Einzelteile und in der Mensch und Natur gleiche Daseinsberechtigungen haben. Die Beziehung der beiden (sich eigentlich widersprechenden) Einstellungen ist letztlich nicht vollends geklärt, da manche von getrennten Einstellungssystemen ausgehen und andere von einem gegensätzlichen Ende eines konzeptualisierten Einstellungssystems (Dunlap u. van Liere 1978; Milbrath 1984).

Auch das *2-MEV*-Modell basiert auf dem genannten Dichotomismus, es wurde in der Originalarbeit (Bogner u.Wiseman 2002) wie folgt beschrieben: *„Ecological values are determined by one's position on two orthogonal dimensions, a biocentric dimension that reflects conservation and protection of the environment (Preservation), and an anthropocentric dimension that reflects the utilisation of natural resources (Utilisation)"*. Unter diesem Dach der beiden übergeordneten Domänen reihen sich die Sets von Primärfaktoren ein, beispielsweise unter *Preservation* das „berichtete Umweltschutzverhalten", die „berichtete Handlungsbereitschaft", das „Genießen der Natur" oder die „Grenzen des Wachstums". Der unbestreitbare Vorteil des *2-MEV*-Modell besteht darin, dass mit vergleichsweise wenigen Items schnell und valide die jugendlichen Präferenzen zu Naturschutz und Naturnutzung erfasst werden können.

Das *2-MEV*-Modell wurde in Bogner u. Wiseman (1999, 2002) erstmals publiziert. Ein Modell kann erst dann als annehmbar gelten, wenn es von unabhängiger Seite kritisch gegengetestet wurde und dabei nicht falsifiziert werden konnte. Genau dies geschah im Falle des *2-MEV*-Modells mit einer psychologisch-technischen Studie von Milfont u. Dukitt (2004), die sich beide auf der Basis einer mittelgroßen Stichprobe kritisch mit dem Modell auseinandersetzten. Sie fügten zum einen zwei weitere Primärfaktoren an (erschwerten damit die Bestätigung des Modells) und kreuzvalidierten das Modell mit weiteren zwei Faktoren höherer Ordnung. Im Ergebnis ihrer Studie bestätigten beide Autoren jedoch das Modell. Die dichotome Struktur des Umweltbewusstseins und ihre empirische Messbarkeit mit vergleichsweise wenigen Items kann daher als gegeben angenommen werden.

Vor kurzem wurden die Items des *2-MEV*-Modells in ein laufendes europäisches Forschungsprojekt eingebracht, das sich unter anderem mit Umweltbildung und Umweltpräferenzen auseinandersetzt. Die Zielgruppe dieses *BIOHEAD-Citizen-Projekts* waren nicht Schüler, sondern Lehramtsstudenten und Lehrer, die in 20 europäischen und nordafrikanischen Ländern einer umfassenden Befragung unterzogen wurden. Aus Ressourcengründen wurden nur die neun bestladenden Items aus dem *2-MEV*-Modell in den Item-Satz des vielseitigen Fragebogens eingebracht. Dieses spezifische Itemset konnte inzwischen aus den Datensets von 17 verschiedenen Ländern ausgewertet werden, die nord-, ost-, west-, süd- und mitteleuropäische Länder und vier Mittelmeeranrainerstaaten deutlich unterschiedlichen Entwicklungsstandes einschlossen. Dennoch wies die faktorenanalytische Auswertung klar beide Item-Domänen nach und zeigte trotz der enormen Stichprobendiversität eine überraschend hohe Stabilität und Validität der Itemstruktur.

Literatur

Arcury T, Johnson TP, Scollay SJ (1986) Ecological worldview and environmental knowledge: The "new environmental paradigm". Journal of Environmental Education 17(4):35–40

Blaikie WH (1992) The Nature and Origins of Ecological World Views: An Australian Study. Social Science Quarterly 73(1):144–165

Bogner FX (1998) The Influence of Short-Term Outdoor Ecology Education on Long-Term Variables of Environmental Perception. Journal of Environmental Education 29:17–29

Bogner FX (1998) Environmental Perception of Irish and Bavarian Adolescents. A Comparative Empirical Study. The Environmentalist 18:27–38

Bogner FX (1999) Empirical Evaluation of an Educational Conservation Programme Introduced in Swiss Secondary Schools. International Journal of Science Education 21:1169–1185

Bogner FX (2000) Adolescent Environmental Perception of Italian and Five European Non-Mediterranean Pupil Populations. Fresenius Environmental Bulletin 9:570–581

Bogner FX (2002) Environmental Perception and Residential Outdoor Education. Journal of Psychology of Education 17(1):19–34

Bogner FX (2004) Environmental Education: One Programme – Two Results? Fresenius Environmental Bulletin 13(9):814–819

Bogner FX, Beyer HP (2006) Empirical Numbers Must Represent Real Numbers: Learning About Species Protection in a Zoo. Fresenius Environmental Bulletin 15(8):1–5

Bogner F, Wilhelm G (1996) Environmental Perception of Pupils. Development of an Attitude and Behaviour Scale. The Environmentalist 16:95–110

Bogner FX, Wiseman M (1996) Association Tests and Outdoor Ecology Education. European Journal of Psychology of Education 12:89–102

Bogner FX, Wiseman M (1996) Environmental Perception of Danish and Bavarian Pupils. Towards a Methodological Framework. Scandinavian Journal of Educational Research 41:53–71

Bogner FX, Wiseman M (1997) Environmental Perception of Rural and Urban Pupils. Journal of Environmental Psychology 17:111–122

Bogner FX, Wiseman M (1998) Environmental Perception of Swiss and Bavarian Pupils. Swiss Journal of Sociology 24:547–566

Bogner FX, Wiseman M (1999) Towards Measuring Adolescent Environmental Perception. European Psychologist 4:139–151

Bogner FX, Wiseman M (2002) Environmental Perception of Pupils from France and Four European Regions. Journal of Psychology of Education 17(1):3–18

Bogner FX, Wiseman M (2002) Environmental Perception: Factor Profiles of Extreme Groups. European Psychologist 7:225–237

Bogner FX, Wiseman M (2004) Outdoor ecology education and pupils' environmental perception in Preservation and Utilisation. Science Education International 15(1):27–48

Bogner FX, Wiseman M (2006) Adolescents' attitudes towards nature and environment: Quantifying the 2-MEV model. The Environmentalist 26:231–237

Bogner FX, Brengelmann JC, Wiseman M (2000) Risk-taking and Environmental Perception. The Environmentalist 20:49–62

Cattell RB (1946) Description and measurement of personality. Harcourt, NY

Catton WR, Dunlap RE (1978) Environmental Sociology: A New Paradigm. Amercian Sociologist 13:41–49

Cotgrove S, Duff A (1981) Environmentalism. Values and Social Change. British Journal of Sociology 32:92–110

Dunlap R, van Liere KD (1978) The ‚New Environmental Paradigm'. Journal of Environmental Education 9(4):10–19

Dunlap R, van Liere KD (1984) Commitment to the Dominat Social Paradigm and concern for environmental quality. Social Science Quarterly 65:1013–1028

Diekmann A, Preissendörfer P (1992) Persönliches Umweltverhalten. Kölner Zeitschrift der Sozialpsychologie 44:226–251

Eysenck HJ (1960) The structure of human personality. Routledge & Kegan, London

Eysenck HJ, Eysenck SBG (1968) The measurement of psychoticism: a study of factor stability and reliability. British Journal of Social and Clinical Psychology 7:286–294

Hines JM, Hungerford HR, Tomera AN (1987) Analysis and synthesis of research on responsible environmental behaviour: A meta-analysis. Journal of Environmental Education 18:1–8

Leeming CL, Dwyer WO, Bracken BA (1995) Children's Environmental Attitude and Knowledge Scale: Construction and Validation. Journal of Environmental Education 26:22–31

Leeming FC, Dwyer WO, Porter BE, Cobern MK (1993) Outcome Research in Envi-ronmental Education. Journal of Environmental Education 24:8–21

Milbrath LW (1984) Environmentalists: Vanguard for a new society. Albany Univ Press, NY

Milfont TL, Duckitt J (2004) The structure of environmental attitudes: a first- and second-order confirmatory factor analysis. Journal of Environmental Psychology 24(3):289–303

Rokeach M (1968) Beliefs, attitudes and values. Jossey-Bass, San Francisco

Schahn J, Holzer E (1990) Konstruktion, Validierung und Anwendung von Skalen zur Erfassung des individuellen Umweltbewusstseins. Zeitschrift für Differentielle Diagnostik der Psychologie 11(3):184–204

Urban D (1986) Was ist Umweltbewusstsein? Exploration eines mehrdimensionalen Einstellungskonstrukts. Zeitschrift für Soziologie 15(5):363–377

Wiseman M, Bogner FX (2003) A higher order model of ecological values and its relationship to personality. Personality and Individual Differences 34:783–794

20 Theorien und Methoden der Expertise-forschung in biologiedidaktischen Studien

Angela Sandmann

Die Erklärung und Vorhersage von Lernleistungen im Fach Biologie sind seit langem zentrale Fragen der biologiedidaktischen Forschung. Unabhängig davon, ob die Wirkung einer Unterrichtsmethode bzw. eines Unterrichtsmediums analysiert wird oder ob individuelle Lehr- und Lernvoraussetzungen bzw. Rahmenbedingungen fachlichen Lernens im Mittelpunkt des Forschungsinteresses stehen, in vielen Studien geht es um die Untersuchung von Lernprozessen und die damit verbundenen Lernleistungen im Fach Biologie.

Expertiseforschung als relativ junges Teilgebiet der Kognitionspsychologie widmet sich der Erklärung der Wissens-, Problemlöse- und Lernleistungen von Experten in einem bestimmten Fachgebiet (Domäne) als Resultat eines langfristigen Lernprozesses in diesem Inhaltsbereich. Der Fokus des Erkenntnisinteresses liegt dabei auf der Expertiseentwicklung, also auf der Frage, wie man zu hohen Leistungen in einem Fach gelangt. Untersucht wird dies mittels Lern- und Problemlöseaufgaben, wie sie üblicherweise beim Lehren und Lernen in der jeweiligen Domäne genutzt werden.

Durch diesen sehr fachspezifischen Blick auf Lernen und die Orientierung auf die Kompetenzentwicklung in einer Domäne bietet die Expertiseforschung im Gegensatz zu anderen pädagogisch-psychologischen Forschungsfeldern theoretisch wie methodisch eine sehr geeignete Basis für fachdidaktische Forschungsvorhaben. Beispielsweise empfiehlt Klieme et al. (2003) in der Expertise zur Entwicklung nationaler Bildungsstandards für die Entwicklung fachspezifischer Kompetenzstruktur- und Kompetenzentwicklungsmodelle einen Kompetenzbegriff, wie er in der Expertiseforschung verstanden wird.

Forschungsergebnisse auf dem Hintergrund von Theorien und Methoden der Expertiseforschung liegen bislang zahlreich für die Domänen Schach, Mathematik und Physik vor, aber auch in nennenswerter Zahl für die Chemie, Biologie und Medizin. Einen Überblick über Ergebnisse der Expertiseforschung geben Chi et al. (1988), Ericsson u. Smith (1991), Gruber (1994), Gruber u. Mandl (1996) sowie Gruber u. Ziegler (1996). Zentrale Begriffe der Expertiseforschung sind in der Abbildung 24 zusammengefasst und werden im Folgenden erklärt.

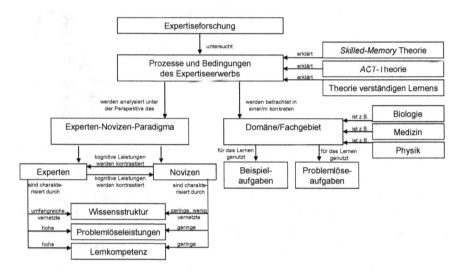

Abb. 24. *Concept-Map* zu zentralen Begriffen der Expertiseforschung

20.1 Das Experten-Novizen-Paradigma

In der Expertiseforschung werden typischer Weise die Leistungen von Personen mit hoher fachlicher Expertise (Experten) den Leistungen von Personen mit niedriger Expertise (Novizen) kontrastiv gegenübergestellt (Experten-Novizen-Paradigma). Der Expertisebegriff wird dabei als relativ betrachtet, d. h. ein Experte verfügt im Vergleich zu einem Novizen in dem betrachteten Fachgebiet über größere Fähigkeiten. Aus dem Vergleich von novizenhaften mit expertenhaften Leistungen werden Erkenntnisse über Erfolg versprechende Lern- und Problemlöseprozesse in einem Fach abgeleitet. In den Studien wird dabei zwischen Experten und Novizen auf Schulniveau (z. B. Chi et al. 1994; Friege 2001; Lind u. Sandmann 2003), im Bereich des Studiums (z. B. Renkl 1997; Stark 1999), im Berufsleben oder bei Freizeitaktivitäten wie dem Schach spielen (z. B. Gruber u. Ziegler 1993) bzw. auch über Bereiche hinweg (z. B. Bromme u. Bünder 1995; Savelsbergh et al. 1997) unterschieden.

Nach Gruber (1994) im Anschluss an Posner (1988) ist „ein Experte [ist] eine Person, die auf einem bestimmten Gebiet dauerhaft (also nicht zufällig oder singulär) herausragende Leistungen erbringt." Ein Novize ist demgegenüber eine Person, die in einem Fachgebiet „neu" ist, also ein Anfänger. Wenn es um den Vergleich von mehr als zwei Personen oder Gruppen geht, werden in der Literatur neben den Begriffen Experte und Novize zum Teil weitere Differenzierungen z. B. in *good novices, poor novices* und *experts* vorgenommen (de Jong u. Ferguson-Hessler 1986). Patel u. Groen (1991) unterscheiden sogar zwischen sechs Stufen *layperson, beginner, novice, intermediate, semiexpert* und *expert.*

Die Bestimmung des Expertisegrades einer Person ist abhängig von der untersuchten Domäne. Nur in Relation zum jeweiligen Inhaltsbereich kann bestimmt werden, was herausragende Leistungen in diesem sind. Im Allgemeinen kommen drei Verfahren zur Anwendung. Vor allem in den Anfängen der Expertiseforschung wurden häufig nominale Kriterien wie besondere Auszeichnungen, Qualifikationen oder die Dauer der Erfahrungen in einer Domäne zur Festlegung des Expertisegrades genutzt. Es hat sich jedoch herausgestellt, dass diese nicht in jedem Fall zuverlässig die fachspezifischen Fähigkeiten der Personen charakterisierten. In den schulnahen Domänen werden Noten, Prüfungsergebnisse oder Leistungstests zur Bestimmung des Expertisegrads einer Person bevorzugt herangezogen. In der Regel beziehen sich die Tests auf den Umfang und die Strukturiertheit des Fachwissens und die fachspezifische Problemlöseleistung. Dabei wird davon ausgegangen, dass die Leistungen in den gewählten Tests hoch mit dem Expertisegrad der Personen korrelieren. Die zuverlässigste aber sehr aufwendige Zuordnung von Personen zu Expertisestufen erfolgt durch ein valides Messinstrument, mit Hilfe dessen Gruppen unterschiedlicher Expertise so gebildet werden, dass der Mittelwertsunterschied zwischen diesen möglichst groß ist. Ein Überblick über Studien, in denen die unterschiedlichen Methoden der Bestimmung von Expertise angewandt wurden, findet sich in Friege (2001).

20.2 Ansätze zur Erklärung fachlicher Expertise

In der Expertiseforschung wird davon ausgegangen, dass Experten ihre herausragenden Fähigkeiten durch langjährige Auseinandersetzung mit den Inhalten eines Fachgebietes erworben haben. Jeder Experte hat also in seinem Fach irgendwann einmal als Novize begonnen. Aber nicht jeder Novize wird trotz intensiven Lernens expertenhafte Leistungen erzielen. Die Frage nach den Bedingungen des Erwerbs fachlicher Expertise, also die Frage nach dem Weg vom Novizen zum Experten, ist für die Gestaltung von Unterricht von großem Interesse.

Zur Erklärung der Entstehung von Expertise in einem Fach sind drei theoretische Ansätze in der Diskussion, die sich gegenseitig nicht ausschließen, sondern vielmehr einander ergänzen (Ericsson u. Smith 1991):

1. In der **Skilled-Memory Theory** von Chase u. Ericsson (1981, 1982) bzw. Ericsson u. Staszewski (1989) und in der Weiterentwicklung in Form der *Long-Term Working Memory Theory* von Ericsson u. Kintsch (1995) werden die herausragenden Fachleistungen von Experten auf ihre überdurchschnittlichen Gedächtnisleistungen zurückgeführt. Der Erwerb von Expertise wird als Veränderung des Gedächtnisses beschrieben. Der *Skilled-Memory* Effekt (Chase u. Simon 1973) benennt die Fähigkeit von Experten, sich in ihrer Expertisedomäne scheinbar über die Kapazitätsbeschränkung des Arbeitsgedächtnisses von 7 ± 2 Informationseinheiten hinaus Sachverhalte in kurzer Zeit merken zu können. Erklärt wird dieser Effekt durch

   – umfangreiches, stark vernetztes Wissen, welches reiche Rückgriffsmöglichkeiten bietet,
   – intensives *Chunking*, d. h. Verketten von Information im Arbeitsgedächtnis (Chase u. Simon 1973) und
   – effiziente Nutzung des Langzeitgedächtnisses (Chase u. Ericsson 1982, Ericsson u. Staszewski 1989).

   Danach sind Experten eher in der Lage, neue domänenspezifische Information durch bedeutungsvolle Assoziationen mit bereits Gelerntem zu verknüpfen. Darüber hinaus haben sie im Laufe des Expertiseerwerbs hierarchisch geordnete, effiziente Mechanismen des Abrufs von Information aus dem Langzeitgedächtnis entwickelt, mit Hilfe derer sie schnell und sicher größere Mengen von Wissen gezielt abrufen können. Durch intensive Praxis und langfristige Beschäftigung mit den Domäneninhalten erreichen sie im Vergleich zu Novizen höhere Geschwindigkeiten in der Speicherung und im Abruf von Wissen, so dass das Langzeitgedächtnis Charakteristika der Zugriffsstrukturen des Arbeitsgedächtnisses übernimmt. Ericsson u. Kintsch (1995) unterscheiden in diesem Zusammenhang zwischen Kurzzeit-Arbeitsgedächtnis (*Short-Term Working Memory*) und Langzeit-Arbeitsgedächtnis (*Long-Term Working Memory*), wobei in letzterem Wissen länger gespeichert und durch Schlüsselreize hoch effizient abgerufen werden kann.

2. Der Expertiseerwerb als Folge von Routinelernen und intensiver Praxis steht im Zentrum der **ACT-Theorie** (*Adaptive Control of Thought*) von Anderson (z. B. 1996, 2000). Ausgehend von der Unterscheidung von deklarativem und prozeduralem Wissen wird der Expertiseerwerb als Prozess der Proceduralisierung deklarativen Wissens durch intensive

Praxis beschrieben. Fachkompetenz entsteht im Übergang von deklarativen zu prozeduralen Wissensstrukturen durch kontinuierliches Anwenden und Üben, so dass der Wissenserwerb und die Wissensanwendung bei der Bearbeitung fachspezifischer Probleme stetig schneller, sicherer und fehlerfreier verlaufen. Es wird angenommen, dass sich Kompetenzaufbau in drei Stufen vollzieht (Anderson 1983; Fitts u. Posner 1967). Zunächst geht es um die Akkumulation deklarativen (nur assoziativ vernetzten, wenig anwendbaren) Wissens und deren Speicherung unter Nutzung allgemeiner Strategien (*Accumulation*). Im zweiten Schritt wird dieses Wissen durch wiederholte Anwendung unter Nutzung fachspezifischer Strategien prozeduralisiert, d. h. Fachwissen wird in Bezug auf spezifische Anwendungssituationen vernetzt und mit Handlungsmustern assoziiert (*Compilation*). Übung und Anwendung des Wissens in verschiedenen Anwendungssituationen über einen langen Zeitraum führt letztlich zur Feinabstimmung in Bezug auf die sichere Wissensanwendung in immer unterschiedlicheren Problemlösesituationen, im Extrem bis zur unbewussten Wissens- und Strategieanwendung (*Tuning*). Diese letzte Stufe des Kompetenzerwerbs ist für schulisches Lernen wenig relevant, da sie innerhalb des Regelunterrichts kaum zu entwickeln ist. Kompetenzaufbau im Rahmen von Fachunterricht sollte sich vor allem in dem Vermögen zeigen, die vernetzt erworbenen deklarativen Wissensstrukturen zu prozeduralisieren, d. h. fachspezifische Probleme in unterschiedlichen Anwendungssituationen lösen zu können. Im Unterricht sollte dazu deklaratives Wissen nicht memoriert, sondern in seiner Anwendung gelernt und innerhalb fachspezifischer Problemlöseprozesse genutzt werden.

3. Der dritte Theorieansatz versucht **Expertiseentwicklung als Ergebnis verständigen Lernens** zu beschreiben. Fachliche Expertise entsteht durch planvolles Vorgehen und kontinuierliches Schlussfolgern. Diesen Ansatz haben insbesondere die Arbeiten der Arbeitsgruppe um Chi zum Lernen mit Beispielaufgaben in naturwissenschaftlichen Domänen vorangetrieben (Chi u. Bassok 1989; Chi et al. 1989, 1994; Chi u. Van-Lehn 1991). Zentral für das Lernen mit Beispielaufgaben und die Expertiseentwicklung ist das **Selbsterklären**, erhoben durch Protokolle lauten Denkens (Ericsson u. Simon 1984, 1993). Selbsterklärungen sind inhaltsbezogene Kommentare, die Lernende beim Durcharbeiten von Beispielaufgaben, Lehrtexten oder auch beim Lösen von Problemaufgaben äußern (Chi u. VanLehn 1991). Nach Chi et al. (1994) ist Selbsterklären eine konstruktive Aktivität, d. h. es wird neues Wissen erzeugt. Selbsterklären fördert die Integration des neu gelernten Wissens in das bestehende Wissen. Es erfolgt schrittweise und kontinuierlich, nicht nach ei-

nem vorher gefassten Plan, sondern durch die Interaktion von Vorwissen und Lernmaterial. Die Wirksamkeit des Selbsterklärens in Bezug auf das Lernen in den mathematisch-naturwissenschaftlichen Fächern ist vielfach belegt (z. B. Physik: Chi et al. 1989; Chi u. Bassok 1989; Chi u. VanLehn 1991; Ferguson-Hessler u. de Jong 1990. Biologie: Chi et al. 1994). Experten und Novizen unterscheiden sich quantitativ und qualitativ in der Nutzung des Selbsterklärens beim Lernen. Experten formulieren unter Nutzung ihres Vorwissens mehr und inhaltlich tiefgründigere Statements als Novizen, sie verwenden darauf mehr Zeit, und sie sind letztlich erfolgreicher beim Lösen fachspezifischer Probleme (Renkl 1997; Stark 1999; Lind u. Sandmann 2003; Lind et al. 2005).

20.3 Methoden der Expertiseforschung

Die zentrale Untersuchungsmethode der Expertiseforschung sind **kontrastive Studien** (Experten-Novizen-Vergleiche), in denen die Leistungen von Personen unterschiedlichen Expertisegrades beim Lösen domänenspezifischer Aufgaben verglichen werden (s. 20.1). Der Vorteil kontrastiver Studien besteht vor allem darin, dass hierbei interindividuelle Leistungsunterschiede von Personen besonders deutlich sichtbar werden (Gruber 1994). Darüber hinaus bieten kontrastive Studien die Möglichkeit, Modelle über die Entwicklung von Expertise (z. B. Kompetenzentwicklungsmodelle) aufzustellen und zu überprüfen. Nach Gruber (1994) können mit Experten-Novizen-Vergleichen drei zentrale Ziele verfolgt werden:

1. die Untersuchung von Unterschieden und Gemeinsamkeiten zwischen Personen unterschiedlichen Expertisegrades,
2. die Untersuchung der Expertiseentwicklung in einer Domäne unter der Annahme, dass diese durch eine querschnittliche Untersuchung angenähert werden kann und
3. die Untersuchung charakteristischer Merkmale von Expertise in einer Domäne.

Eine Schwierigkeit, die kontrastive Studien in sich bergen, ist das Problem der Unter- bzw. Überforderung der Versuchspersonen durch das ausgewählte Aufgabenmaterial. Die einzusetzenden Testaufgaben sollen in einem großen Leistungsspektrum differenzieren und dürfen dabei jedoch nicht zu leicht für die Experten und nicht zu schwer für die Novizen sein. Als Kompromiss ist daher der Einsatz „mittelschwerer Aufgaben" anzustreben (Gruber 1994). Eine weitere Schwierigkeit liegt in der Vergleichbarkeit der Studien. Die domänenspezifische Betrachtung von Expertise führt zwar zu spezifischen Aussagen über die Leistungen in der Domäne, jedoch erschwert die Inhaltsspezifik gleichzeitig eine Vergleichbarkeit und Übertragbarkeit von Erkenntnissen auf andere Domänen. Da der Expertisegrad von Personen in unterschiedlichen Studien oft auf verschiedene Arten bestimmt wird, ergibt sich auch daraus ein Problem bezüglich der Vergleichbarkeit der Ergebnisse.

Weiterhin werden in der Expertiseforschung Längsschnitt- und Trainingsstudien durchgeführt, um die Entwicklung von Expertise über einen längeren Zeitraum zu untersuchen. **Längsschnittstudien** liefern dazu sicher die profundesten Ergebnisse. Unter praktischen Gesichtspunkten sind sie aber mit einem hohen zeitlichen und materiellen Aufwand verbunden. Eine Schwierigkeit in der Versuchsplanung und Durchführung besteht insbesondere in der Versuchspersonenauswahl und -rekrutierung. So muss der Umfang von Längsschnittstudien zu Beginn relativ groß sein, da es von vornherein nicht abzuschätzen ist, ob jede teilnehmende Person zu den langfristig angelegten Messzeitpunkten noch verfügbar ist bzw. welche Expertiseentwicklung die einzelnen Personen in der untersuchten Domäne durchlaufen, d. h. ob sie sich überhaupt zum Experten entwickeln. Aufgrund der anspruchsvollen Studienvoraussetzungen ist es nicht besonders erstaunlich, dass bislang kaum Ergebnisse zur Expertiseentwicklung aus Längsschnittstudien vorliegen. Ein Beispiel für eine Längsschnittstudie in der Domäne Schach findet sich bei Gruber et al. (1994).

Ergebnisse zur Expertiseentwicklung können auch aus **Trainingsstudien** gewonnen werden. Meist unter Laborbedingungen werden Experten und Novizen in einer Domäne mittels dazu speziell entwickelter Lernmaterialien intensiv geschult. Diese Studien fokussieren vielfach auf die Analyse von Problemlöse- bzw. Lernprozessen bei der Auseinandersetzung mit Beispielaufgaben (z. B. Stark 1999; Mackensen-Friedrichs 2005). Auch hierbei bedeutet die intensive Schulung (teilweise über mehrere hundert Stunden) einen hohen Zeitaufwand für die Versuchspersonen und die Versuchsleiter. Darüber hinaus sind Trainingsstudien mit dem methodischen Problem behaftet, dass hypothetische Überlegungen zum Verlauf der Expertiseentwicklung zwangsläufig in die Konzeption der Lernmaterialien einfließen müssen.

20.4 Problemlösestrategien von Experten und Novizen beim Lösen von Stammbaumaufgaben – ein Beispiel aus der empirischen biologiedidaktischen Forschung[1]

Wie eingangs erwähnt, sind die Erklärung und Vorhersage von Lernleistungen ein zentrales Problem fachdidaktischer Forschung. Mit dieser Intention und auf dem theoretischen und methodischen Hintergrund der Expertiseforschung wurden in der Biologie- und Physikdidaktik mehrere Projekte zur Analyse von Lern- und Problemlösestrategien in Relation zum Lernerfolg durchgeführt (s. Kroß u. Lind 2000; Sandmann et al. 2002, 2004; Lind u. Sandmann 2003, Lind et al. 2004, 2005; Mackensen-Friedrichs 2005). Im Folgenden wird aus diesem Forschungszusammenhang heraus ein Teilprojekt und dessen Ergebnisse als ein Beispiel für empirische biologiedidaktische Forschung skizziert.

Ziel des Teilprojektes war die Analyse der Problemlöseprozesse von Experten und Novizen der Biologie beim Lösen von Stammbaumaufgaben. Es sollte überprüft werden, inwieweit Biologieexperten und Biologienovizen, die beim Lernen aus Beispielaufgaben angewandten Strategien auch für die Lösung ähnlicher Problemaufgaben nutzen.

Die **Stichprobe** bestand aus je 20 erfolgreichen Teilnehmern der Auswahlwettbewebe zur Internationalen Biologie- und Physikolympiade (N = 40), die aufgrund dieses Nominalkriteriums (erfolgreiche Teilnehmer) für diese Studie ausgewählt wurden. Die Teilnehmer der Auswahlwettbewerbe zur Internationalen Biologieolympiade können aufgrund ihrer domänenspezifischen Leistungen als Biologieexperten, die Teilnehmer der Auswahlwettbewerbe zur Internationalen Physikolympiade als Biologienovizen angesehen werden. Beide Teilstichproben verfügen über umfangreiche Lern- und Problemlöseerfahrung, sie besitzen diese jedoch in unterschiedlichen Domänen, in Biologie bzw. in Physik.

Das **Studiendesign** sah vor, dass alle Versuchspersonen jeweils mit einer vergleichbar langen Sequenz von Beispielaufgaben in Biologie und Physik lernen und im Anschluss daran jeweils ähnliche Problemlöseaufgaben bearbeiten. Thema der Lern- und Problemlöseaufgaben in der Biologie war die Vererbung des Retinoblastoms, einer Tumorerkrankung der Augen. Die Datenerhebung erfolgte durch die Methode des lauten Denkens (Ericsson u. Simon 1993), d. h. alle Selbsterklärungen, die die Lernenden während der Bearbeitung der Beispielaufgaben bzw. der Problemaufgaben

---

[1] Das Teilprojekt zu Problemlösestrategien von Experten und Novizen beim Lösen von Stammbaumaufgaben wurde durch die DFG gefördert. Die Auswertungen dazu wurden von Mareike Hosenfeld am Leibniz-Institut für die Pädagogik der Naturwissenschaften (IPN) in Kiel durchgeführt.

äußerten, wurden aufgezeichnet, transkribiert, auf der Basis lerntheoretischer Ansätze kategorisiert und faktorenanalytisch ausgewertet (s. Lind u. Sandmann 2003; Lind et al. 2004, 2005).

Im **Ergebnis** stellte sich zunächst heraus, dass das zur Beschreibung experten- und novizenhaften Schülerverhaltens beim Lernen mit Beispielaufgaben gut geeignete Kategoriensystem sich nicht für die Beschreibung des Problemlöseverhaltens eignete. Es konnten zwar einzelne Elemente des Problemlösens unterschieden werden, aber eine Differenzierung experten- und novizenhafter Problemlösestrategien ergab diese Kategorisierung nicht. Aufgrund dessen wurde in einem zweiten Schritt versucht, die Problemlöseprozesse mittels aufgabenspezifischer Kategorien abzubilden. In Anlehnung an Hackling u. Lawrence (1988) und Hackling (1994) wurden für die Stammbaumprobleme folgende Kategorien betrachtet:

- das Testen von Hypothesen
- die Identifizierung von Lösungshinweisen
- die Zuweisung von Genotypen

Mit Hilfe dieser Kategorien war es faktorenanalytisch möglich, die Problemlösestrategien differenziert zu beschreiben. Erfolgreiche Problemlöser identifizieren demnach eindeutigere und für die Lösung entscheidendere Hinweise in den Familienstammbäumen und sie bestärken bzw. falsifizieren konsequent ihre Hypothesen. Die Zuweisung von Genotypen zu den Personen im Stammbaum nutzen erfolgreiche Lernende dagegen eher selten. Wenig erfolgreiche Problemlöser identifizieren meist nur offensichtliche Hinweise auf Lösungsmöglichkeiten im Stammbaum und ziehen aus diesen teilweise unzulässige Schlussfolgerungen. Hypothesen werden nicht konsequent getestet, Alternativen nicht geprüft. Häufig wird auf das Zuweisen von Genotypen als Lösungsansatz zurückgegriffen, und dies geschieht auch nicht fehlerfrei. Betrachtet man die Nutzung der untersuchten Strategien in Relation zum Vorwissen der Lernenden und zum Problemlöseerfolg, ergeben sich hoch signifikante Korrelationen von $r = .49-.64$ ($p < 0{,}01$).

Auf der Basis aufgabenspezifischer Kategorisierungen ließen sich somit faktorenanalytisch zwei Problemlöseprofile identifizieren. Erfolgreiches, expertenhaftes Lösen von Stammbäumen ist vorwissensbasiert und beruht auf konsequentem Hypothesentesten auf der Basis relevanter Lösungshinweise und Schlussfolgerungen. Weniger erfolgreiches, eher novizenhaftes Lösen von Stammbaumproblemen ist dagegen durch relativ wenig Vorwissen und die Zuweisung von Genotypen gekennzeichnet. Forschungsmethodisch scheinen aufgabenübergreifende Analysen zu unspezifisch zu sein, um Erfolg versprechende Problemlöseprozesse erfassen und beschreiben zu können. Mittels inhalts- und aufgabenspezifischer Analysen kann dagegen der Problemlöseerfolg in Abhängigkeit vom Vorwissen erklärt werden.

20.5 Ausblick

Die Ausrichtung des Fachunterrichts auf Kompetenzentwicklung und Standards bedarf der Entwicklung fachspezifischer Kompetenzstruktur- und Entwicklungsmodelle. Forschungsergebnisse auf dem Hintergrund der Expertiseforschung zielen immer auf die Erklärung domänenspezifischer Expertiseentwicklung ab und lassen somit Aussagen über die Kompetenzentwicklung in einem Fach zu. Die Betrachtung von Extremgruppen im Sinne des Experten-Novizen-Paradigmas hat sich in vielen empirischen Studien der Lehr- und Lernforschung als methodisch sehr sinnvoll erwiesen, da durch die Kontrastierung Effekte klarer zum Ausdruck kommen. Biologiedidaktisch interessante Zielstellungen könnten beispielsweise die Untersuchung qualitativer Unterschiede im Verständnis grundlegender biologischer Konzepte auf unterschiedlichen Expertiseniveaus und deren Entwicklung sein bzw. die Untersuchung neuer instruktionaler Möglichkeiten zur Unterstützung von Kompetenzentwicklung im Biologieunterricht.

Literatur

Anderson JR (1983) The Architecture of Cognition. Harvard Univ Press, MA

Anderson JR (1996) Rules of the Mind. Erlbaum, Hillsdale NJ

Anderson JR (2000) Kognitive Psychologie: Eine Einführung, 2. Aufl. Spektrum, Heidelberg

Bromme R, Bünder W (1995) Fachbegriffe und Arbeitskontext: Unterschiede in der Struktur chemischer Fachbegriffe bei verschiedenen Untergruppen. Sprache und Kognition 13:177–190

Chase WG, Ericsson KA (1981) Skilled memory. In: Anderson JR (ed) Cognitive skills and their acquisition. Erlbaum, Hillsdale NJ, pp 141–189

Chase WG, Ericsson KA (1982) Skill and working memory. In: Bower GH (ed) The psychology of learning and motivation. Academic Press, NY, pp 1–58

Chase WG, Simon HA (1973) The mind's eye in chess. In: Chase WG (ed) Visual information processing. Academic Press, NY, pp 215–281

Chi, MTH, Bassok M (1989) Learning from examples via self-explanations. In: Resnick LB (ed) Knowing, learning, and instruction: Essays in honour of Robert Glaser. Erlbaum, Hillsdale NJ, pp 251–282

Chi MTH, VanLehn KA (1991) The content of physics self-explanations. The Journal of the Learning Sciences 1(1):69–105

Chi MTH, Glaser R, Farr MJ (1988). The Nature of Expertise. Erlbaum, Hillsdale NJ

Chi MTH, de Leeuw N, Chiu MH, LaVancher C (1994) Eliciting self-explanations improves understanding. Cognitive Science 18:439–477

Chi MTH, Bassok M, Lewis MW, Reimann P, Glaser R (1989) Self-Explanations: How students study and use examples in learning to solve problems. Cognitive Science 13:145–182

de Jong T, Ferguson-Hessler MGM (1986) Cognitive Structure of Good and Poor Novice Problem Solvers in Physics. Journal of Educational Psychology 78(4):279–288

Ericsson KA, Kintsch W (1995) Long-Term Working Memory. Psychological Review 102(2):211–245

Ericsson KA, Simon HA (1984/1993) Protocol analysis: Verbal reports as data. MIT, Cambridge MA

Ericsson KA, Smith J (1991) Toward a general theory of expertise. Prospects and limits. Cambridge Univ Press, Cambridge

Ericsson KA, Staszewski JJ (1989) Skilled memory and expertise: Mechanisms of exceptional performance. In: Klahr D, Kotovsky K (eds) Complex information processing: The impact of Herbert A. Simon. Erlbaum, Hillsdale NJ, pp 235–267

Ferguson-Hessler MGM, de Jong T (1990) Studying physics texts: Differences in study processes between good and poor performers. Cognition and Instruction 7:41–54

Fitts PM, Posner MI (1967) Human performance. CA Brooks Cole, Belmont

Friege G (2001) Wissen und Problemlösen. Eine empirische Untersuchung des wissenszentrierten Problemlösens im Gebiet der Elektrizitätslehre auf der Grundlage des Experten-Novizen Vergleichs. Logos, Berlin

Gruber H (1994) Expertise. Modelle und empirische Untersuchungen. Westdeutscher Verlag, Opladen

Gruber H, Mandl H (1996) Das Entstehen von Expertise. In: Hoffmann J, Kintsch W (Hrsg) Enzyklopädie der Psychologie, Bd 7. Hogrefe, Göttingen, S 583–615

Gruber H, Ziegler A (1993) Temporale Wissensstrukturierung mit Hilfe Mentaler Modelle. Sprache & Kognition 3:145–156

Gruber H, Ziegler A (1996) Expertiseforschung: Theoretische und methodische Grundlagen.Westdeutscher Verlag, Opladen

Gruber H, Renkl A, Schneider W (1994) Expertise und Gedächtnisentwicklung. Längsschnittliche Befunde aus der Domäne Schach. Zeitschrift für Entwicklungspsychologie und Pädagogische Psychologie 36(1):53–70

Hackling MW (1994) Application of genetics knowledge to the solution of pedigree problems. Research in Science Education 24(1)147–155

Hackling MW, Lawrence JA (1988) Expert and novice solutions of genetic pedigree problems. Journal of Research in Science Teaching 25(7):531–546

Klieme E, Avenarius H, Blum W, Döbrich P, Gruber H, Prenzel M, Reiss K, Riquarts K, Rost J, Tenorth HE, Vollmer HJ (2003) Zur Entwicklung nationaler Bildungsstandards. Eine Expertise. Deutsches Institut für Internationale Pädagogische Forschung, Frankfurt am Main

Kroß A, Lind G (2000) Einfluß des Vorwissens auf Intensität und Qualität des Selbsterklärens beim Lernen mit biologischen Beispielaufgaben. Unterrichtswissenschaft 1:5–25

Lind G, Sandmann A (2003) Lernstrategien und Domänenwissen. Zeitschrift für Psychologie 211(4):171–192

Lind G, Friege G, Sandmann A (2005) Selbsterklären und Vorwissen. Empirische Pädagogik 19(1):1–27

Lind G, Friege G, Kleinschmidt L, Sandmann A (2004) Beispiellernen und Problemlösen. ZfDN 10:29–49

Mackensen-Friedrichs I (2005) Förderung des Expertiseerwerbs durch das Lernen mit Beispielaufgaben im Biologieunterricht der Klasse 9. Dissertation an der Mathematisch-Naturwissenschaftlichen Fakultät, Christian-Albrechts-Universität zu Kiel

Patel VL, Groen GJ (1991) The general and specific nature of medical expertise: a critical look. In: Ericsson KA, Smith J (eds) Towards a general theory of expertise. Cambridge Univ Press, Cambridge, pp 93–125

Posner MI (1988) Introduction: What is to be an expert? In: Chi MTH, Glasner R, Farr MJ (eds) The nature of expertise. Erlbaum, Hillsdale NJ, pp 24-36

Renkl A (1997) Learning from worked-out examples: A study on individual differences. Cognitive Science 21:1–29

Sandmann A, Hosenfeld M, Lind G, Mackensen I (2002) Paraphrasieren, Schlussfolgern, Bewerten – Strategien des Lernens mit Beispielaufgaben bei Experten und Novizen in Biologie. In: Klee R, Bayrhuber H (Hrsg) Lehr- und Lernforschung in der Biologiedidaktik, Bd 1. Studienverlag, Innsbruck, S 131–144

Sandmann A, Mackensen-Friedrichs I, Friege G, Lind G (2004) Unterschiede im Lernverhalten von Schülerinnen und Schüler in Abhängigkeit von ihrem Vorwissen. In: Looß M, Höner K, Müller R, Theuerkauf WE (Hrsg) Naturwissenschaftlich-technischer Unterricht auf dem Weg in die Zukunft – neue Ansätze aus Theorie und Praxis. Peter Lang, Frankfurt am Main

Savelsbergh ER, de Jong T, Ferguson-Hessler MGM (1997) The importance of enhanced problem representation. (Instructional Technology Memorandum Series, August 1997). University of Twente, Faculty of Educational Science and Technology, Enschede

Stark R (1999) Lernen mit Lösungsbeispielen – Einfluss unvollständiger Lösungsbeispiele auf Beispielelaboration, Lernerfolg und Motivation. Hogrefe, Göttingen

21 Unterrichtsqualität als Forschungsfeld für empirische biologiedidaktische Studien

Birgit Neuhaus

Was macht einen guten Unterricht aus? Seit fast 40 Jahren beschäftigt sich die Wissenschaft mit der Frage nach der Qualität von Unterricht. Ursprünglich lag der Schwerpunkt der Forschungsaktivitäten zur Unterrichtsqualität im angelsächsischen Raum (Fraser et al. 1987). Seit der empirischen Wende im deutschen Bildungssystem, ausgelöst durch die unbefriedigenden Leistungen deutscher Schüler in internationalen Vergleichsstudien wie *TIMSS* und *PISA*, hat die empirische Unterrichtsqualitätsforschung auch hierzulande wieder an Bedeutung gewonnen. Während man ursprünglich aber allgemeine, fachunabhängige Qualitätsmerkmale zu identifizieren versuchte und viele, oftmals sehr widersprüchliche Ergebnisse hervorbrachte, geht heute der Trend zu einer fach- und inhaltsspezifischen Betrachtung von Qualitätsmerkmalen.

21.1 Paradigmen der Unterrichtsqualitätsforschung

Eine einheitliche Theorie zur Unterrichtsqualität fehlt trotz knapp 40jähriger Forschungstradition. Die Erkenntnisse beschränken sich auf in Übersichtsartikeln zusammengetragene Listen allgemein gehaltener Einzelmerkmale guten Unterrichts (vgl. z. B. Haertel et al. 1981; Fraser et al. 1987; Brophy 1999; Helmke 2004).

Historisch betrachtet werden bisher drei Forschungsparadigmen unterschieden: das Persönlichkeitsparadigma, das Prozess-Produkt-Paradigma und das Expertenparadigma. In den Anfängen der Unterrichtsqualitätsforschung wurde schwerpunktmäßig die Lehrerpersönlichkeit untersucht, während in aktuellen Studien der Fokus auf der Analyse des Unterrichtsprozesses und dessen Wirkung auf die Lernenden liegt. Dieser zweite Ansatz wird als Prozess-Produkt-Paradigma bezeichnet. Man versucht empirisch, solche Aspekte des beobachteten Unterrichtsgeschehens zu identifizieren, die besonders hoch mit verschiedenen empirisch gemessenen

Leistungs-, Interesse- und Einstellungsvariablen der Schüler korrelieren. Als Synthese der beiden erstgenannten Forschungsparadigmen wird, unter Rückgriff auf die Expertiseforschung (z. B. Bromme 1997, → 20 Sandmann), ein dritter Ansatz verfolgt, bei dem erfolgreiche Lehrkräfte identifiziert werden und der Unterricht dieser Optimalklassen analysiert wird (vgl. z. B. Schwippert 2001). In der aktuellen Diskussion ist in Ergänzung zu diesen drei Paradigmen eine Verschiebung des Fokus von allgemeinen, fachunabhängigen zu fach- und inhaltsspezifischen Qualitätskriterien zu beobachten.

21.2 Zentrale Aspekte der fachunabhängigen Unterrichtsqualitätsforschung

Die in Übersichtsartikeln beschriebenen Einzelmerkmale, die Einfluss auf die Lernleistung des Schülers nehmen, sind vielfältig und auf Grund ihrer großen Anzahl oft unüberschaubar (z. B. Wang et al. 1993; Einsiedler 1997; Brophy 1999; Clausen et al. 2002; Helmke 2004). Um diese zu systematisieren werden sie häufig auf der Grundlage von Metaanalysen und Übersichtsartikeln zu Rahmenmodellen zusammengefasst. Eine der bedeutendsten Metaanalysen zur Systematisierung dieser Einflussfaktoren wurde 1987 von der Arbeitsgruppe um Fraser durchgeführt, in der Effektgrößen mehrerer Tausend quantitativer Studien gemittelt und zu drei großen Bereichen zusammengefasst wurden: der Unterrichtsgestaltung, den individuellen Eingangsvoraussetzungen des Schülers und den Einflussfaktoren des Umfeldes (Fraser et al. 1987). Im deutschsprachigen Raum ist das Rahmenmodell von Helmke wegweisend (Helmke 2006b), das zusätzlich zu den von Fraser benannten drei Bereichen die Lehrperson als Einflussfaktor für die Lernleistung des Schülers benennt (Abb. 25).

Den Rahmenmodellen ist gemein, dass sie sich mit einer Vielzahl von Faktoren beschäftigen, die Einfluss auf die Lernleistung des Schülers nehmen, also mit Unterrichtsqualität im weiteren Sinne. Der spezielle Faktor „Qualität des Unterrichts" (Faktor 2 des in Abb. 25 beschriebenen Hybridmodells) stellt in diesen Rahmenmodellen nur einen von vielen Einflussfaktoren dar. Er kann daher als Unterrichtsqualität im engeren Sinne bezeichnet werden, auf den im Rahmen dieses Beitrages fokussiert werden soll.

Welche Kriterien sind aber nun für diesen speziellen Faktor, die Unterrichtsqualität im engeren Sinne, entscheidend? Verschiedene Autoren benennen in diesem Zusammenhang vielfältige Kriterienkataloge, die aber teilweise inhaltlich nur geringe Überschneidungen aufweisen.

I.   Der Lehrer als Einflussfaktor
0. wissenschaftlicher Hintergrund (z. B. Menge der in der Studienzeit belegten Seminare: r = 0,29)
II. Die Unterrichtsgestaltung
1. Quantität des Unterrichts (z. B. investierte Unterrichtszeit: d = 0,38)
2. Qualität des Unterrichts (z. B. Belohnung guter Leistungen: d = 1,17)
III. Die individuellen Eingangsvoraussetzungen des Schülers
3. Fähigkeit und Vorwissen (z. B. Intelligenz: r = 0,71)
4. Entwicklungsstadium (z. B. kognitive Entwicklung nach Piaget: r = 0,47)
5. Motivation und Selbstvertrauen (z. B. Motivation: r = 0,34)
IV. Einflussfaktoren des Umfeldes
6. Einfluss des Elternhauses (z. B. sozio-ökonomischer Status des Elternhauses: d = 0,25)
7. Einfluss der Klasse/Schulumgebung (z. B. Lernklima: d = 0,60)
8. Einfluss der Gleichaltrigen (z. B. *Peergroup*: d = 0,24)
9. Einfluss der Medien (z. B. Fernsehkonsum: d = -0,05)

Abb. 25. Faktoren, die Einfluss auf die Lernleistung des Schülers nehmen. Dargestellt ist ein Hybridmodell bestehend aus den wesentlichen von der Arbeitsgruppe Fraser (1987) identifizierten Faktoren (*1-9*) und den vier von Helmke (2006b) beschriebenen Bereichen (*I–IV*), die Einfluss auf die Lernleistung des Schülers nehmen. Beispielhaft werden einige ausgewählte Variablen und ihr mittlerer Einfluss auf die allgemeine Schulleistung in Form von Korrelationen (Produkt-Moment-Korrelation *r*) und Effektstärken (Cohens *d*) angegeben. Der Faktor „Qualität des Unterrichts" bezeichnet das, was man unter Unterrichtsqualität im engeren Sinne versteht

Im Folgenden werden die wesentlichsten Qualitätskriterien von Fraser (1987), Brophy (1999), Clausen (2003) und Helmke (2004) exemplarisch vorgestellt, um einen Einblick in die Vielfalt der Kriterienkataloge zu geben (vgl. Tabelle 12). Die Arbeitsgruppe um Fraser (1987) lieferte mit ihrer Metaanalyse zu Unterrichtsqualitätsmerkmalen die umfangreichste Zusammenstellung quantitativer Daten in diesem Bereich.

Tabelle 12. Fachunabhängige Qualitätskriterien von Unterricht. Dargestellt sind die Kriterienkataloge wesentlicher, häufig rezipierter Vertreter der Unterrichtsqualitätsforschung

Autor	Fraser et al. (1987)	Brophy (1999)	Clausen et al. (2003)	Helmke (2004)
Methode	Metaanalyse	Literaturüberblick	Schülerbefragung	Literaturüberblick
Sortierung	Effektstärken ($d \geq 0{,}40$)	Reihenfolge ihrer Wichtigkeit	faktorenanalytisch beschriebene Qualitätsbereiche	inhaltliche Gesichtspunkte
Qualitätskriterien	- Belohnung guter Leistung ($d = 1{,}17$) - Durchführung von Lesetrainings ($d = 1{,}00$) - Rückmeldung auf Schülerfehler ($d = 0{,}97$) - ausreichende Wartezeit nach einer Frage durch die Lehrperson ($d = 0{,}90$) - individuelle Hausaufgabenrückmeldung ($d = 0{,}79$) - Einsatz kooperativer Lernformen ($d = 0{,}76$) - *Mastery Learning*[1] ($d = 0{,}64$) - Fokussierung auf wesentliche Unterrichtsinhalte ($d = 0{,}57$) - Einsatz von Schulversuchen ($d = 0{,}57$) - Art der Fragestellungen durch die Lehrkraft ($d = 0{,}48$) - Abschließen von Lernverträgen mit den Schülern ($d = 0{,}47$) - Einbetten des Schülers in den Lernprozess ($d = 0{,}40$)	- unterstützendes Klassenklima - effektive Nutzung der Unterrichtszeit - Orientierung an Lehrplänen mit klar strukturierten Inhalten - Aufzeigen von Lernzielen zu Beginn des Unterrichts - stimmige und zusammenhängende Präsentation der Unterrichtsinhalte - sinnstiftende Unterrichtsgespräche - Schaffung von Übungs- und Anwendungsmöglichkeiten - Unterstützung des Interesses der Schüler an den Aufgaben - Vermittlung von Lernstrategien - kooperative Lernumgebungen - lernzielorientierte Leistungsbewertung - Formulierung von Lernzielen	**Instruktionseffizienz** - Klassenführung - Regelklarheit - *Time-on-Task* - effektive Zeitnutzung - Disziplin - geringes Aggressionspotential **Schülerorientierung** - positive Fehlerkultur - Schülerorientierung - diagnostische Kompetenz im Sozialbereich - individuelle Lernunterstützung - individuelle Bezugsnormorientierung - Individualisierung - multiple, authentische Kontexte - angemessenes Tempo **Kognitive Aktivierung** - eigene Produktivität der Schüler - anspruchsvolles Üben - Lehrer als Mediator - *Pacing* - Motivierungsfähigkeit - kein repetitives Üben - keine Sprunghaftigkeit **Klarheit und Strukturiertheit der Unterrichtsinhalte** - Strukturierungshilfen - Klarheit - diagnostische Kompetenz im Leistungsbereich	- effiziente Klassenführung und Zeitnutzung - lernförderliches Unterrichtsklima - vielfältige Motivierung - Klarheit und Verständlichkeit der Stoffpräsentation - Wirkungs- und Kompetenzorientierung des Unterrichts - Schülerorientierung - Förderung aktiven selbstgesteuerten Lernens - angemessene Variation von Methoden und Sozialformen - Sicherung und intelligentes Üben - adäquater Umgang mit heterogenen Lernvoraussetzungen

[1] Lehrmethode, bei der nach jeder Lehreinheit eine Leistungsüberprüfung erfolgt und der Lehrer im Schulstoff erst dann voranschreitet, wenn die Mehrheit der Schüler (z. B. 80 %) das Lernziel der Einheit erreicht hat.

Dabei fokussiert sie neben Qualitätsaspekten im weiteren Sinne auch ganz speziell auf die Qualität des speziellen Unterrichts und benennt Kriterien mit durch die Lehrperson besonders einfach zu beeinflussenden Verhaltensweisen, die große Wirkung auf die Lernleistung des Schülers zeigen.

Brophy (1999), einer der bedeutendsten internationalen Unterrichtsqualitätsforscher, beschäftigte sich in einer von der *UNESCO* in Auftrag gegebenen Studie mit Faktoren der Unterrichtsqualität. Auf der Grundlage eines Literaturüberblicks fasste Brophy Forschungsergebnisse seit den 1980er Jahren zusammen und benennt, in der Reihenfolge ihrer Wichtigkeit, zwölf Unterrichtsqualitätsmerkmale. Clausen (2003) versuchte die vielfältigen Aspekte der Unterrichtsqualität zu systematisieren, indem er Schüler schriftlich befragte und die gewonnenen Daten faktorenanalytisch in vier Qualitätsbereiche gruppierte. Die von Clausen und Mitarbeitern beschriebenen Qualitätskriterien werden vor allem in der videogestützten Analyse von Unterricht häufig als Grundlage genutzt (vgl. z. B. Hugener et al. 2006). Helmke (2004) fasste als führender Vertreter der deutschen Unterrichtsqualitätsforschung wesentliche Erkenntnisse des Forschungsgebietes in einem Rahmenmodell und einem deutschsprachigen Standardwerk zusammen (Helmke 2004).

21.3 Zentrale Ansatzpunkte für fachspezifische Aspekte der Unterrichtsqualität

Sowohl die vielfältigen Kriterienkataloge zu Unterrichtsqualitätsmerkmalen als auch die aufgestellten Rahmenmodelle berücksichtigen in der Regel ausschließlich fachunabhängige Qualitätsmerkmale. Abbildung 26 stellt in Anlehnung an Helmke (2006b) und Fraser (1987) ein erweitertes Modell der Unterrichtsqualität dar, in dem zwischen fachspezifischen Qualitätsmerkmalen auf der einen Seite und fachunabhängigen Merkmalen auf der anderen Seite differenziert wird. Es kann davon ausgegangen werden, dass sich fachunabhängige und fachspezifische Merkmale nicht einfach additiv ergänzen, sondern Interaktionseffekte bestehen, wobei anzunehmen ist, dass fachspezifische Merkmale eine notwendige Bedingung für die Wirksamkeit fachunabhängiger Merkmale darstellen.

Bei der Erstellung eines Modells zur fachspezifischen Unterrichtsqualität sind zwei Arten von fachspezifischen Qualitätsmerkmalen zu unterscheiden: auf der einen Seite Merkmale, die zwar fachspezifisch umgesetzt werden, dennoch aber für alle oder die meisten Fächer gelten; auf der anderen Seite Merkmale, die spezifisch für ein einzelnes Fach und somit bedeutungslos für andere Fächer sind. Zum ersten Merkmalskomplex gehört beispielsweise der Umgang mit Alltagsvorstellungen der Schüler. Der richtige Umgang mit fachspezifischen Alltagsvorstellungen spielt in allen Unterrichtsfächern eine dominante Rolle; welche Alltagsvorstellungen in dem jeweiligen Fachgebiet eine Bedeutung haben und wie mit ihnen umgegangen werden sollte, ist aber in hohem Maße inhaltsspezifisch.

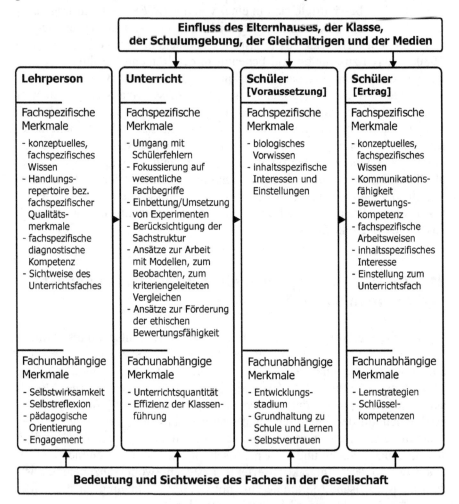

Abb. 26. Fachspezifisches Rahmenmodell zur Unterrichtsqualität (modifiziert nach Helmke 2006b). Während Helmke (2006b) und Fraser (1987) vorwiegend fachunabhängige Aspekte der Unterrichtsqualität beschreiben, differenziert dieses Rahmenmodell zwischen Qualitätsaspekten, die fachspezifisch analysiert werden sollten und solchen, die auch fachunabhängig untersucht werden können

Zum zweiten Merkmalskomplex gehört speziell für den Biologieunterricht beispielsweise der gedankliche Wechsel zwischen den verschiedenen Systemebenen wie Molekül, Zelle, Organismus, Population und Ökosystem. Die Schulung dieser Fähigkeit ist vor allem im Biologieunterricht ein ausgewiesenes Qualitätsmerkmal, während sie für die meisten anderen Fächer von geringerer Bedeutung ist (vgl. KMK 2004a).

Da bisher nur wenige Studien zu fachspezifischen Qualitätskriterien existieren, stellt sich die Frage, auf welche Weise speziell fachspezifische Qualitätskriterien identifiziert werden können. Im Sinne der *Output*-Steuerung von Unterricht sollten Qualitätskriterien am erzielten Ertrag identifiziert werden. Der erwünschte Ertrag wird von den jeweiligen Fächern normativ, unter anderem in Form von Lehrplänen und Bildungsstandards, festgelegt und umfasst, wie die Qualitätsmerkmale selbst, fachunabhängige und inhaltsspezifische Aspekte (Abbildung 26, Spalte 4). Die fachspezifischen Erträge sollten wiederum wie die fachspezifischen Qualitätsmerkmale in zwei Gruppen unterteilt werden: Einerseits in solche Erträge, die zwar fachspezifisch erfasst werden, dennoch aber für alle oder die meisten Fächer gelten, andererseits in Erträge, die spezifisch für ein einzelnes Fach und bedeutungslos für andere Fächer sind. Zur ersten Gruppe gehören beispielsweise die Entwicklung einer konzeptionellen, fachspezifischen Wissensbasis, die Ausbildung inhaltsspezifischer Interessen und die Förderung positiver Einstellungen zu den Inhalten des Faches. Zur zweiten Gruppe gehört die Fähigkeit zum Wechsel zwischen verschiedenen Systemebenen, die ethische Bewertungsfähigkeit in biologischen Entscheidungssituationen, die Kommunikation über biologische Sachverhalte und die korrekte Anwendung spezifischer biologischer Arbeitsweisen wie dem Beobachten, dem Experimentieren, dem kriteriengeleiteten Vergleichen und dem Arbeiten mit Modellen (KMK 2004a, 2004b). Wie diese fachspezifischen Lernziele der zweiten Gruppe am besten erreicht werden können und was im speziellen Fall der Biologie einen qualitativ hochwertigen Unterricht ausmacht, ist in einigen Bereichen wie dem Wechsel zwischen verschiedenen Systemebenen oder der Kommunikation bislang wenig untersucht. In anderen Bereichen existieren vielfältige Erkenntnisse, die aber im Bereich der biologiedidaktischen Forschung bisher nicht zu einer Übersicht zusammengestellt wurden. Dennoch fokussieren viele biologiedidaktische Forschungsarbeiten auf fachspezifische Qualitätsmerkmale, wie beispielsweise dem Umgang mit typischen Alltagsvorstellungen des Schülers, der Verwendung sinnvoller Aufgabenstellungen und deren Einsatz im Unterricht, der Möglichkeiten zur Vernetzung biologischer Inhalte, der Fokussierung auf wesentliche Fachbegriffe und die Abgrenzung von bedeutungsähnlichen Begriffen, die Einbettung und Umsetzung biologischer Experimente im Unterricht, Ansätze zur Arbeit mit Modellen und zum kriteriengeleiteten Vergleichen sowie fachspezifische Ansätze zur Förderung des Interesses und der ethischen Bewertungsfähigkeit des Schülers (vgl. Klee et al. 2005; Bayrhuber et al. 2005, 2007).

21.4 Methodische Ansätze der Unterrichtsqualitätsforschung

Studien zur Unterrichtsqualität sollten über eine deskriptive Beschreibung und normative Beurteilung von Unterricht hinausgehen. Dies kann geschehen, indem Daten, die den Unterricht beschreiben, mit Schülerdaten in Beziehung gesetzt werden. Bezüglich der Studiendesigns kann in der derzeitigen Forschung ein Wechsel von rein deskriptiven Studien zu quasi-experimentellen und experimentellen Designs in Form von Interventionsstudien beobachtet werden. Als Forschungsinstrumente der Unterrichtsqualitätsforschung bieten sich neben klassischen Interviews und Schüler- sowie Lehrerfragebögen vor allem Kategoriensysteme zur Analyse von videografiertem Unterricht an.

Die Analyse von videografiertem Unterricht ist seit den Ergebnissen der ersten *TIMSS*-Videostudie (Stigler et al. 1999) verstärkt in den methodischen Blickpunkt der Unterrichtsforschung gerückt. Der Fokus verschiebt sich dabei von Studien zu fachunabhängigen Kriterien der Unterrichtsqualität hin zu immer stärker fach- und inhaltsspezifischen Qualitätsaspekten. Zudem ist innerhalb der videobasierten Unterrichtsforschung ein Trend zu einem stärker theoriegeleiteten Vorgehen zu beobachten. Neben den internationalen Videostudien (*TIMSS-Video* 1995, 1999; *TIMSS-Video Science* 2001) existieren im deutschsprachigen Raum vor allem zum Mathematik- und Physikunterricht große Vergleichsstudien (Seidel et al. 2002; Pauli u. Reusser 2003; Reyer 2004; Gerber et al. 2005; Lipowsky et al. 2005). In den letzten Jahren wird auch der deutsche Chemie- und Biologieunterricht in groß angelegten Querschnittsuntersuchungen videogestützt untersucht (Glemnitz 2006; Jatzwauk 2006; Wadouh 2006; Neuhaus u. Vogt 2007). Um einen Einblick in die Vorgehensweise empirischer Studien zur Unterrichtsqualität zu geben, stellt Abbildung 27 exemplarisch eine quasiexperimentelle Studie zu ausgewählten fachspezifischen Unterrichtsqualitätsmerkmalen dar (vgl. Neuhaus u. Sandmann 2006).

Forschungsfrage: Welchen Einfluss hat die Strukturierung von Unterrichtsinhalten auf die Schülerleistung?

Hypothese: Schüler aus Klassen mit einem stark strukturierten Unterricht zeigen einen größeren Wissenszuwachs als Schüler aus weniger strukturiertem Unterricht

Experimentelles Design: Die Studie ist eine quasiexperimentelle Videostudie kombiniert mit einer Fragebogenstudie im Prä-Post-Design. Von 49 Schulklassen der 9. Jahrgangsstufe wird je eine Biologiestunde zum Themengebiet „Blut und Blutkreislauf" videografiert. Vor der Aufzeichnung des Unterrichts wird das Vorwissen, nach der aufgezeichneten Unterrichtsstunde der Wissenszuwachs und die Wissensstruktur der Lernenden mittels Fragebögen und *Concept-Maps* erfasst. Als Kontrollvariablen werden über Fragebogen Interesse, Motivation und Selbstkonzept erhoben. Der videografierte Biologieunterricht wird auf der Grundlage eines zuvor entwickelten Kategoriensystems ausgewertet.

Entwicklung eines Beobachtungsschemas zur Analyse videografierten Unterrichts: Es werden zwei Arten von Beobachtungsschemata unterschieden. *Ratings* dienen der qualitativen Einschätzung von Unterricht, wobei der Unterricht am Ende der Stunde als Gesamteindruck anhand einer mehrstufigen Skala bewertet wird (z.B. die Strukturierung als Gesamteindruck). Bei der Kodierung wird die Unterrichtsstunde in Analyseeinheiten unterteilt, wobei jeder Analyseeinheit verschiedene Ausprägungen zuvor definierter Kategorien zugeordnet werden (z. B.: Sind Aufgabenstellungen und Aussagen innerhalb einer Stunde zu jedem Zeitpunkt verständlich?). Zur Bestimmung der Reliabilität beider Verfahren werden 10 % der Videos von zwei Beobachtern ausgewertet und der Grad der Übereinstimmung bei der Kodierung über den Reliabilitätskoeffizienten *Cohens Kappa* (vgl. Petko et al. 2003), bei den *Ratings* über Generalisierbarkeitskoeffizienten (vgl. Clausen et al. 2003) bestimmt.

Durchführung: In einem ersten Schritt werden objektive, reliable und valide Fragebögen und Kodiermanuale zu den zu untersuchenden Konstrukten und möglichen Kontrollvariablen entwickelt und hinsichtlich wesentlicher Testgütekriterien in Vorstudien getestet. Die Auswertung der Daten erfolgt über multiple Regressionen, Kovarianzanalysen und Trendtests, wobei neben der Kontrolle der Mediatorvariablen wie Interesse, Motivation und Selbstkonzept vor allem auf nicht lineare Zusammenhänge und das Zusammenwirken mehrerer Faktoren geachtet wird.

Abb. 27. Beispiel eines quasiexperimentellen Forschungsdesigns zu einem ausgewählten Unterrichtsqualitätsmerkmal (vgl. Neuhaus u. Sandmann 2006)

21.5 Ansatzpunkte für biologiedidaktische Forschung

In Übersichtsartikeln zur Unterrichtsqualität werden verschiedene Kritikpunkte genannt (vgl. u. a. Weinert et al. 1990; Helmke 1992, 2006a), an denen zukünftige biologiedidaktische Studien ansetzen könnten. Berücksichtigt werden sollten auf jeden Fall: eine biologiespezifische Sicht auf Unterrichtsqualitätsaspekte, eine Umsetzung klarer Forschungsdesigns, eine Übertragung von internationalen Erkenntnissen auf den deutschen Biologieunterricht und eine Erprobung konkreter, in der Schulpraxis einsetzbarer Maßnahmen. Bezüglich der Forschungsdesigns sollte vor allem auf eine ausreichende Kontrolle von Störfaktoren, die Berücksichtigung von Drittvariablen wie Motivations- oder Intelligenzeffekten sowie eine exakte Versuchsplanung geachtet werden (Helmke 2006b). Das Zusammenwirken mehrerer Qualitätsfaktoren sollte ebenso analysiert werden wie nichtlineare Zusammenhänge zwischen Qualitätsmerkmal und Lernerfolg (Helmke 1992). In der Unterrichtsforschung erlangt zudem ein altes Forschungsparadigma, die *ATI*-Forschung (engl.: *aptitude treatment interaction*) wieder an Aktualität, die davon ausgeht, dass es den typischen Schüler nicht gibt und unterschiedliche Lehrmethoden daher auf Lernende unterschiedlich, teilweise sogar gegensätzlich, wirken. Solche Interaktionsprozesse sollten in der zukünftigen biologiedidaktischen Unterrichtsqualitätsforschung ebenso berücksichtigt werden, wie Wechselwirkungen zwischen Lehrmethode und Lehrermerkmalen (vgl. Neuhaus u. Vogt 2005).

Literatur

Bayrhuber H et al. (2005) Bildungsstandards Biologie. Tagungsband Sektion Biologiedidaktik. IPN, Kiel

Bayrhuber H et al. (2007, in Druck) Ein Programm zur Kompetenzförderung durch Kontextorientierung im Biologieunterricht und Unterstützung der Lehrerprofessionalisierung. Der mathematische und naturwissenschaftliche Unterricht

Bromme R (1997) Kompetenzen, Funktionen und unterrichtliches Handeln des Lehrers. In: Weinert FE (Hrsg) Enzyklopädie der Psychologie, Bd 3. Psychologie des Unterrichts und der Schule. Hogrefe, Göttingen, S 177–212

Brophy JE (1999) Teaching. Educational Practice Series 1. International Bureau of Education, Geneva

Clausen M et al. (2002) Konstrukte der Unterrichtsqualität im Expertenurteil. Unterrichtswissenschaft 30:246–260

Clausen M et al. (2003) Unterrichtsqualität auf der Basis hoch-inferenter Unterrichtsbeurteilungen: Ein Vergleich zwischen Deutschland und der deutschsprachigen Schweiz. Unterrichtswissenschaft 31:122–141

Einsiedler W (1997) Unterrichtsqualität und Leistungsentwicklung. Literaturüberblick. In: Weinert FE, Helmke A (Hrsg) Entwicklung im Grundschulalter. BeltzPVU, Weinheim, S 225–240

Fraser BJ et al. (1987) Syntheses of educational productivity research. International Journal of Educational Research 11:145–252

Gerber B et al. (2005) Lehr-Lernkultur im Physikunterricht. In: Pitton A (Hrsg) Relevanz fachdidaktischer Forschung für die Lehrerbildung. Lit Verlg, Münster, S 333–335

Glemnitz I (2006) Vergleich vertikaler Vernetzung im herrkömmlichen Chemieunterricht mit Unterricht nach der Konzeption Chemie im Kontext (ChiK) In: Sumfleth E et al. Zwischenbericht zum Graduiertenkolleg NWU 2003–2006, unveröffentlicht

Haertel G et al. (1981) Socio-psychological environments and learning. A quantitative synthesis. British Educational Research Journal 7:27–36

Helmke A (1992) Determinanten der Schulleistung. In: Nold G (Hrsg) Lernbedingungen und Lernstrategien. Welche Rolle spielen kognitive Verstehensstrukturen? Gunter Narr, Tübingen, S 23–34

Helmke A (2004) Unterrichtsqualität: Erfassen, Bewerten, Verbessern. Kallmeyer, Seelze

Helmke A (2006a) Unterrichtsqualität. In: Rost DH (Hrsg) Handwörterbuch Pädagogische Psychologie. BeltzPVU, Weinheim, S 812–820

Helmke A (2006b) Unterrichtsforschung. In: Arnold KH et al. (Hrsg) Handbuch Unterricht. Klinkhardt, Bad Heilbrunn, S 56–65

Hugener I et al. (2006) Videobasierte Unterrichtsforschung. Integration verschiedener Methoden der Videoanalyse für eine differenzierte Sichtweise auf Lehr-Lernprozesse. In: Rahm S et al. (Hrsg) Schulpädagogische Forschung, Unterrichtsforschung, Perspektiven innovativer Ansätze. Studienverlag, Innsbruck, S 41–53

Jatzwauk P (2006) Aufgabeneinsatz und Strukturen des Biologieunterrichts in der Sekundarstufe I. In: Sumfleth E et al. Zwischenbericht zum Graduiertenkolleg NWU 2003–2006, unveröffentlicht.

Klee R et al. (2005) Lehr- und Lernforschung in der Biologiedidaktik, Bd 2. Studienverlag, Innsbruck

KMK (2004a) Bildungsstandards im Fach Biologie für den Mittleren Schulabschluss (Beschluss der Kultusministerkonferenz vom 16.12.2004). Online: http://www.kmk.org/schul/Bildungsstandards/Biologie_MSA_16-12-04.pdf (Letzter Zugriff: 13.2.2007a)

KMK (2004b) Einheitliche Prüfungsanforderungen in der Abiturprüfung Biologie (EPA). Online: http://www.kmk.org/doc/beschl/EPA-Biologie.pdf (Letzter Zugriff: 13.2.2007b)

Lipowsky F et al. (2005) Unterrichtsqualität im Schnittpunkt unterschiedlicher Perspektiven. In: Holtappels HG, Höhmann K (Hrsg) Schulentwicklung und Schulwirksamkeit. Juventa, Weinheim München, S 223–239

Neuhaus B, Sandmann A (2006) Sachlogische Strukturen im Biologieunterricht und ihr Zusammenhang zur Unterrichtsqualität und Lernleistung. Unveröffentlichter DFG-Antrag im Rahmen der Forschergruppe "Naturwissenschaftlicher Unterricht", Essen

Neuhaus B, Vogt H (2005) Dimensionen zur Beschreibung verschiedener Biologielehrertypen auf Grundlage ihrer Einstellung zum Biologieunterricht. ZfDN 11:73–84

Neuhaus B, Vogt H (2007, in Druck) Klassifizierung von Biologielehrern – Chancen für die didaktische Forschung und Lehrerausbildung? In: Vogt H, Upmeier zu Belzen A (Hrsg) Bildungsstandards – Kompetenzerwerb, Forschungsbeiträge der biologiedidaktischen Lehr- und Lernforschung. Shaker, Aachen, S 167–179

Pauli C, Reusser K (2003) Unterrichtsskripts im schweizerischen und deutschen Mathematikunterricht. Unterrichtswissenschaft. Unterrichtswissenschaft 31: 238–272

Petko D et al. (2003) Methodologische Überlegungen zur videogestützten Forschung in der Mathematikdidaktik. Ansätze der TIMSS 1999 Video Studie und ihrer schweizerischen Erweiterung. Zentralblatt für Didaktik der Mathematik 35:265–280

Reyer T (2004) Oberflächenmerkmale und Tiefenstrukturen im Unterricht – exemplarische Analysen im Physikunterricht der gymnasialen Sekundarstufe. Logos, Berlin

Schwippert K (2001) Optimalklassen. Mehrebenenanalytische Untersuchungen. Eine Analyse hierarchisch strukturierter Daten am Beispiel des Leseverständnisses. Waxmann, Müster

Seidel T et al. (2002) „Jetzt bitte alle nach vorne schauen!" – Lehr-Lernskripts im Physikunterricht und damit verbundene Bedingungen für individuelle Lernprozesse. Unterrichtswissenschaft 30:52–77

Stigler J et al. (1999) The TIMSS Videotape Classroom Study. Methods and Findings from an Exploratory Research Project on Eighth-Grade Mathematics Instruction in Germany, Japan, and the United States. U.S. Government Printing Office, Washington D.C.

Wadouh J (2006) Vertikale Vernetzung und kumulatives Lernen im Biologieunterricht In: Sumfleth E et al. Zwischenbericht zum Graduiertenkolleg NWU 2003–2006, unveröffentlicht

Wang M et al. (1993) Toward a Knowledge Base for School Learning. Review of Education Research 63:249–294

Weinert FE et al. (1990) Educational expertise: Closing the gap between educational research and classroom practice. School Psychology International, pp 163–180

Glossar

Anthropozen- gr.: *ánthropos* = Mensch; gr.: *centrum* = in der Mitte. Be-
trismus griff aus der Ethik: Allein dem Menschen wird ein moralischer Wert zugestanden, nicht der Natur („Der Mensch als
Maß aller Dinge"). Bewertet den Schutz von Umwelt und
Natur nur als sinnvoll, insoweit er dem Menschen dient.

ATI-**Forschung** engl.: *aptitude treatment interaction*. Forschungsrichtung,
die davon ausgeht, dass es den typischen Schüler nicht gibt
und unterschiedliche Lehrmethoden daher auf Lernende unterschiedlich, teilweise sogar gegensätzlich, wirken.

Autopoietisches gr.: *auto* = selbst, *poiesis* = schaffen. Selbstreferentielles
System System, das nur auf sich selbst Bezug nimmt.

Bildungs- Interdisziplinäre Wissenschaft, die theoriebezogen Lehr-
wissenschaft und Lernprozesse vor allem empirisch untersucht. Bildungsforschung erfolgt gleichermaßen in erziehungswissenschaftlichen, pädagogisch-psychologischen sowie fachdidaktischen Kontexten.

Coping Strategisches Bewältigungsverhalten, mit welchem man einer Bedrohung begegnet. Entweder wird die Bedrohung
verstärkt wahrgenommen, wodurch es leichter zur Ausbildung eines Handlungsmotivs kommt, oder die Bedrohung
wird verleugnet.

Dilemma gr.: *di-lemma* = Doppelsatz, Zwiegriff. Der ursprünglich der
Logik entstammende Terminus bezeichnet eine Entschei-
dungssituation zwischen zwei gleich unangenehmen Möglichkeiten eines Alternativsatzes. Im moralischen Dilemma
stehen sich zwei schlüssige Positionen, die auf unterschiedlichen ethischen Werten (z. B. „Recht auf Unversehrtheit"
und „Förderung des Wohlergehens") gründen, unvereinbar
gegenüber. Eine Entscheidung führt unabhängig vom gefäll-
ten Urteil zwangsläufig dazu, einen Wert zu verletzen.

Effektstärke	Maß für die Größe des Unterschiedes zwischen zwei untersuchten Gruppen in quantitativen Untersuchungen. Das Maß ist unabhängig von der Stichprobengröße.
Empirie	gr.: *empeiría* = Erfahrung. Methode der Erkenntnisgewinnung, bei der durch absichtlich angestellte Beobachtung mit genau geplanten methodischen Zugängen Daten erhoben werden.
Entscheidungstheorie	Die deskriptive Entscheidungstheorie beschreibt, wie Entscheidungsprozesse im realen Leben ablaufen und erklärt, wie Entscheidungen zustande kommen. Die präskriptive Entscheidungstheorie zeigt auf, wie Entscheidungen möglichst rational getroffen werden können. Sie gibt Hinweise, wie idealiter unterschiedliche Entscheidungssituationen gelöst werden sollen.
Entwicklungspsychologie	Beschreibung und Erklärung menschlichen Erlebens und Verhaltens unter dem Aspekt der Entstehung und Veränderung im Laufe der individuellen, sozio-emotionalen, kognitiven oder motorischen Entwicklung.
Epistemologie	Erkenntnistheorie, die Theorien entwickelt: Über die Grenzen des jeweils Erkennbaren, welche Erkenntnisse als sicher und glaubwürdig eingestuft werden können, Überzeugungen, was wissenschaftliches Wissen ist und was als eine gute wissenschaftliche Theorie zählt.
Erwartungs-mal-Wert-Theorie	Theorie, nach der die Tendenz, ein Verhalten zu zeigen, sich aus dem Produkt der Wahrscheinlichkeit eines bestimmten Ausgangs (Erwartung) und dessen Anreiz (Wert) ergibt.
Evidenz	lat.: *videre* = sehen, engl.: *evidence* = Beweis, Hinweis. In wissenschaftlichen Untersuchungen gewonnene Daten (Indizien, Anzeichen oder Hinweise), die bestimmte Behauptungen stützen. Es handelt sich um offensichtliche und selbstverständliche Einsichten ohne abschließenden Beweis.
Expertise	Expertise bezeichnet die herausragende, dauerhafte Leistung einer Person in einem bestimmten Gebiet. Im Forschungsinteresse fachdidaktischer und pädagogisch-psychologischer Studien stehen häufig die Gedächtnis-, Wissens-, Problemlöse- und Lernleistungen von Personen unterschiedlichen Expertisegrades.

Fachdidaktik	Vermittlungswissenschaft, auf Sachgebiete bezogen. Metadisziplin, die zugleich Teil als auch Gegenüber der jeweiligen Bezugswissenschaft ist. Als Teil wirkt sie bei der fachlichen Theoriebildung mit, als Gegenüber prüft sie in Vermittlungsabsicht kritisch Aussagen der Bezugswissenschaften.
Faktorenanalyse	Statistisches Verfahren zur Erschließung oder Überprüfung der latenten (verborgenen) Struktur einer Itembatterie. Mit Hilfe der messbaren Variablen (Items) wird eine bestimmte Anzahl latenter Variablen (Faktoren) festgestellt. Das Verfahren dient der Datenreduktion.
Gesellschafts-theorie	Teilgebiet der Soziologie. Fragt nach dem Sinn und den Strukturen des gesellschaftlichen Handelns. Dazu gehören auch die damit verbundenen Werte und Normen. Sie kann sich auf die Gesellschaft als Ganzes, aber auch auf ihre Teilbereiche (z. B. auch Bildungssysteme) beziehen.
Gestaltungs-aufgaben	Aufgaben, die im Rahmen von Bildung für Nachhaltige Entwicklung durch mehrere Auswahloptionen gekennzeichnet sind und die mehrere mögliche und adäquate Lösungen erlauben.
Handlungsmodell	Modell, das beschreibt, wie es zur Ausbildung einer Handlung kommt, indem es den Prozess der Handlungsentstehung in einzelne Phasen unterteilt und die sie beeinflussenden Faktoren aufzeigt.
Instruktions-psychologie	Beschäftigt sich mit solchen pädagogischen Situationen, in denen Lehrende oder Lernende mit dem Ziel arbeiten, neue Kenntnisse oder Fertigkeiten zu erwerben.
Interventions-studie	Untersuchung, die mit geeigneten Methoden empirischer Sozialforschung die Wirkungen und Folgen spezifischer Maßnahmen (Interventionen) erfasst.
Kognitions-psychologie	Beschäftigt sich mit den psychischen Vorgängen, die etwas mit Erkennen und Wissen zu tun haben. Versucht, die komplexen psychischen Mechanismen des menschlichen Denkens, die interne Arbeitsweise des Verstandes, mögliche Funktionsweisen neuronaler Repräsentation von Informationen, menschliche Wahrnehmung, die Informationsverarbeitung, Intelligenz, Sprache, Kreativität, Verstehen, Bewerten, Lernen und Gedächtnis zu erklären.

Kognitions-wissenschaft

Interdisziplinäre Wissenschaft zwischen Psychologie, Neurowissenschaft, Informatik, Linguistik und Philosophie. Bezieht sich auf kognitive Fähigkeiten wie Wahrnehmung, Gedächtnis, Denken, Lernen, Sprache und Motorik, auch Emotionen und Bewusstsein.

Kompetenz

Psychologisch definiert als die bei Individuen verfügbaren oder durch sie erlernbaren kognitiven Fähigkeiten und Fertigkeiten, um bestimmte Probleme zu lösen, sowie die damit verbundenen motivationalen, volitionalen und sozialen Bereitschaften und Fähigkeiten, um die Problemlösungen in variablen Situationen erfolgreich und verantwortungsvoll nutzen zu können (Weinert).

Korrelation

Statistisches Maß zur Beschreibung von Zusammenhängen zwischen zwei Variablen. Liegt ein perfekter Zusammenhang vor, liegt der Wert bei 1, existiert kein Zusammenhang liegt der Wert bei Null, existiert ein perfekt negativer Zusammenhang liegt der Wert bei -1.

Kritischer Rationalismus

Wissenschaftstheorie nach Popper, die die prinzipielle Falsifizierbarkeit von Aussagen als Abgrenzungskriterium – z. B. von der Metaphysik – für wissenschaftliche Aussagen sieht.

Kulturtheorie

Bezieht sich auf die theoretischen Grundlagen kulturwissenschaftlicher Forschung. Dabei geht es um ein Verständnis des Menschen als Kulturwesen. Hierzu gehört auch die Notwendigkeit von Bildung und Lernen.

Längsschnitt-studie

Forschungsdesign zur Untersuchung von sozialen Wandlungsprozessen. Dieselbe Befragung wird an mehreren Zeitpunkten durchgeführt, z. B. wird eine Schülergruppe über mehrere Jahre immer wieder befragt. Im Gegensatz dazu spricht man von Querschnittstudie, wenn eine Befragung einmalig durchgeführt wird, z. B. an einem Zeitpunkt verschiedene Klassenstufen befragt werden.

Large-scale-assessment

engl.: großskalige Bewertung. Leistungserhebungen, bei denen eine große Zahl von Personen (N=2000–5000) mit einer hohen Anzahl von Aufgaben (200 Items) untersucht wird, wie z. B. in nationalen oder internationalen Schulleistungsvergleichen (TIMSS, PISA).

Lernangebot   Unter Lernangebot können alle Komponenten der Lernumgebung, d. h. der Unterrichtsplanung und -gestaltung verstanden werden, die das Lernen anregen und fördern sollen.

Lernpsychologie   Beschäftigt sich mit den psychischen Vorgängen, die mit
dem Lernen zusammen hängen. Es geht darum zu erklären,
wie Lernen vor sich geht, wie Informationen erworben, Bedeutungen zugewiesen und Denkgebäude konstruiert werden. Grundlagenforschung zum Begriff "Lernen" wird auch
in der Verhaltensforschung, der Neurobiologie und Hirnforschung betrieben.

Lerntheorie   Modelle und Hypothesen, die versuchen, Lernen psychologisch zu erklären. Die komplexen Vorgänge beim Lernen,
also die Voraussetzungen, Bedingungen und Prozesse, werden, je nachdem wie man Lernen (behavioristisch, kogniti-
vistisch, konstruktivistisch) definiert, unterschiedlich beschrieben.

Lernumgebung   Lernumgebung bezeichnet alle Komponenten, die für das
Lernen in einer bestimmten Situation bedeutsam sein kön-
nen. Didaktisch gestalten lassen sich nur Lernumgebungen,
aber nicht das Lernen selber, das eine unverfügbare Leistung der Lernenden ist.

Mentale Modelle   Interne Repräsentationen (mentale Abbildungen) von Sachverhalten, die in Texten oder Bildern dargestellt sind. Sie
sind subjektive Konstruktionen, die für die Verarbeitung
von Informationen entscheidend sind.

Metaanalyse   Studie, in der versucht wird, mehrere quantitative Einzel-
studien zu einem Thema zusammen zu fassen. Dies ge-
schieht, indem die in den einzelnen Studien beobachteten
Effekte in einem nach statistischen Verfahren abgeschätzten
Gesamtwert gemittelt werden.

Metapher   Weise des Denkens, mit dem ein relativ abstrakter Bereich
(Zielbereich) mithilfe der Struktur eines relativ konkreten
Bereichs (Ursprungsbereich) verstanden wird. Die gedankliche Übertragung der Struktur erfolgt einseitig vom Ursprungsbereich auf den Zielbereich. Metaphern äußern sich
sprachlich. Der traditionell für den sprachlichen Ausdruck
gebrauchte Terminus "Metapher" wird hier vornehmlich auf
den gedanklichen Bereich angewendet.

Metaphysik	gr.: *meta*: nach; gr.: *physis*: Natur; was nach der Natur kommt. Lehre von den letzten, empirisch nicht untersuchbaren und abstrakten Gründen und Zusammenhängen des Seins. Eine metaphysische Untersuchung erfolgt auf Vernunftbasis. Beispiele: Gott, Unsterblichkeit, Sein, Werden, Wirklichkeit, Sinn des Lebens.
Moral	lat.: *moralis* = sittlich. Stellt den für die Daseinsweise der Menschen konstitutiven normativen Grundrahmen für das Verhalten vor allem zu den Mitmenschen, aber auch zur Natur und zu sich selbst dar. Bildet im weiteren Sinn einen der Willkür des einzelnen entzogenen Komplex von Handlungsregeln, Wertmaßstäben und Sinnvorstellungen.
Multi-method-design	Studien mit diesem Design untersuchen Konzepte/Konstrukte mit mindestens zwei verschiedenen Erhebungsmethoden, z. B. Fragebogen und Interview oder Fragebogen und Lerntagebücher. Dadurch soll eine höhere Konstruktvalidität erreicht werden.
Neurophysiologie	Teilgebiet der Physiologie, beschäftigt sich mit der Funktionsweise des Nervensystems, der Arbeitsweise des Gehirns und der Nervenzellen und den speziellen zellphysiologischen Grundlagen der Nervenerregung.
Neurobiologie	Beschäftigt sich im Wesentlichen mit den molekularen und zellbiologischen Grundlagen der Neurowissenschaften, d. h. dem Aufbau und der Funktionsweise von Nervensystemen. Teildisziplinen der Neurobiologie sind Biochemie, Molekularbiologie, Genetik, Zellbiologie, Histologie, Anatomie und Entwicklungsneurobiologie.
Ontologie	Wissenschaft vom Seienden. Beschreibt Vorstellungen über fundamentale Kategorien und Eigenschaften der Welt.
paper and pencil-Test	engl.: Papier und Bleistift-Test. Verfahren, bei denen die Antworten in einen Antwortbogen eingetragen werden. Grenzt sich vom *Performance*-Test ab (ausführungsbezogener Test), bei dem eine Leistung der Probanden durch praktisches Arbeiten erhoben wird (Ausführen eines Experiments, Hantieren mit Gegenständen).

Paradigma   Wissenschaftliche Denkrichtung oder vorherrschende Lehrmeinung, die einen allgemein anerkannten Konsens widerspiegelt. Setzt sich eine neue Lehrmeinung durch, kommt es zu einem Paradigmenwechsel.

Personal Meaning Mapping   Dem *Concept mapping* verwandtes Verfahren zur Messung der Änderung individueller Konzepte zu bestimmten Themen. In einem Vortest wird das Ergebnis eines *brainstorming* zu einem Stichwort zum Ausgangspunkt eines Interviews. Im Nachtest konfrontiert man die Probanden mit dem Ergebnis des Vortests und benutzt diese neuen Aussagen wiederum für weitere Interviews.

Primärprävention   Hat zum Ziel, die Entstehung von Krankheiten zu verhindern bzw. die Gesundheit zu fördern. Primärpräventionskonzepte können sowohl Maßnahmen zum Abbau gesundheitsgefährdender Verhaltensweisen des Einzelnen beinhalten (Verhaltensprävention) als auch Handlungen, die auf den Abbau gesundheitsgefährdender Lebens-, Lern- und Arbeitsbedingungen abzielen (soziale oder Verhältnisprävention).

Psychoanalyse   gr.: *psyche* = Seele; gr.: *analysis* = Untersuchung. Psychologisches Theoriegebäude mit Methoden zur Untersuchung des menschlichen Erlebens, Denkens und Verhaltens einzelner Menschen, aber auch von Gruppen und Kulturen. Leitidee ist, dass sich hinter wahrnehmbaren Verhaltensweisen oder hinter Werten einer kulturellen Gemeinschaft oft unbewusste, dem Ich nicht ohne weiteres bewusst zugängliche Bedeutungen verbergen, die mit Hilfe psychoanalytischer Methoden aufgedeckt und verständlich werden.

Psychologie   Wissenschaft von den psychischen Vorgängen, den Erscheinungen und Zuständen des bewussten und unbewussten Seelenlebens.

Psychometrie   Teildisziplin psychologischer Forschung, die sich mit der Theorie und Methode des Messens bildungswissenschaftlicher und psychologischer Forschungsgegenstände befasst. Hierzu gehört neben der Quantifizierung von Werten, Einstellungen und Überzeugungen auch die Messung schulischer Kompetenzen. Beschäftigt sich mit Messinstrumenten, mathematischen und statistischen Modellen und Methoden zur Datenzusammenfassung, -beschreibung und -interpretation.

Qualitative Methode	Ermittelnde Methode, auf besondere Qualitäten des Forschungsgegenstands gerichtet. Die gelieferten Kategorien sollen intersubjektiv nachvollziehbar rekonstruiert werden. Das empirische Datenmaterial stammt oft aus Interviews, bezieht Lehr- und Lernexperimente mit ein und wird z. B. über qualitative Inhaltsanalyse ausgewertet. Die Gültigkeit der Kategorien ist nicht von quantitativer Bestätigung abhängig, vielmehr Voraussetzung für Forschungsarbeiten mit quantitativen Methoden.
Quasi-experimentelles Design	Untersuchungsmethode, bei der die Probanden nicht zufällig auf zwei verschiedene *Treatments* verteilt werden können, sondern die Einteilung aufgrund von natürlichen Gruppen vorgenommen wird (z. B. der Vergleich von Jungen und Mädchen).
signifikant	Ein Ergebnis ist statistisch signifikant (bedeutsam), wenn die Wahrscheinlichkeit, dass es zufällig zustande gekommen ist, klein ist. Das Signifikanzniveau muss definiert werden. Häufig gelten Aussagen, bei denen mit einem Signifikanztest eine Irrtumswahrscheinlichkeit unter 5 % gefunden wird, als signifikant.
Skala	Bezugssystem, in dem Werte gemessen werden. Das Skalenniveau in der Statistik wird aufsteigend nach folgenden Eigenschaften festgelegt: Zuordnung zu Kategorien (Nominalskala), Vorhandensein einer Rangfolge (Ordinalskala), messbare Abstände zwischen den Werten (Intervallskala) und Vorhandensein eines natürlichen Nullpunktes (Verhältnisskala).
Sozialpsychologie	Teilgebiet der Psychologie und Soziologie, die das menschliche Erleben und Verhalten in Abhängigkeit von sozialen Bedingungen untersucht (z. B. Gruppendynamik, Kommunikation, Einstellungen, Konflikte). Beschäftigt sich damit, wie Wahrnehmungen, Gedanken, Gefühle und Handlungen durch soziale Interaktion beeinflusst werden. Soziale Prozesse lassen sich innerhalb eines Individuums, zwischen Individuen oder zwischen Gruppen von Individuen lokalisieren.
Struktur-gleichungsmodelle	Durch sie können kausale Beziehungen bzw. Abhängigkeiten geprüft werden (Kausalanalyse), bestehend aus einer Kombination aus Regressionsanalyse und (mind.) zwei Faktorenanalysen.

Symbolisierung   Nach der Auffassung vom Menschen als *animal symbolicum* (Cassirer) sind alle Formen menschlicher Weltwahrnehmung und Deutung Akte symbolischer Sinngebungen. Der menschliche Weltbezug ist danach notwendig ein symbolischer. Das gilt auch für Lerngegenstände: Diese werden demnach nicht nur objektivierend beschrieben, sondern zugleich subjektivierend und symbolisierend interpretiert.

Systemtheorie   Luhmanns zentrale These lautet, dass soziale Systeme ausschließlich aus Kommunikation und nicht aus Subjekten, Akteuren oder Individuen bestehen. Sie erschaffen sich in einem ständigen, nicht zielgerichteten Prozess aus sich selbst heraus, weshalb sie auch als autopoietische Systeme bezeichnet werden.

Treatment   engl.: Maßnahme, Behandlung. In Untersuchungen, in denen die Wirksamkeit von Maßnahmen erforscht wird, spricht man von einer behandelten *Treatment*-Gruppe und einer nicht behandelten Kontroll-Gruppe.

Triangulation   Vorgehensweise, bei der für einen Untersuchungsgegenstand verschiedene Datenquellen herangezogen werden oder dieser mit mehr als einer Methode untersucht wird. Ziel ist vor allem die Erweiterung der Erkenntnismöglichkeiten, aber auch die Sicherung der Validität.

Validität   Die Gültigkeit eines Tests. Sie gibt an, ob der Test auch tatsächlich das misst, was er messen soll bzw. was er zu messen vorgibt. Ein valider Intelligenztest misst tatsächlich die Intelligenz und nicht etwa Schulwissen.

Viabilität   Subjektive Wirklichkeiten müssen in die materielle und soziale Umwelt des Subjekts passen, d. h. viabel (passend, brauchbar, funktional) sein. Viabel drückt aus, dass unsere Erkenntnis der Welt an diese angepasst ist (und sie nicht abbildet), so dass die Erkennenden in dieser Welt überleben können. Die Güte der Erkenntnis liegt im Überleben der Erkennenden, nicht im Erkannten.

Vorstellungen	Kognitionen, also Verständnisse und Gedanken zu einem bestimmten Sachgebiet. Kognitionspsychologisch unter dem Terminus "Wissen" subsumiert. Konstruktivistisch als subjektive gedankliche Prozesse beschrieben, die weder aufgenommen noch weitergegeben werden können, sondern von der Person selbst konstruiert werden. Sie nehmen vom Begriff über ein Konzept und eine Denkfigur bis zur Theorie an Komplexität zu.
Werte	Vorstellungen über Qualitäten von z. B. Dingen, Ideen oder Beziehungen, die diesen von Einzelnen oder von sozialen Gruppen beigelegt werden, und die den Wertenden wichtig und wünschenswert sind.
Wissenschafts-theorie	Teilgebiet der Philosophie, das sich mit den Voraussetzungen, den Methoden und Zielen von Wissenschaft und ihrer Form der Erkenntnisgewinnung beschäftigt. Sie untersucht u. a., welche Struktur und Entwicklung wissenschaftliche Erkenntnis aufweist und versucht zu klären, was wissenschaftlichen Erkenntnisgewinn auszeichnet.
Zwei-Prozess-Modelle	Sozial- und kognitionspsychologisch werden zwei verschiedene Prozesse der Informationsverarbeitung unterschieden: Ein schneller, müheloser und automatischer Modus einerseits und ein langsamer, mühevoller und kontrollierter Modus andererseits. Beide Prozesse werden auch als intuitiv vs. reflexiv oder impulsiv vs. reflektiv bezeichnet.

Autorenverzeichnis

Krüger, Dirk, Prof. Dr.
Didaktik der Biologie, Freie Universität Berlin
Schwendenerstr. 1, 14195 Berlin
email: dkrueger@zedat.fu-berlin.de

Vogt, Helmut, Prof. Dr.
Didaktik der Biologie, Universität Kassel
Heinrich-Plett-Str. 40, 34109 Kassel
email: helmut.vogt@uni-kassel.de

Bögeholz, Susanne, Prof. Dr.
Didaktik der Biologie, Georg-August-Universität Göttingen
Waldweg 26, 37073 Göttingen
email: sboegeh@gwdg.de

Bogner, Franz, Prof. Dr.
Didaktik der Biologie, Universität Bayreuth
Universitätsstr. 30/Gebäude NWI, 95447 Bayreuth
email: franz.bogner@uni-bayreuth.de

Gebhard, Ulrich, Prof. Dr.
Fachbereich Erziehungswissenschaft, Universität Hamburg
Von-Melle-Park 8, 20146 Hamburg
email: gebhard@erzwiss.uni-hamburg.de

Graf, Dittmar, Prof. Dr.
Didaktik der Biologie, Universität Dortmund
Otto-Hahn-Str. 6, 44221 Dortmund
email: dittmar.graf@uni-dortmund.de

Gropengießer, Harald, Prof. Dr.
Biologiedidaktik, Leibniz-Universität Hannover
Bismarckstr. 2, 30173 Hannover
email: gropengiesser@biodidaktik.uni-hannover.de

Hammann, Marcus, Prof. Dr.
Didaktik der Biologie, Westfälische-Wilhelms-Universität zu Münster
Fliednerstr. 21, 48149 Münster
email: biodid@uni-muenster.de

Harms, Ute, Prof. Dr.
Didaktik der Biologie, Leibniz-Institut für die Pädagogik der Naturwissenschaften an der Universität Kiel (IPN)
Olshausenstr. 62, 24098 Kiel
email: harms@ipn.uni-kiel.de

Hößle, Corinna, Prof. Dr.
Didaktik der Biologie, Carl-von-Ossietzky-Universität Oldenburg
Ammerländer Heerstr. 114–118, 26129 Oldenburg
email: corinna.hoessle@uni-oldenburg.de

Kattmann, Ulrich, Prof. Dr.
Didaktik der Biologie, Carl-von-Ossietzky-Universität Oldenburg
Ammerländer Heerstr. 114–118, 26129 Oldenburg
email: ulrich.kattmann@uni-oldenburg.de

Looß, Maike, Prof. Dr.
Biologie und Biologiedidaktik, Technische Universität Braunschweig
Pockelsstr. 11, 38106 Braunschweig
email: m.looss@tu-braunschweig.de

Mayer, Jürgen, Prof. Dr.
Didaktik der Biologie, Justus-Liebig-Universität Gießen
Karl-Glöckner-Str. 21c, 35394 Gießen
email: Juergen.Mayer@didaktik.bio.uni-giessen.de

Neuhaus, Birgit, Dr.
Didaktik der Biologie, Universität Duisburg-Essen
Universitätsstr. 5, 45141 Essen
email: birgit.neuhaus@uni-due.de

Riemeier, Tanja, Prof. Dr.
Biologiedidaktik, Universität Hannover
Bismarckstr. 2, 30173 Hannover
email: riemeier@biodidaktik.uni-hannover.de

Sandmann, Angela, Prof. Dr.
Didaktik der Biologie, Universität Duisburg-Essen
Universitätsstr. 5, 45141 Essen
email: angela.sandmann@uni-due.de

Schlüter, Kirsten, Prof. Dr.
Biologie und Didaktik, Universität Siegen
Adolf-Reichwein-Str. 2, 57068 Siegen
email: schlueter@biologie.uni-siegen.de

Unterbruner, Ulrike, Prof. Dr.
Fachdidaktik Biologie, Universität Salzburg
Hellbrunnerstr. 34, 5020 Salzburg
email: Ulrike.Unterbruner@sbg.ac.at

Upmeier zu Belzen, Annette, Prof. Dr.
Didaktik der Biologie, Humboldt-Universität zu Berlin
Invalidenstr. 42, 10115 Berlin
email: annette.upmeier@biologie.hu-berlin.de

Weigelhofer, Hubert, Prof. Dr.
Fachdidaktik Biologie, Universität Salzburg
Hellbrunnerstr. 34, 5020 Salzburg
email: Hubert.Weiglhofer@sbg.ac.at

Wilde, Matthias, Prof. Dr.
Biologiedidaktik, Universität Bielefeld
Universitätsstr. 25, 33615 Bielefeld
email: matthias.wilde@uni-bielefeld.de

Sachverzeichnis